U0319216

高等学校实验实训规划教材

安 全 工 程
实践教学综合实验指导书

张敬东　余明远　等编

北　京
冶金工业出版社
2009

内 容 提 要

本实验教材内容覆盖了安全工程专业基础课和专业课全部必做实验，包括普通化学、普通物理、电工电子、流体力学、工程力学、工程地质、安全人机工程、环境安全与职业卫生、通风除尘、应急救援以及安全检测等十一门课程的实验教学内容，是一本综合性的安全工程专业实验指导书。本书避免了各门课程分别开设实验所带来的重复，能够满足安全工程专业所修专业基础课和专业课实验教学的需求，对于安全工程专业学生实践能力和创新能力的培养将有积极的推动作用。

本书主要读者对象是高等院校安全工程专业学生、教师，也可供从事相关专业教学、科研等工作者作为实验参考用书或者培训教材。

图书在版编目 (CIP) 数据

安全工程实践教学综合实验指导书/张敬东，余明远等编．—北京：冶金工业出版社，2009.8
高等学校实验实训规划教材
ISBN 978-7-5024-4987-2

Ⅰ. 安…　Ⅱ. ①张…　②余…　Ⅲ. 安全工程—高等学校—教学参考资料　Ⅳ. X93

中国版本图书馆 CIP 数据核字（2009）第 169198 号

出 版 人　曹胜利
地　　址　北京北河沿大街嵩祝院北巷 39 号，邮编 100009
电　　话　(010)64027926　电子信箱　postmaster@ cnmip. com. cn
责任编辑　朱华英　美术编辑　张媛媛　版式设计　张　青
责任校对　王永欣　责任印制　牛晓波
ISBN 978-7-5024-4987-2
北京兴华印刷厂印刷；冶金工业出版社发行；各地新华书店经销
2009 年 8 月第 1 版，2009 年 8 月第 1 次印刷
787mm×1092mm　1/16；17 印张；449 千字；260 页；1-2000 册
38. 00 元

冶金工业出版社发行部　电话：(010)64044283　传真：(010)64027893
冶金书店　地址：北京东四西大街 46 号(100711)　电话：(010)65289081
（本书如有印装质量问题，本社发行部负责退换）

前　言

安全工程是随着现代化工业迅速发展而逐渐形成的有关工业安全生产技术、安全管理、应急救援以及环境健康安全等的学科，它涉及较宽的学科体系，是一门综合性实践性较强的交叉科学，因此，培养从事安全工程的高级人才，除了要求其具有扎实的理论基础外，还必须拥有较高的实践创新能力。实验教学就是培养提高学生的实践创新能力的重要环节之一，它贯穿在安全工程本科专业培养体系的始终。

由于安全工程是近年来发展起来的新的学科，教材体系还不够完善，虽然已陆续出版一些课堂教学用书，但到目前为止还没有一本比较完整的包括安全工程专业所有基础课和专业课的实验教材正式出版，《安全工程实践教学综合实验指导书》就是在这种情况下应运而生的。

本实验教材内容覆盖了安全工程专业基础课和专业课全部必做实验，包括普通化学、普通物理、电工电子、流体力学、工程力学、工程地质、安全人机工程、环境安全与职业卫生、通风除尘、应急救援以及安全检测等十一门课程的实验教学内容，是一本综合性的安全工程专业实验指导书。本书避免了各门课程分别开设实验所带来的重复，能够满足安全工程专业所修专业基础课和专业课实验教学的需求，对于安全工程专业学生实践能力和创新能力的培养将有积极的推动作用。

本教材由张敬东提出编写提纲，由多位老师共同执笔编写完成。第1章由冯瑞香、余明远、黄晖编写；第2章由冯瑞香编写；第3章由余明远、艾汉华、黄晖等编写；第4章由陈宝安编写；第5章、第6章由余明远编写；第7章、第8章由张卫中编写；第9章由张敬东编写；第10章由彭兴文编写；第11章由姜威编写；第12章由余明远、陈宝安编写。全书由张敬东负责统稿，黄晖、郑重等参加了本教材部分章节的修订工作。本教材主要读者对象是高等院校安全工程专业学生、教师，也可供从事相关专业教学、科研等工作者作为实验参考用书或者培训教材。

本教材在编写过程中，参考了大量相关的实验指导书和文献资料，在此谨向这些作者表示感谢。由于水平所限，加之时间仓促，本教材中的不妥之处，恳请各位读者批评指正。

编　者

2009 年 6 月

目　　录

第一篇　基础实验部分

第二篇 专业实验部分

第一篇　基础实验部分

第1章　实验基础理论

第1节　化学实验基本要求、基本知识与基本操作技能

一、化学实验基本要求

（一）实验目的

（1）使学生通过实验获得感性知识，巩固和加深对化学基本理论、基础知识的理解，进一步掌握常见元素及其化合物的重要性质和反应规律，了解无机化合物的一般提纯和制备方法。

（2）对学生进行严格的化学实验基本操作和基本技能的训练，学会使用一些常用仪器。

（3）培养学生独立进行实验、组织与设计实验的能力。例如，细致观察与记录实验现象，正确测定与处理实验数据的能力，正确阐述实验结果的能力等。

（4）培养学生严谨的科学态度、良好的实验作风和环境保护意识。

化学实验课还为学生学习后续课程、参与实际工作和进行科学研究打下良好的基础。

（二）实验的学习方法

要达到上述目的，不仅要有正确的学习态度，还需要有正确的学习方法。做好化学实验必须掌握以下4个环节。

1. 预习

充分预习是做好实验的前提和保证。本实验课是在教师指导下，由学生独立实验，只有充分理解实验原理、操作要领，明确自己在实验室将要解决哪些问题，怎样去做，为什么这样做，才能主动和有条不紊地进行实验，取得应有的效果，感受到做实验的意义和乐趣。为此，必须做到以下几点：

（1）钻研实验教材，阅读普通化学及其他参考资料的相应内容。弄懂实验原理，明了做好实验的关键及有关实验操作的要领和仪器用法。能自行设计实验。

（2）合理安排好实验。例如，哪个实验反应时间长或需用干燥的器皿应先做，哪些实验先后顺序可以调动，从而避免等候使用公用仪器而浪费时间等，要做到心里有数。

（3）写出预习报告。内容包括：每项实验的标题（用简练的言语点明实验目的），用反应式、流程图等表明实验步骤，留出合适的位置记录实验现象，或精心设计一个记录实验数据和实验现象的表格等，切忌原封不动地照抄实验教材。总之，好的预习报告，应有助于实验的进行。

2. 讨论

（1）实验前教师以提问的形式指出实验的关键，由学生回答，以加深对实验内容的理解，

检查预习情况。另外还对上次的实验进行总结与评述。

（2）教师或由教师指定某个学生进行操作示范及讲评。

（3）不定期举行实验专题讨论，交流实验方面的心得体会。

3. 实验

（1）实验时要认真正确地操作，正确使用仪器，多动手、动脑。仔细观察和积极思考，及时和如实地做好记录。要善于巧妙安排和充分利用时间，以便有充裕的时间进行实验和思考。

（2）记录实验数据的要求。记录数据最好用表格的形式，要实事求是，绝不能拼凑或伪造数据，也不能掺杂主观因素。如果记录数据后发现读错或测错，应将错误数据圈去重写（不要涂改或抹掉），简要注明理由，便于找出原因。

重复测定，数据完全相同时，也要记录下来，因为这是表示另一次操作的结果。

（3）仔细观察实验现象。在实验中观察到的物质的状态和颜色、沉淀的生成和溶解、气体的产生、反应前后温度的变化等都是实验现象。对现象的观察是积极思维的过程，善于透过现象看本质是科学工作者必须具备的素质。

1）要学会观察和分析变化中的现象。

例 1，用碘化钾-淀粉试纸检验有无氯气生成。最初生成的 Cl_2，使 I^- 氧化为 I_2，试纸变蓝，但继续生成的 Cl_2 能将 I_2 进一步氧化成无色 IO_3^-，蓝色褪去。要观察和分析现象的全过程。

例 2，为了证实三草酸合铁（Ⅲ）酸钾的（$C_2O_4^{2-}$）是否在内界，是将 $CaCl_2$ 溶液加到此化合物的溶液中。最初溶液出现微弱的混浊，随着放置时间增长，沉淀量增多，这是由于溶液中存在如下平衡：

$$[Fe(C_2O_4)_3]^{3-} \rightleftharpoons Fe^{3+} + 3C_2O_4^{2-} \qquad (1\text{-}1)$$

Ca^{2+} 的加入，生成难溶的 CaC_2O_4，使平衡向配离子离解方向移动。应以刚加入 $CaCl_2$ 溶液时的实验现象作为判断 $C_2O_4^{2-}$ 在内界的依据。

2）观察时要善于识别假象。例如，为了观察有色溶液中产生沉淀的颜色，应该使溶液与沉淀分离，还要洗涤沉淀，以排除溶液颜色对沉淀颜色的干扰。又如，浅色沉淀的颜色会被深色沉淀的颜色所掩盖，为了判断浅色沉淀是否存在，可选用一种试剂，使深色沉淀溶解转入溶液后再观察。

3）应该及时和如实地记录实验现象，学会正确描述。例如，溶液中有灰黑色固态碘生成，就不能描述成"溶液变为灰黑色"。如果实验现象与理论不符时，应首先尊重实验事实。不要忽视实验中的异常现象，更不要因实验的失败而灰心，而应仔细分析其原因，做些有针对性的空白试验或对照试验（即用蒸馏水或已知物代替试液，用同样的方法、在相同条件下进行实验），以利于查清现象的来源，检查所用的试剂是否失效，反应条件是否控制得当等。千万不要放过这些提高自己科学思维能力与实验技能的机会。

4. 实验报告

做完实验后，要及时写实验报告，将感性认识上升为理性认识。实验报告要求文字精练、内容确切、书写整洁，应有自己的看法和体会。

实验报告内容包括以下几部分：

（1）预习部分：实验目的、简明原理、步骤（尽量用简图、反应式、表格等表示）、装置示意图等。

（2）记录部分：测得的数据、观察到的实验现象。

（3）结论：包括实验数据的处理，实验现象的分析与解释，实验结果的归纳与讨论，对实验的改进意见等。

各实验的思考题，有些可以帮助理解实验原理和操作，有些可以引导实验者做好总结，通过个别实验认识一类物质或一类反应，领悟处理同类问题的方法。书写实验报告时，应根据自己的实验情况，将对实验数据、现象的分析、归纳与回答思考题结合起来。对某个实验的小结往往也是对某个思考题的回答，这样做，比孤立回答思考题收益大。至于实验报告的格式，不作统一规定。可以根据不同类型实验（如定量测定、元素性质、无机物制备等）的特点，自行设计出最佳格式。

（三）实验室规则

（1）实验前充分预习，写好预习方案，按时进入实验室，未预习者，不能进行实验。

（2）必须认真完成规定的实验，如果对实验步骤或操作有改动，打算做规定内容之外的实验，应先与老师商洽，经允许后方可进行。

（3）药品仪器应整齐地摆放在一定位置，用后立即放还原位。有腐蚀性或污染的废物应倒入废液桶或指定容器内。火柴梗、碎玻璃等废物倒入垃圾箱内，不得随意乱抛。

（4）实验结束后，将实验记录交指导教师检查签字后方能离开实验室，按时交实验报告。

（5）各实验台轮流值日，打扫实验室内卫生。

（四）实验室安全操作

在进行化学实验时，必须将"安全"放在首位。安全操作对保证实验的顺利进行，保证国家财产不受损失，保证个人和他人的安全均是至关重要的。

1. 安全措施

（1）必须熟悉实验室及其周围的环境，如水、电、煤气、灭火器放置的位置。实验完毕后立即关闭水龙头、煤气阀，拔下电源插头，切断电源。

（2）一切有毒、有刺激性的恶臭气体的操作都应在通风柜中进行。易燃、易爆的操作要远离火源。

（3）不能用手直接取物品。加热、浓缩液体时，不能俯视加热液体，加热试管时，试管口不能对着自己或他人，严禁在实验室内饮食或做与实验无关的活动。

（4）使用有毒的药品（如汞、砷化物、氰化物等），应将废液回收集中处理，不准倒入下水道。常用的酸、碱具有强烈的腐蚀性，注意不要溅在衣服或皮肤上。

（5）不允许将各种化学药品随意混合，以免引起意外事故，自行设计实验必须和教师讨论并取得首肯后方可进行。

2. 实验室中意外事故的急救处理

（1）割伤。先将异物排出，用生理盐水或硼酸液擦洗，涂上紫药水或撒些消炎粉包扎，必要时送医院治疗。

（2）烫伤。涂敷烫伤膏或万花油。

（3）酸或碱腐蚀、伤害皮肤或眼睛时，可用大量的水冲洗。酸腐蚀致伤可用饱和碳酸氢铵、3%~5%碳酸氢钠或稀氨水冲洗；对于碱腐蚀致伤可用食用醋、5%醋酸或3%硼酸冲洗，最后用水冲洗。

（4）吸入刺激性或有毒气体（如氯、氯化氢）时，可吸入少量酒精和乙醚的混合蒸气解毒。因吸入硫化氢气体感到不适（头晕、胸闷、欲吐）时，立即到室外呼吸新鲜空气。

（5）起火。一般起火可用湿布或沙子覆盖燃烧物，大火时用水或灭火剂，凡是活泼金属、有机溶剂、电器着火，切勿用水或泡沫灭火剂，只能用防火布、沙土等。

（6）不慎触电或发现严重漏电时，立即切断电源，再采取必要的处理措施。

二、化学实验基本知识与基本操作技能

（一）常用玻璃仪器的洗涤和干燥

1. 化学实验常用仪器

化学实验常用的仪器如图 1-1 所示。

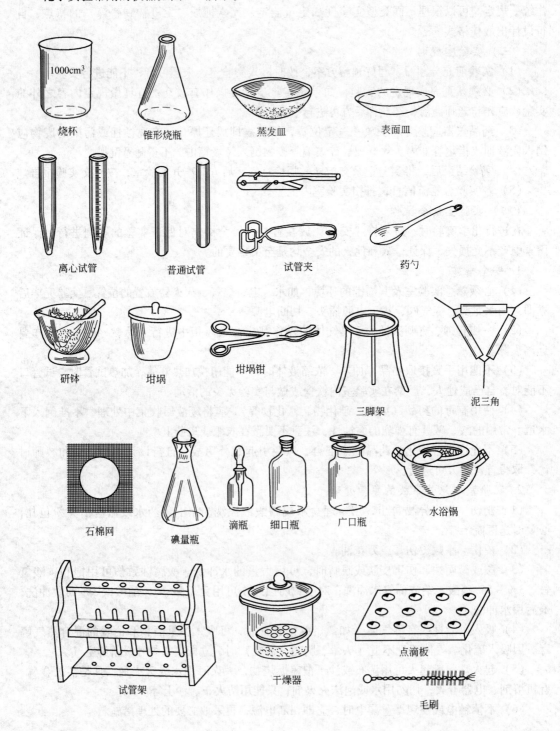

烧杯　锥形烧瓶　蒸发皿　表面皿

离心试管　普通试管　试管夹　药勺

研钵　坩埚　坩埚钳　三脚架　泥三角

石棉网　碘量瓶　滴瓶　细口瓶　广口瓶　水浴锅

试管架　干燥器　点滴板　毛刷

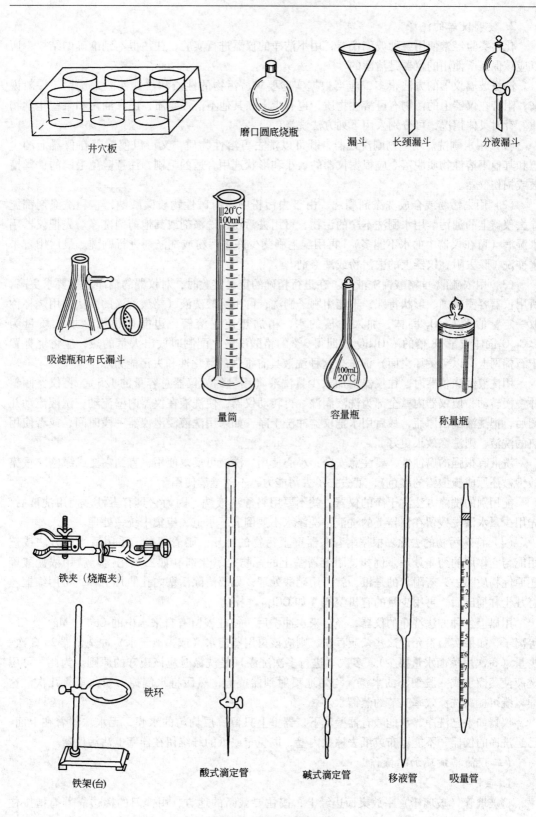

井穴板 磨口圆底烧瓶 漏斗 长颈漏斗 分液漏斗

吸滤瓶和布氏漏斗 量筒 容量瓶 称量瓶

铁夹（烧瓶夹） 铁环 铁架(台) 酸式滴定管 碱式滴定管 移液管 吸量管

图1-1 实验室常用仪器

2. 玻璃仪器的洗涤

化学实验经常使用各种玻璃仪器，用不洁净的仪器进行实验，往往得不到准确的结果，所以应该保证所使用的仪器是洁净的。

洗涤玻璃仪器的方法很多，应当根据实验要求、污物的性质和仪器性能来选用。一般说来，附着在仪器上的污物有可溶性物质，也有尘土和其他不溶性物质，还有油污和某些化学物质。针对具体情况，可分别采用下列方法洗涤：

（1）用水刷洗。用毛刷刷洗仪器，既可以洗去可溶性物质，又可以使附着在仪器上的尘土和其他不溶性物质脱落。应根据仪器的大小和形状选用合适的毛刷，注意避免毛刷的铁丝撞破或损伤仪器。

（2）用去污粉或合成洗涤剂刷洗。由于去污粉中含有碱性物质碳酸钠，它和洗涤剂都能除去仪器上的油污。用水刷洗不净的污物，可用去污粉、洗涤剂或其他药剂洗涤。先把仪器用水湿润（留在仪器中的水不能多），再用湿毛刷蘸少许去污粉或洗涤剂进行刷洗。最后用自来水冲洗，除去附在仪器上的去污粉或洗涤剂。

（3）用浓硫酸-重铬酸钾洗液洗。在进行精确的定量实验时，对仪器的洁净程度要求更高，所用仪器容积精确、形状特殊，不能用刷子刷洗，可用铬酸洗液（铬酸洗液的配法：用烧杯称取一定量的 $K_2Cr_2O_7$ 固体，加入一倍的水，稍加热使它溶解，边搅拌边徐徐加入质量为 $K_2Cr_2O_7$ 固体质量 18 倍的浓 H_2SO_4，即得 3% 的铬酸洗液。配制时放出大量的热，应将烧杯置于石棉网上，以免烫坏桌面）清洗。这种洗液具有很强的氧化性和去污能力。

用洗液洗涤仪器时，往仪器内加入少量洗液（用量约为仪器总容量的 1/5），将仪器倾斜并慢慢转动，使仪器内壁全部为洗液润湿。再转动仪器，使洗液在仪器内壁流动，洗液流动几圈后，把洗液倒回原瓶，最后用水把仪器冲洗干净，如果用洗液浸泡仪器一段时间，或者使用热的洗液，则洗涤效果更好。

洗液有很强的腐蚀性，要注意安全，小心使用。洗液可反复使用，直到它变成绿色（重铬酸钾被还原成硫酸铬的颜色），就失去了去污能力，不能继续使用。

能用别的洗涤方法洗干净的仪器，就不要用铬酸洗液洗，因为它具有毒性。使用洗液后，先用少量水清洗残留在仪器上的洗液，洗涤水不要倒入下水道，应集中统一处理。

（4）特殊污物的去除。根据附着在器壁上污物的性质、附着情况，采用适当的方法或选用能与它作用的药品处理。例如，附着器壁上的污物是氧化剂（如二氧化锰）就用浓盐酸等还原性物质除去；若附着的是银，就可用硝酸处理；如要清除活塞内孔的凡士林，可用细铜丝将凡士林捅出后，再用少量的有机溶剂（如 CCl_4）浸泡。

用以上各种方法洗净的仪器，经自来水冲洗后，往往残留有自来水中的 Ca^{2+}、Mg^{2+}、Cl^- 等离子，如果实验不允许这些杂质存在，则应该再用蒸馏水（或去离子水）冲洗仪器 2~3 次。少量（每次用蒸馏水量要少）、多次（进行多次洗涤）是洗涤时应该遵守的原则。为此，可用洗瓶使蒸馏水成一股细小的水流，均匀地喷射到器壁上，然后将水倒掉，如此重复几次。这样，既可提高洗涤效率又节约蒸馏水。

仪器如果已洗净，水能顺着器壁流下，器壁上只留一层均匀的水膜，无水珠附着在上面。已经洗净的仪器，不能用布或纸去擦拭内壁，以免布或纸的纤维留在器壁上沾污仪器。

（二）简单玻璃加工操作

1. 截断

将玻璃管（玻璃棒）平放桌面边缘上，按住要截断的地方，用锉刀的棱边靠着拇指按住的位置，用力由外向内锉出一道稍深的锉痕，见图1-2，锉时应向一个方向略用力拉锉，不要来回乱锉。锉痕应与玻璃管垂直，这样折断后玻璃管的截面才是平整的。然后双手持玻璃管，锉痕向外，两拇指顶住锉痕的背后轻轻向前推，同时两手朝两边稍用力一拉，如锉痕深度合适，玻璃管即可折断（图 1-3）。如折断困难，可在原痕再锉一下，重新折断。

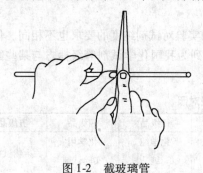

图 1-2　截玻璃管　　　　　　　　　　图 1-3　折断玻璃管

2. 熔烧

玻璃管的截面很锋利，容易把手割破和割裂橡皮管，也难以插入塞孔内，所以必须熔烧圆滑。把玻璃管的截断面斜插入氧化焰中，不断地来回转动玻璃管，使断口各部分受热均匀（图 1-4）。直到受热处发红，先移至火焰附近转动一会儿，使红热部分慢慢冷却，再放在石棉网上冷至室温。灼热的玻璃管不能直接放在桌面上，以免烧焦桌面。玻璃棒的截断面也需用相同的方法熔烧后使用。熔烧时间不能过长，否则会使玻璃管断口收缩变小甚至封死，玻璃棒则会变形。

3. 弯曲

先将玻璃管用小火预热一下。然后双手持玻璃管，把要弯曲的地方斜插入氧化焰内，以增大玻璃管的受热面积（也可以在煤气灯上罩个鱼尾灯头，以扩大火焰，增大玻璃管受热面积）。要缓慢而均匀地向一个方向转动玻璃管，两手转速要一致、用力要均等，以免玻璃管在火焰中扭曲，见图 1-5。加热到玻璃管发黄变软但未自动变形前，即可自火焰中取出，稍等 1～2s，使热量扩散均匀，再把它弯成一定的角度。使玻璃管的弯曲部分在两手中间的下方，这样可同时利用玻璃管变软部分自然下坠的力量。

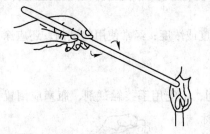
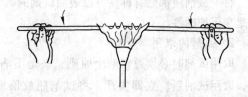

图 1-4　熔烧玻璃管　　　　　　　　　图 1-5　加热玻璃管

较大的角度可以一次弯成；较小的角度可以分几次弯成。先弯成一个较大的角度，然后在第一次受热部位稍偏左、稍偏右处进行第二次、第三次加热和弯曲，直到弯成所要求的角度。

弯曲时应注意使整个玻璃管在同一平面上。不能用力过猛，否则会使玻璃管弯曲处直径变小或折叠、扁塌。玻璃管弯好后置石棉网上自然冷却。

4. 拉伸

拉伸受热变软的玻璃管（或玻璃棒）可使它们变细。加热方法与弯玻璃管时基本相同，不过要烧得更软一些，玻璃管应烧到红黄色稍有下凹时才能从火焰中取出，顺着水平方向边拉边来回转动，拉开至一定细度后，手持玻璃管，使它垂直下垂。冷却后，可按需要截断，即得到两根一端有尖嘴的玻璃管。

（三）化学试剂及其取用方法

1. 化学试剂的级别

试剂的纯度对实验结果准确度的影响很大，不同的实验对试剂纯度的要求也不相同。化学试剂按杂质含量的多少，分属于不同的等级。表1-1所列为我国化学试剂等级标志与某些国家化学试剂等级标志的对照。

表1-1　化学试剂等级对照

	级　别	一级品	二级品	三级品	四级品	五级品
我国化学试剂 等级标志	中　文 标　志	保证试剂 优级纯	分析试剂 分析纯	化学纯 纯	化学用 实验试剂	生物试剂
	符　号	G. R.	A. R.	C. P.	L. R.	B. R.，C. R.
标签颜色		绿	红	蓝	棕色等	黄色等
德、美、英等国 通用等级和符号		G. R.	A. R.	C. P.		
前苏联等级和符号		化学纯	分析纯	纯		

还有许多符合某方面特殊要求的试剂，如基准试剂、色谱试剂等。试剂的标签上写明试剂的含量与杂质最高限量，并标明符合什么标准，即写有 GB（我国国家标准）、HG（化学工业部标准）、HGB（化工部暂行标准）等字样。同一品种的试剂，级别不同，价格相差很大，应根据实验要求选用不同级别的试剂。在用量方面也应该根据需要取用。

固体试剂装在广口瓶内，液体试剂装在细口瓶或滴瓶中。应该根据试剂的特性，选用不同的储存方法。例如：氢氟酸能腐蚀玻璃，就要用塑料瓶装；见光易分解的试剂（如 $AgNO_3$、$KMnO_4$ 等）则应装在棕色的试剂瓶中；存放碱的试剂瓶要用橡皮塞（或带滴管的橡皮塞），不宜用磨砂玻璃塞，由于碱会跟玻璃作用，时间长了，塞子会和瓶颈粘住；反之，浓硫酸、硝酸对橡皮塞、软木塞都有较强的腐蚀作用，就要用磨砂玻璃塞的试剂瓶装，浓硝酸还有挥发性，不宜用有橡皮帽的滴瓶装。

每个试剂瓶都贴有标签，以表明试剂的名称、纯度或浓度；经常使用的试剂，还应涂一薄层蜡来保护标签。

2. 试剂的取用

取用试剂时必须遵守两个原则：一是不沾污试剂，不能用手接触试剂，瓶塞应倒置桌面上，取用试剂后，立即盖严，将试剂瓶放回原处，标签朝外。二是节约，尽量不多取试剂。万一多取了试剂不能倒回原瓶，以免影响整瓶试剂纯度，应放在其他合适容器中另做处理或供他人使用。遵照这两条原则，请按以下方法取用液体试剂和固体试剂。

（1）液体试剂的取用：

1）从滴瓶中取用试剂时，应先提起滴管，使管口离开液面，用手指捏瘪滴管的橡皮帽，再把滴管伸入液体中吸取。滴加液体时，滴管要垂直，这样量取液滴的体积才准确。滴管口应距离受器口 3 ~ 5mm（见图1-6），

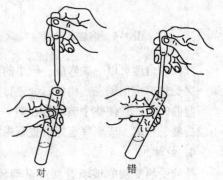

对　　　　　错

图1-6　滴管的使用

以免滴管与器壁接触黏附其他试剂，否则，滴管再插回原滴瓶时，瓶内试剂就会变质。注意不要倒持滴管，这样试剂会流入橡皮帽，可能与橡胶发生反应，引起瓶内试剂变质。如果要从滴瓶中取出较多的试剂，可以直接倾倒，先把滴管内的液体排出，然后把滴管夹持在食指和中指之间，倒出所需要量的试剂。滴管不能随意放置，以免弄脏滴管。不准用自用的滴管到试剂瓶中取药。如果确需滴加药品，而试剂瓶又不带滴管，可把液体倒入离心管或小试管中，再用自用的滴管取用。

2）用倾注法取用液体试剂：倾注液体试剂时，应手心向着试剂瓶标签握住瓶子（有双面标签的试剂瓶，则应手握标签处），以免试剂流到标签上。瓶口要紧靠容器，使倒出的试剂沿容器壁流下，或沿玻璃棒流入容器，倒出所需量后，瓶口不离开容器（或玻棒），稍微竖起瓶子，将瓶口倒出液体处在容器（或玻棒）上沿水平或垂直方向"刮"一下，然后竖直瓶子，这样可避免遗留在瓶口的试剂流到瓶的外壁。一旦试剂流到瓶外，务必立即擦干净。腾空倾倒试剂是不对的。

3）有些实验（如许多试管里进行的反应），不必很准确量取试剂，所以必须学会估计从瓶内取出试剂的量，如 1mL 液体相当于多少滴，将它倒入试管中，液柱大约有多高等。如果需准确地量取液体，则要根据准确度要求，选用量筒、移液管或滴定管。

（2）固体试剂的取用：

1）要用干净的药匙取固体试剂，用过的药匙要洗净擦干后才能再用。如果只取少量的粉末试剂，便用药匙柄末端的小凹处挑取。

2）如果要把粉末试剂放进小口容器底部，又要避免容器其余内壁沾有试剂，就要使用干燥的容器，或者先把试剂放在平滑干净的纸片上，再将纸片卷成小圆筒，送进平放的容器中，然后竖立容器，用手轻弹纸卷，让试剂全部落下（注意：纸张不能重复使用）。

3）把锌粒、大理石等粒状固体或其他坚硬且密度较大的固体装入容器时，应把容器斜放，然后慢慢竖立容器，使固体沿着容器内壁滑到底部，以免击破容器底部。

（四）容量仪器及使用方法

1. 容量瓶

容量瓶的容积比量筒准确，容量瓶是细颈平底瓶，瓶口配有磨口玻璃塞，容量瓶的颈部刻有标线，并在瓶上标明使用温度和容量（表示在标明的温度下，液体充满至标线时的容积）。

在洗涤容量瓶前应先检查瓶塞处是否漏水。为此，在瓶内加水至标线附近，塞好瓶塞用一只手顶住，另一只手将瓶倒立片刻，观察瓶塞周围是否有水漏出。如不漏，将瓶正立，把塞子旋转 180° 后塞紧，同法试验这个方向是否漏水。容量瓶和它的塞子配套使用，不能互换。检漏后，再按常规把容量瓶洗净。

如果用固体物质配制溶液，应先在烧杯中把固体溶解，再把溶液转移到容量瓶中（图1-7），然后用蒸馏水"少量多次"洗涤烧杯，洗涤液也转移到容量瓶中，以保证溶质的全部转移。再加入蒸馏水，当瓶内溶液体积达容积的 3/4 左右时，应将容量瓶沿水平方向摇动，使溶液初步混合（这样做，有何好处，此时为什么不能加塞倒置摇动?），然后加蒸馏水至接近标线，稍等片刻，让附在瓶颈上的水全流入瓶内，再用滴管加水至标线（标线与弯月形液面最低处相切），盖好瓶塞，用一只手的食指按住瓶塞，用另一只手的手指把住瓶底边缘（图1-8），将瓶倒转并摇动多次，使溶液混合均匀。瓶塞部分的溶液不易混匀，可将瓶塞打开，使它周围的溶液流下后，重新塞好再摇。

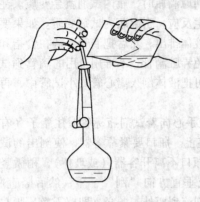
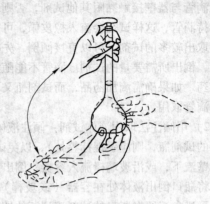

图 1-7　溶液转移到容量瓶中　　　　　　　图 1-8　容量瓶的拿法

　　若固体是加热溶解的，或溶解时热效应较大，要待溶液冷至室温才能转移到容量瓶中。

　　2. 移液管和吸量管

　　要求准确地移取一定体积的液体时，可用不同容量的移液管和吸量管。移液管的形状如图1-9a 所示。只能移取某一体积（如25.00mL，10.00mL 等）的溶液。中间膨大，上下两端为细管状，在上管有标线，表明移液管移取液体的体积。吸量管如图1-9b 所示，带有分刻度，最小分刻度有 0.1mL，0.02mL 等，用它可以量取非整数的小体积液体。每支移液管和吸量管上都标有使用温度和它的容量。

　　移液管和吸量管的使用方法如下：

　　（1）洗涤。在洗涤移液管前先检查它两端是否有缺损，看清刻度是否符合要求，然后依次用洗涤液、自来水、蒸馏水洗净，用滤纸将移液管下端内外的水吸去，最后用少量被移取的液体润洗三次，以免残留在移液管内壁的蒸馏水混进液体内。

　　移液管不要直接伸到试剂瓶中取液，应该将液体倒入干燥（或用该液体荡洗过）的容器中再取用。每次洗涤液的量，以液面刚达移液管膨大部分或吸量管约1/5 处为宜。洗涤时，应用右手食指按住管口，左手扶住移液管下端，将管横过来，一边慢慢开启食指，一边转动移液管，使洗涤液布满全管，然后放出洗涤液。

　　（2）吸液。吸取液体时，右手拇指及中指拿住移液管上端标线以上部位，使管下端伸入液面下约1cm（不应伸入太深，以免外壁沾有过多液体；也不要伸入太浅，以免液面下降时吸入空气）。左手拿洗耳球，先把球内空气挤出，再将它的尖嘴塞住移液管上口，慢慢放松洗耳球，管内液面随之上升，注意将移液管相应的往下伸（图1-10）。当液体上升到标线以上时，迅速移开洗耳球，用右手的食指按住管口，把移液管提离液面，垂直的拿着，稍微放松食指，或用拇指和中指轻轻转动移液管，使液面缓慢、平稳地下降，直到液体弯月面与标线相切，立即按紧管口，使液体不再流出。如果移液管悬挂着液滴，可使移液管尖端与器壁接触，使液滴落下。

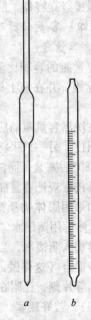

图 1-9　移液管和吸量管
a—移液管；b—吸量管

　　（3）放液。取出移液管，把它的尖端靠在接受容器的内壁上，让容器倾斜而移液管垂直，抬起食指，让液体自然顺壁流下，见图 1-11。等液体不再流出时，稍等片刻（约 15s），再把移液管拿开，最后，移液管的尖端会剩余少量液体，不要用外力使它流出，因为标定移液管体积时，并未把这点残留液体计算在内。

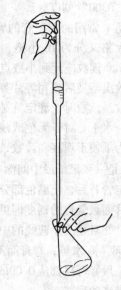

　　　　图 1-10　用移液管吸取液体　　　　　　　　　图 1-11　由移液管放出液体

有的移液管上标有"吹"字，使用时需将残留在管尖的液滴吹出，还有些吸量管，分度线刻到离管尖尚差 1～2cm 处，应注意液面不能降至刻度线以下。

（4）移液管使用后，应用水洗净，放回移液管架上。

3. 滴定管

滴定管分酸式滴定管和碱式滴定管两种。

酸式滴定管下端有一玻璃活塞；碱式滴定管下端用橡皮管连接一段一端有尖嘴的小玻璃管，橡皮管内装一个玻璃珠，以代替玻璃活塞。除了碱性溶液应装在碱式滴定管内之外，其他溶液都使用酸式滴定管。

滴定管的使用方法如下：

（1）检漏、活塞涂凡士林。使用滴定管前应检查它是否漏水，活塞转动是否灵活。若酸式滴定管漏水或活塞转动不灵，就应给活塞重新涂凡士林；碱式滴定管漏水，则需要更换橡皮管或换个稍大的玻璃珠。

活塞涂凡士林方法：将管平放，取出活塞，用滤纸条将活塞和塞槽擦干净，在活塞粗的一端和塞槽小口那端，全圈均匀地涂上一薄层凡士林。为了避免凡士林堵住塞孔，油层要尽量薄，尤其是在小孔附近；将活塞插入槽内时，活塞孔要与滴定管平行。转动活塞，直至活塞与塞槽接触的地方呈透明状态（即凡士林已均匀）。

（2）洗涤。根据滴定管的沾污情况，采用相应的洗涤方法将它洗净后，为了使滴定管中溶液的浓度与原来相同，最后还应该用滴定用的溶液润洗 3 次（每次溶液用量约为滴定管容积的 1/5），润洗液由滴定管下端放出。

（3）装液。将溶液加入滴定管时，要注意使下端出口管处充满溶液，特别是碱式滴定管，它下端的橡皮管内的气泡不易被察觉，这样，就会造成读数误差。如果是酸式滴定管，可迅速地旋转活塞，让溶液急骤流出以带走气泡；如果是碱式滴定管，向上弯曲橡皮管：使玻璃尖嘴斜向上方（如图 1-12），向一边挤动玻璃珠，使溶液从尖嘴喷出，气泡便随之除去。

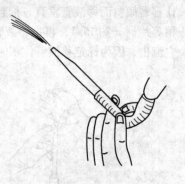

排除气泡后，继续加入溶液到刻度"0"以上，放出溶液，调整液面在"0.00"刻度处。

（4）读数。常用的滴定管的容量为 50mL，它的刻度分 50 大格，每一大格又分为 10 小格，所以每一大格为 1mL，每一小格为 0.1mL。读数应读到小数点后两位。

注入或放出溶液后应稍等片刻，待附着在内壁的溶液完全流下后再读数。读数时，滴定管必须保持垂直状态，视线必须与液面在同一水平。对于无色或浅色溶液，读弯月面实线最低点的刻度。为了便于观察和读数，可在滴定管后衬一张"读数

图 1-12　排除气泡

卡"，读数卡是一张黑纸或中间涂有一黑长方形（约 3cm×1.5cm）的白纸。读数时，手持读数卡放在滴定管背后，使黑色部分在弯月面下约 1mm 处，则弯月面反射成黑色（图 1-13），读取此黑色弯月面最低点的刻度即可。若滴定管背后有一条蓝线（或蓝带），无色溶液就形成了两个弯月面，并且相交于蓝线的中线上（图 1-14），读数时就读此交点的刻度。对于深色溶液如 $KMnO_4$ 溶液、I_2 水等，弯月面不易看清，则读液面的最高点。

滴定时，最好每次都从 0.00mL 开始，这样读数方便，且可以消除由于滴定管上下粗细可能不均匀而带来的误差。

（5）滴定。使用酸式滴定管时，必须用左手的拇指、食指及中指控制活塞，旋转活塞的同时稍稍向内（左方）扣住，见图 1-15。这样可避免把活塞顶松而漏液。要学会以旋转活塞来控制溶液的流速。

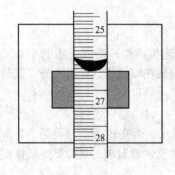

图 1-13　读数卡的使用

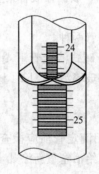

图 1-14　滴定管读数

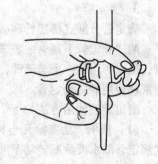

图 1-15　容量瓶的拿法

使用碱式滴定管时，应该用左手的拇指及食指在玻璃珠所在部位稍偏上处，轻轻地往一边挤压橡皮管，使橡皮管和玻璃珠之间形成一条缝隙，溶液即可流出（见图 1-16）。要能掌握手指用力的轻重来控制缝隙的大小，从而控制溶液的流出速度。

滴定时，将滴定管垂直地夹在滴定管架上，下端伸入锥形瓶口约 1cm。左手按上述方法操纵滴定管，右手的拇指、食指和中指拿住锥形瓶的瓶颈，沿同一方向旋转锥形瓶，使溶液混合均匀，见图 1-17，不要前后、左右摇动。开始滴定时，无明显变化，滴液流出的速度可以快些，但必须成滴而不是一股液流。随后，滴落点周围出现暂时性的颜色变化，但随着旋转锥形瓶，颜色很快消失。当接近终点时，颜色消失较慢，这时就应逐滴加入溶液，每加一滴后都要摇匀，观察颜色变化情况，再决定是否还要滴加溶液。最后应控制液滴悬而不落，用锥形瓶内

壁把液滴沾下来（这样加入的是半滴溶液），用洗瓶以少量蒸馏水冲洗瓶的内壁，摇匀。如此重复操作，直到颜色变化符合要求为止。

图 1-16　碱式滴定管下端的结构　　　　　　　图 1-17　滴定

滴定完毕后，滴定管尖嘴外不应留有液滴，尖嘴内不应留有气泡。将剩余溶液弃去，依次用自来水、蒸馏水洗涤滴定管，滴定管中装满蒸馏水，罩上滴定管盖，以备下次使用或将滴定管收起。

（五）固、液分离方法

固体与溶液分离的方法有三种：倾泻法、过滤法、离心分离法。

1. 倾泻法

当沉淀的密度较大或结晶的颗粒较大，静置后能沉降至容器底部时，可用倾泻法进行分离和洗涤。

待沉淀（或晶体）沉降至容器底部后，小心地把上层清液沿玻棒倾入另一容器中（图1-18）。洗涤沉淀时，可往盛着沉淀的容器内加入少量洗涤液（如蒸馏水），充分搅拌后，静置、沉降，倾去洗涤液。如此重复操作 3 遍以上，即可把沉淀洗净。

2. 过滤法

分离固体和液体最常用的方法是过滤法。

过滤时，应先用倾泻法把上层清液转入铺有滤纸的漏斗中，待溶液流净后再转移沉淀，这样，就不会因为沉淀堵塞滤纸的孔隙而减慢过滤速度。要将固体完全转移到漏斗中，可以按图1-19

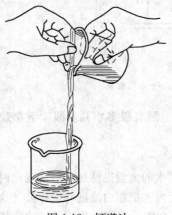 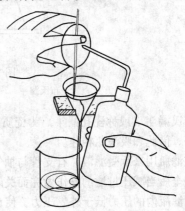

图 1-18　倾泻法　　　　　　　　图 1-19　冲洗沉淀的方法

所示操作:将玻棒横搁在烧杯口上,伸出3cm,用左手食指按住玻棒另一端,拿起烧杯举到漏斗上方,使烧杯倾斜,再用右手使用洗瓶,用细水流顺序冲洗整个杯壁,沉淀和洗涤液就顺棒流入漏斗。

　　胶状沉淀能穿过滤纸,过滤前应先设法破坏胶态(例如加热),使细颗粒凝聚成较大的颗粒。

　　常用的过滤方法分常压过滤、减压过滤和热过滤,现分述如下:

　　(1)常压过滤。常压过滤是使用圆锥形带颈的玻璃漏斗和滤纸过滤。按图1-20将滤纸折叠好后放到漏斗中备用。

　　常压过滤注意事项:

　　1)过滤时先用倾滗法将清液转移到滤纸上,然后将沉淀转移到滤纸上。

　　2)如果需要洗涤沉淀,等溶液转移完后,往盛沉淀的容器中加入少量洗涤剂,充分搅拌,静止,待沉淀下沉后,再把上层溶液倾入漏斗中。直至检查滤液中无杂质,证明沉淀已洗净后,再把沉淀转移到滤纸上过滤。

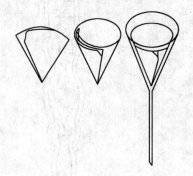

图1-20　滤纸的折叠

　　粗晶状的沉淀也可以在滤纸上进行洗涤,洗涤时遵照"少量多次"的原则,先冲洗滤纸上方,然后螺旋向下移动,要等第一次洗涤液流尽,再进行第二次洗涤,以提高洗涤效率。

　　(2)减压过滤,又称吸滤法过滤(或称抽吸过滤,简称抽)。减压可以加快过滤速度,还可以把沉淀抽吸得比较干,当过滤较大量的液体且其中的沉淀颗粒较大时,常采用减压过滤。

　　胶态沉淀在有压力差的情况下更易透过滤纸,不能用此法过滤。颗粒很细的沉淀会因减压抽吸而在滤纸上形成一层密实的沉淀,使溶液不易透过,反而达不到加速过滤的目的,也不宜用减压过滤法。

　　1)减压过滤用的仪器装置,由布氏漏斗、吸滤瓶、安全瓶、水喷射泵组成,见图1-21。

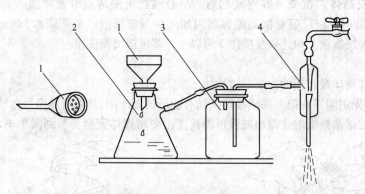

图1-21　减压过滤装置
1—布氏漏斗;2—吸滤瓶;3—安全瓶;4—水喷射泵

　　布氏漏斗(或称瓷孔漏斗)为瓷质平底漏斗,平底上面有很多小孔。漏斗下端颈部装有橡皮塞,借此和吸滤瓶相连。

　　吸滤瓶用来承受滤液,有支管与抽气系统相连。

　　安全瓶当减压过滤的操作做完而关闭水龙头时,或者水的流量突然加大后又变小时,都会由于吸滤瓶内的压力低于外界压力,使自来水压入吸滤瓶内,把瓶内滤液冲稀弄脏(这一现象称为反吸),所以过滤时要在吸滤瓶和水泵之间装一个安全瓶,起缓冲作用。过滤完毕,应先拔掉连接吸滤瓶的橡皮管，再关水龙头，以防反吸。

水喷射泵（简称水泵）起减压作用，在泵内有一个逐渐收缩的喷嘴，水在此处高速喷出时形成低压，与水泵相连系统的气体由此吸入再和水一起排出，从而使系统内压力减小。也可以使用真空泵代替水喷射泵。

2）减压过滤的操作方法。所用的滤纸应比布氏漏斗的内径略小，但能把瓷孔全部盖没。把滤纸平铺在漏斗内，用少量蒸馏水润湿滤纸，将漏斗装在吸滤瓶上，使漏斗颈部的斜口对着吸滤瓶支管，以避免减压时，滤液被吸入滤瓶侧口；微启水龙头，减压，使滤纸贴紧（此时可观察系统是否漏气）。在开着水龙头的情况下，使溶液沿着搅棒流入漏斗中，注意加入溶液的量不要超过漏斗容积的 2/3。逐渐开大水龙头，等溶液全部流完后，把沉淀向滤纸中间部位转移（不要把沉淀转移在滤纸的边缘，否则沉淀易渗漏到滤液中，且使取下滤纸和沉淀的操作较为困难）。继续减压抽滤，可将沉淀抽吸得比较干。

过滤完毕后，先拔掉连接吸滤瓶的橡皮管，后关水龙头。用药匙轻轻揭起滤纸边，或取下布氏漏斗倒扣在表面皿上，轻轻拍打漏斗，以取下滤纸和沉淀。倒出滤液时，注意使吸滤瓶的支管朝上，以免滤液由此流出。支管只作连接减压装置用，不是滤液出口。

洗涤沉淀的方法与常压过滤时相同。在漏斗上洗涤沉淀时，不要使洗涤液流得太快（可适当关小水龙头），以免沉淀洗不净。

（3）热过滤。有些溶质在温度下降时很容易析出，使其在过滤过程中析出而却不留在滤纸上，这时就需要趁热过滤。

过滤时，可把玻璃漏斗放在金属制的热漏斗内（图 1-22）。过滤前可从漏斗上方小口注入热水，如果为了保持一定温度，过滤时还可在侧管处加热。要随时注意使液面不低于侧管，以免烧坏漏斗。此时所用的玻璃漏斗，颈部以短的为好，以免过滤时滤液在漏斗颈内停留过久，散热降温，析出晶体而发生堵塞。

也可以在过滤前，把普通漏斗放在水浴上用水蒸气加热，然后使用。

3. 离心分离法

当被分离的沉淀的量很少时，可用离心分离法。本法分离速度快，利于迅速判断沉淀是否完全。

实验室常用的电动离心机，见图 1-23。

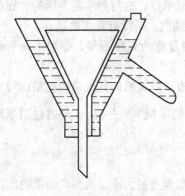
图 1-22　热滤漏斗

图 1-23　电动离心机

将盛有沉淀和溶液的离心管放在离心机内高速旋转，由于离心力的作用使沉淀聚集在管底尖端，上部是澄清的溶液。

（1）离心操作。电动离心机转动速度极快，要特别注意安全。放好离心管后，把盖旋紧。开始时，应把变速旋钮旋到最低挡，以后逐渐加速；离心约 1min 后，将旋钮反时针旋到停止位置，任离心机自行停止，绝不可用外力强制它停止运动。

使用离心机时，应在它的套管底部垫点棉花。为了使离心机旋转时保持平衡，几支离心管要放在对称的位置上，如果只有一份试样，则在对称的位置放一支离心管，管内装等量的水。各离心管的规格应相同，加入离心管内液体的量，不得超过其体积的一半，各管溶液的高度应相同。

电动离心机有噪声或机身振动时，应立即切断电源，查明并排除故障。

（2）分离溶液和沉淀。离心沉降后，可用吸出法分离溶液和沉淀。先用手挤压滴管上的橡皮帽，排除滴管中的空气，然后轻轻伸入离心管清液中（为什么?），慢慢减小对橡皮帽的挤压力，清液就被吸入滴管。随着离心管中清液液面的下降，滴管应逐渐下移。滴管末端接近沉淀时，操作要特别小心，勿使它接触沉淀。最后取出滴管，将清液放入接受容器内。

（3）沉淀的洗涤。如果要得到纯净的沉淀，必须经过洗涤。为此，往盛沉淀的离心管中加入适量的蒸馏水或其他洗涤液，用细搅拌棒充分搅拌后，进行离心沉降，用滴管吸出洗涤液，如此重复操作，直至洗净。

（4）沉淀的转移。如需将沉淀分成几份，可对洗净后的沉淀物加少许蒸馏水，用玻棒搅拌后，用滴管吸出浑浊液，转移到另一洁净的容器中。

第 2 节　测量误差与实验数据处理方法

一、测量、误差与精度

（一）测量

物理实验包含两大步骤：一是调试仪器设备，观察实验现象；二是进行测量。所谓测量就是将被测物理量与选为标准的同类物理量（即取作单位的同类量）进行比较，定出它是标准量的多少倍。

测量是以确定被测对象的量值为目的的全部操作。由于测量结果的大小与选择的单位密切相关，所以做物理实验时，其测量或计算的结果中必须有单位，这与数学是不同的，在物理上 $1m = 1000mm$，但在数学上 $1 \neq 1000$，因为数学的数字是纯数，是没有意义的量。

通过量具和仪器直接测得（读出）被测量数值的测量称为直接测量，例如用天平和砝码测量质量，用游标尺测量长度等等。

有些物理量没有直接测量仪器，需要通过对待测量有函数关系的其他量的测量以得到该待测量之量值的过程称为间接测量。例如直径为 D 的球体的体积 $V = \frac{1}{6}\pi D^3$，可通过用米尺或游标卡尺测量球体的直径 D 后而计算得到。

（二）误差的定义及表示方法

所谓误差就是测量与被测量的真值之间的差值，测量误差的大小反映测量结果的准确度。

1. 真值和约定真值

在一定条件下，任何一个物理量的大小都是客观存在的，称为真值。真值是一个理想概念，一般是不知道的。但在某些特定情况下，真值又是知道的，例如，三角形三个内角之和为 180°；一个整圆周角为 360°；按定义规定的国际千克基准的值可认为真值是 1kg。

在实际测量中，常用被测量的实际值来代替真值。而实际值的定义是满足规定精度的用来代替真值使用的量值。该实际值常用高一等级精度的标准所得。而在更普遍的实际测量中，常用被测量的最佳值或修正过的算术平均值来代替真值，称为约定真值。

2. 测量值

实验时，依据一定的理论和方法，用一定的仪器，在一定的环境下，由具体的人测得的某一物理量的量值称为测量值，测量值就是所测物理量的近似值。

3. 测量误差的定义及表示方法

测量误差可以简称为误差，其定义为

$$误差 = 测量值 - 真值 \quad 或 \quad \Delta N = N_测 - N_真$$

由于 $N_真$ 一般是不知道的，所以误差一般是不能计算的，只有在少数情况下，可以用准确度足够高的实际值来作为约定真值，这时才能估算误差。

误差可用绝对误差表示，也可用相对误差表示。

（1）绝对误差 ΔN：

$$\Delta N = N_测 - N_真 \tag{1-2}$$

（2）相对误差 E

$$E = \frac{绝对误差}{真值} = \frac{\Delta N}{N_真} \tag{1-3}$$

绝对误差可能为正值或负值，相对误差也可能为正值或负值。

（三）误差的来源和分类

测量过程中，误差产生的原因是多方面的，可归纳为以下几种。

1. 测量装置误差

任何测量仪器、仪表及装置，附件等即使在规定的条件下使用都具有误差，称为基本误差。

2. 环境误差

当偏离测量装置所规定的标准状态测量时，所产生的误差称为环境误差，也称为附加误差。

3. 理论方法误差

由于测量方法不完善及所依据的理论不严密而产生的误差，例如用单摆测重力加速度 $g = 4\pi^2 l/T^2$，但该公式成立条件为摆角趋于零，摆线质量为零，摆体体积为零，这实际上是无法满足的。

4. 人员误差

由于实验操作者的心理、生理因素各不相同所产生的误差。根据误差的来源和性质，可将误差分为以下三类：

（1）系统误差。在同一实验条件下（方法、仪器、环境和观测人员都不变）在对同一被测量的多次测量过程中，误差的绝对值和正、负号保持不变，或在条件改变时，以可预知的方式变化的测量误差分量，称为系统误差。

系统误差产生的原因可能实验者已知，也可能不知。如果已知，其系统误差的大小和符号称为可定系统误差，应在测量中采取一定的措施给予减小，消除或者修正。对于未定系统误差，只能估计它的取值范围。

（2）随机误差。当系统误差已经减弱到可以忽略的程度，在对同一被测量在重复性条件下进行多次测量的过程中，误差绝对值与符号以不可预知的方式变化着的误差分量，称为随机误差，又称作偶然误差，随机误差是由实验中各种因素的微小变化引起的。

随机误差的出现，就某一次测量值是没有规律的，其大小方向不可预知，但对于一个量进行多次测量，随机误差是按统计规律分布的，服从正态分布（高斯分布）曲线。

（3）粗大误差。

（四）精度

反映测量结果与真值接近程度的量，称为精度。它与误差的大小相对应，因此可用误差的大小来表示精度的高低，误差小则精度高，误差大则精度低。根据测量结果，精度可分为精密度、准确度（正确度）和精确度三个概念。

（1）精密度，反映随机误差影响的程度，是对测量结果重复性的评价。精密度高，是指测量重复性好，各次测量值的分布密集，随机误差小。

（2）准确度，反映系统误差大小的程度（也称正确度）。准确度高，是指测量数据的算术平均值偏离真值较少，系统误差小。

（3）精确度，反映偶然误差和系统误差综合大小的程度，精确度简称精度。精确度高，指测量结果既精密又准确，即随机误差与系统误差均小。

精度在数量上有时可用相对误差来表示，例如相对误差为 0.01%，可笼统地说其精度为 10^{-4}，若纯属随机误差引起，则说其精密度为 10^{-4}；若由系统误差和随机误差共同引起，则说其精度为 10^{-4}。

二、测量不确定度

（一）误差估算

由于测量误差的存在，等精度测量列中各个测得值一般皆不相同，被测量的真值难以确定，测量成为一个随机过程，因此，有误差。误差的估算属于统计学和计量学范畴。

由于
$$\Delta N = N_{测} - N_{真}$$

而 $N_{真}$ 不知道，所以 ΔN 无法计算，只能估算。为了估算 ΔN，我们需要定义约定真值 $\overline{N}$。理论证明，在 K 次等精度测量中，其算术平均值 $\overline{N}$

$$\overline{N} = \frac{1}{K}(N_1 + N_2 + \cdots + N_k) \tag{1-4}$$

最接近真值，称为约定真值。

由约定真值 $\overline{N}$ 和各次测量值 N_i 估算误差 ΔN，但 $N_i - \overline{N} \neq \Delta N$，而是 ΔN 的近似值。对其近似值的估算有多种方法，但方法不同，所表示的物理意义不同。

（二）随机误差的估算及评定方法

在系统误差和过失误差（粗大误差）已经消除，只剩下随机误差时，用 $\overline{N}$ 作为测量结果。那么用 $\overline{N}$ 代替真值 $N_{真}$ 可靠性如何，需对它进行估算和评定，对 $\overline{N}$ 的评定有两种方法。

（1）算术平均偏差（略）。

（2）测量值的实验标准偏差 $\sigma(N)$ 和平均值 $\overline{N}$ 的标准偏差 $\delta(\overline{N})$。在多次测量时，用算术平均值表示测量结果，可以减小随机误差的影响，而测量值的分散程度直接体现随机误差的大小，定量地对随机误差作出估算有多种方法。为了表示随机误差的分布特征，科学实验中，常用贝塞尔公式计算标准偏差对测量误差加以估算。

$$\sigma(N) = \sqrt{\frac{\sum_{i=1}^{k} (N_i - \overline{N})^2}{k-1}} \tag{1-5}$$

式中，$\sigma(N)$ 越大，就表示测量值比较分散，随机误差大。$\sigma(N)$ 越小，就表示测量值比较密集，随机误差小。

现在很多函数计算器有计算标准偏差的统计功能，常用 σ 或 σ_{n-1} 键表示，只要将 k 个测量值按规定的操作步骤输入计算器，即可计算出 $\sigma(N)$ 和 $\sigma(\overline{N})$。

（三）测量不确定度的定义

测量不确定度是指测量结果变化的不肯定，是表征被测量的真值在某个量值范围的一个估计，是测量结果含有的一个参数，用以表示被测量值的分散性，所以一个完整的测量结果包含有被测量的估计和分散性参数两部分，例如被测量 N 的测量结果为 $n \pm u$，其中 n 是被测量的估计，它具有的测量不确定度为 u。

在测量不确定度定义下，被测量的测量结果所表示的并非为一个确定的值，而是分散的无限个可能所处于的一个区间，是指测量值（近真值—约定真值）附近的一个区域范围，测量值（近真值）与真值之差即误差可能位于其中。

由于误差分为随机误差和系统误差，而系统误差又有可定系统误差和未定系统误差，在测量结果中对可定（已定）系统误差分量进行修正以后，其余各种未定系统误差因素和随机误差因素共同影响着测量结果的不确定度，所以不确定度的分量计算原则上分为两类，A 类不确定度（统计不确定度）和 B 类不确定度（非统计不确定度—仪器误差和估读误差）。

（1）A 类不确定度分量的估算。A 类不确定度是指可以用统计方法计算的不确定度，它服从正态分布规律，可用实验标准偏差 $\sigma(N)$ 和平均值的标准偏差 $\sigma(\overline{N})$ 计算

$$u_A = \sigma_A(N) = \sqrt{\frac{\sum_{i=1}^{k} (N_i - \overline{N})^2}{k-1}} \tag{1-6}$$

$$u_A = \sigma_A(\overline{N}) = \sqrt{\frac{\sum_{i=1}^{k} (N_i - \overline{N})^2}{k(k-1)}} \tag{1-7}$$

（2）B 类不确定度，$u_B = \Delta_{仪}$（仪器误差限值）是非统计方法估计的误差分量。

（3）测量结果不确定度表示方法。

不确定度用方和根合成不确定度 u

$$u = \sqrt{u_A^2 + u_B^2} \tag{1-8}$$

相对不确定度

$$E_u = \frac{u}{\overline{N}} = \frac{u}{\overline{N}} \times 100\%$$

测量结果用不确定度 u 表示为

$$N_{真} = \overline{N} \pm u \tag{1-9}$$

（四）测量不确定度与误差

测量不确定度和误差是误差理论中的两个重要概念。它们具有相同点，都是评定测量结果质量高低的重要指标，都可作为测量结果精度的评定参数。但它们又有明显的区别，必须正确

认识和区分，以防混淆和误用。

从定义上讲，误差是测量结果与真值之差，它以真值和约定真值为中心，而测量不确定度是以被测量的估计值为中心。因此误差是一个理想的概念，一般不能准确知道，难以定量；而测量不确定度是反映人们对被测量认识不足的程度，是可以定量评定的。

在分类上，误差按自身特征和性质分为系统误差、随机误差和粗大误差，并可采取不同措施来减小或消除各类误差对测量的影响，由于各类误差之间并不存在绝对的界限，故在分类判别和误差计算时不易准确掌握。

测量不确定度不按性质分类，而是按评定方法分为 A 类评定和 B 类评定，两类评定方法不分优劣，按实际情况的可能性加以选用。

（五）直接测量的不确定度估算与测量结果

1. 真值的最佳估计值

若对某物理量进行足够多的 n 次等精度测量，得测量列 x_1, x_2, $\cdots$, x_n，则该测量列的算术平均值 $\bar{x}$ 为其真值的最佳估计值。

若对某物理量只进行单次测量，则只能将此测量值作为其真值的最佳估计值。

2. 不确定度的估算

（1）不确定度 A 类分量 u_A。对某物理量进行多次重复测量，只要测量次数 $n > 5$，当置信概率取为 0.683 时，其 A 类不确定度分量 u_A 即为测量列算术平均值的标准偏差 $\sigma_{\bar{x}}$。

如果对物理量只进行了单次测量，则无法计算其不确定度 A 类分量。

（2）不确定度 B 类分量 u_B。实验中常会有很多非统计的误差因素存在，但一般只考虑仪器误差这一主要因素，此时 $u_B = u_j = \Delta m / \sqrt{3}$，其中 Δm 为仪器的允差。

（3）合成不确定度 u。一般的，A 类分量和 B 类分量相互"独立"，故应按"方和根"方法合成。

$$u = \sqrt{u_A^2 + u_B^2} \tag{1-10}$$

3. 测量结果表示

$$N = (\bar{N} \pm u) \quad （单位）\quad p = 0.683$$

$$E_x = \frac{u}{N} \times 100\% \tag{1-11}$$

三、间接测量的不确定度及结果表示

实验中进行的测量大都是间接测量，即最后测量量（间接测量量）是诸直接测量量的函数。直接测量量的误差必定会给间接测量带来误差，这被称为误差传递。

设间接测量量 N 与各直接测量量的函数关系为

$$N = f(x, y, z, \cdots) \tag{1-12}$$

（一）间接测量量的平均值

间接测量结果是由一个或 n 个直接测量值经过公式计算得出。$\bar{x}$, $\bar{y}$, $\cdots$ 代表各直接测量量的最佳值，于是间接测量量的最佳值应该是

$$\bar{N} = f(\bar{x}, \bar{y}, \bar{z}, \cdots) \tag{1-13}$$

（二）间接测量结果的不确定度

设 u_x，u_y，…分别为 x，y，…等相互独立的直接测量量的不确定度，则间接测量量的总不确定度为

$$u_N = \sqrt{\left(\frac{\partial f}{\partial x}\right)^2 u_x^2 + \left(\frac{\partial f}{\partial y}\right)^2 u_y^2 + \cdots} \tag{1-14}$$

式（1-14）中偏导数 $\frac{\partial f}{\partial x}$，$\frac{\partial f}{\partial y}$，…称为传递系数，其大小直接代表了各直接测量结果不确定度对间接测量结果不确定度的贡献。

对 $N = f(x, y, z, \cdots)$ 两边取自然对数，则有

$$\ln = \ln f(x, y, z, \cdots) \tag{1-15}$$

$$\mathrm{d}\ln N = \frac{\mathrm{d}N}{N} = \frac{u_N}{N} = \sqrt{\left[\frac{\partial}{\partial x} l_n f(x, y, z, \cdots)\right]^2 u_x^2 + \left[\frac{\partial}{\partial y} l_n f(x, y, z, \cdots)\right]^2 u_y^2 +, \cdots} \tag{1-16}$$

由式（1-14）和式（1-16）可知，当函数为和差形式时，用式（1-14），先求间接测量不确定度 u_N，再由 $E_n = u_N / \overline{N}$，求相对不确定度较方便；当函数为积、商形式时，用式（1-16），先求间接测量量的相对不确定度 E_N。再由 $u_N = E_N \cdot \overline{N}$，求出 u_N 较为方便。

（三）间接测量量结果的表达式为

$$N = (\overline{N} \pm u_N) \quad 单位 \quad (p = 0.683) \tag{1-17}$$

$$E_N = \frac{u_N}{\overline{N}} \times 100\% \tag{1-18}$$

应特别注意，其不确定度 u_N，E_N 及最佳估计值 $\overline{N}$ 的有效数字计算。

例，根据测量某部分空心圆柱体密度公式

$$\rho = \frac{m}{v} = \frac{m}{\pi d_1^2 h_1 + \pi d_2^2 h_2 - \pi d_3^2 h_3}$$

则间接测量密度 ρ 的相对不确定度为：

$$\frac{u_\rho}{\rho} = \sqrt{\left(\frac{\partial}{\partial m} l_n \frac{m}{v}\right)^2 u_m^2 + \left(\frac{\partial}{\partial v} l_n V\right)^2 u_v^2} \tag{1-19}$$

由于体积 V 是由 d_1，h_1，d_2，h_2，d_3，h_3 等 6 个直接测量量的函数，需先求出各个独立变量 d_1，d_2，d_3，h_1，h_2，h_3 的平均值及它们的不确定度 u_{d1}，u_{d2}，u_{d3}，u_{h1}，u_{h2}，u_{h3}，可得密度 ρ 的相对不确定度为：

$$E\rho = \frac{u_\rho}{\rho}$$

$$= \sqrt{\left(\frac{u_m}{m}\right)^2 + \frac{4d_1^2 h_1^2 u_{d_1}^2}{(d_1^2 h_1 + d_2^2 h_2 - d_3^2 h_3)^2} + \frac{4d_2^2 h_2^2 u_{d_2}^2}{(d_1^2 h_1 + d_2^2 h_2 - d_3^2 h_3)^2} + \frac{4d_3^2 h_3^2 u_{d_3}^2}{(d_1^2 h_1 + d_2^2 h_2 - d_3^2 h_3)^2} + \frac{d_1^4 u_{h_1}^2 + d_2^4 u_{h_2}^2 + d_3^4 u_{h_3}^2}{(d_1^2 h_1 + d_2^2 h_2 + d_3^2 h_3)^2}}$$

$$\tag{1-20}$$

四、有效数字与数据运算

在测量结果和数据运算中，确定用几位数字来表示测量或数据运算的结果，是有其重要科学的内涵的。

测量结果既然包含有误差，说明它是一个近似数，其精度有一定限度，在记录测量结果的数据位数，或进行数据运算时的取值多少时，皆应以测量所能达到的精度为依据：

常有几种对精度的错误的理解：（1）小数点后的位数愈多，数值愈精确，精度高。（2）数据运算中，保留的位数愈多，精度愈高——都是误解。这是因为：

（1）小数点的位置决定不了精度，这是与所采用的单位有关，例如 35.62 mm 和 0.03565m 的精度完全相同，而小数点位置则不同。

（2）测量结果的精度与所用的测量方法及仪器有关。在记录或数据运算时，所取的数据位数，其精度不能超过测量所能达到的精度；反之，若低于测量精度，也是不正确的，因为它将损失精度。

（3）在解方程组时，若系数为近似值，其取值多少对方程组的解有很大影响，例如，下面的方程组（a）和（b）及其对应解为：

（a）　　　$\begin{cases} x - y = 1 \\ x - 1.0001y = 0 \end{cases}$　　对应解为 $\begin{cases} x = 10001 \\ y = 10000 \end{cases}$

（b）　　　$\begin{cases} x - y = 1 \\ x - 0.9999y = 0 \end{cases}$　　对应解为 $\begin{cases} x = -9999 \\ y = -10000 \end{cases}$

（一）有效数字的概念

在实验中得到的测量值是含有误差的数值，它们的尾数不能随意取舍，应当反映出测量值的精确度及误差，在记录和处理数据，分析测量结果时，究竟写出几位数字，要根据测量误差或实验结果的不确定度严格要求，不能随意乱写。例如：用米尺测量一个物体的长度，测量结果在 51cm 和 52cm 之间，记录数据可为 51.4cm、51.5cm、51.6cm，换不同的测量者进行测量，前两位数不会发生变化，称为准确数字，但最后一位会因为各人不同的估计而不同，称为可疑数字（欠准确字），虽然最后一位欠准确，但客观上反映了该物体是比 51cm 长又比 52cm 短的事实，不能舍去。准确数字和可疑数字的全体称为有效数字，有效数字位数的多少，直接反映了实验测量结果和精确度，有效数字位数越多，测量结果的精确度越高。

根据有效数字的定义可知 52.0cm 和 52cm 是不同的，52.0 中：个位上的 2 是精确的，十分位上的 "0" 是可疑的。52 中："2" 是可疑的。注意：（1）在读取数据时，如测量值恰好为整数，则必须在整数后补 "0"，一直补到可疑位；（2）显然在小数点的末位随意增加 0（尽管不改变其数值大小）也是错误的；（3）有效数字的位数与小数点的位数无关，当单位改变时，有效数字的位数不变，例如 52.0cm 可与为 0.520m，均为三位有效数字。非 0 数值前的 "0" 不是有效数字，而后面的 "0" 是有效数字；（4）故为方便起见常用科学记数法，即在小数点前只写一位有效数字，用 10 的 N 次幂来表示其数量级，例为 5.5×10^5m，3.286×10^{-6}s 分别表示 2 位和 4 位有效数字。如果将 5.5×10^5m 写为 550000m 显然是错误的，它人为地将有效数字增加了 4 位。

（二）有效数字的读取

（1）对于直接测量值，可疑数字与仪器的允差为同一位，读数应读到最小分度值下一位的十分之一，有时也可根据情况（如分度较窄，指针较宽），就读到最小分度值的 1/5，1/2，最小分度值所在位是准确位，其后一位为可疑位。

（2）有时，读数的估读位就在最小分度位。如仪器的最小分度值为 0.5，则应读到最小分度值的 1/5，会出现 0.2、0.6 之类的值，估读位还是在最小分度位上。

（3）游标类量具，只读到游标分度值，一般不读游标分度值下一位。

（4）数字式仪表或步进读数仪器（如电阻箱）不需要估读，其显示值的末位就是可疑的。

（三）有效数字的运算

总原则：准确数字与准确数字进行运算时，其结果仍是准确数字；可疑数字与准确数字或可疑数字进行运算时，其结果均是可疑数字。间接测量的最后结果，只保留一位可疑数字，其具体运算规则为：

（1）加减运算中，和或差的可疑位，与参与运算中各数据项中可疑数字的最高位相同。

例如：$653.2 + 8.462 = 661.662 \approx 661.7$

（2）乘、除运算中，积或商的有效数字位数与参与运算中各项数据中有效数字位数最少者相同。

例：$g = 4\pi^2 \dfrac{L}{T^2}$ 其中 $L = 130.4\text{cm}$ $T = 2.291\text{s}$

由于 L 和 T 都为 4 位有效数字，故 g 也保留 4 位有效数字，"4" 可看作常数或倍数，不作为运算中判断有效数字的依据，π 在运算中可多取 1 位，即取 5 位。

$$g = 4 \times 3.1416^2 \frac{130.4}{2.291^2} = 980.8\text{cm/s}^2$$

（3）乘方开方运算时，其结果的有效数字位数一般与其底数的有效数字位数相同

$$\sqrt{36.9} = 6.07$$

（4）某些常见函数运算的有效位数规则：

1）对数函数 $y = \ln x$

例 $y = \ln 1.983 = 0.684610 \approx 0.6846$

规则：对数函数运算后的尾数取与真数相同的位数

2）指数函数：$y = 10^x$

对于 $y = 10^x$

指数函数运算后的有效数字可与指数的小数点后的位数相同（包括紧接小数点后的 0）

$10^{6.25} = 1778279.41 = 1.8 \times 10^6$

$10^{0.0035} = 1.0080909161 = 1.008$

对于 e^x：小数点前保留 1 位有效数字，小数点后保留的有效数字位数与指数在小数点后面的有效数字位数相同，例 $e^{9.24} = 1.03 \times 10^4$。

3）三角函数 $y = \sin x, y = \cos x, \cdots$

例：$y = \sin 30°00' = 0.5 = 0.5000$

$Y = \cos 20°16' = 0.938070461 = 0.9381$

规则：三角函数的取位随角度的有效位数而定，即函数值的位数应随角度误差的减小而增多，关系为：

角度误差	$10''$	$1''$	$0.1''$	$0.01''$
函数值位数	5	6	7	8

第 2 章　普通化学实验

实验 1　化学实验室规则及称量练习

一、实验目的

（1）了解化学实验室规则及接受化学实验室安全教育（见第 1 章）；

（2）了解化学实验的一些基本知识和基本操作（见第 1 章）；

（3）掌握简单的玻璃加工操作；

（4）学会正确的称量方法；

（5）掌握有效数字的使用规则。

二、实验设备及材料

实验设备：台式电平、电子天平、酒精灯。

实验材料：玻璃棒、锉刀、玻璃珠、小烧杯、表面皿。

实验试剂：草酸。

三、实验步骤

（一）制作搅拌棒、玻璃钉

（1）截取一根长约 150mm、直径 4～5mm 的玻璃棒一根，断口熔烧至圆滑。

（2）制作一根长约 130mm 的玻璃钉搅棒。

（二）称玻璃珠

准备一个洁净干燥的小烧杯，内装一玻璃珠。先在台秤上粗称，然后在天平上精确称出它们的质量 W_1（称准至 0.0001g）。把玻璃珠转到另一容器中，再称出小烧杯的质量（先粗称，然后精确称量）W_2。把数据填入表 2-1，算出玻璃珠的质量。

表 2-1　称量结果记录

	（烧杯＋玻璃珠）质量	烧杯质量	玻璃珠质量
台秤粗称	$W'_1 =$	$W'_2 =$	
天平称量	$W_1 =$	$W_2 =$	$W_3 =$

（三）称取 $H_2C_2O_4 \cdot 2H_2O$

（1）算出配制 100mL 浓度为 0.05mol/L $H_2C_2O_4$ 溶液所需 $H_2C_2O_4 \cdot 2H_2O$ 固体的用量。

（2）用差减法称取 $H_2C_2O_4 \cdot 2H_2O$：从干燥器内取出装有 $H_2C_2O_4 \cdot 2H_2O$ 的称量瓶（注意手指不要直接接触称量瓶，用纸紧套在称量瓶上，见图 2-1），在台秤上粗称出它的质量，然后在分析天平上准确称出称量瓶和 $H_2C_2O_4 \cdot 2H_2O$ 的总质量 W_1（称准至 0.0001g）。取出称量瓶，将它举到小烧杯上方，打开瓶盖，使称量瓶倾斜，用称量瓶盖轻轻敲瓶口，使草酸缓慢地落到烧杯中。如图

图 2-1　从称量瓶中
倒出固体草酸

2-1 所示，当倾出的草酸的量已合要求时（为了能较快、较正确估计草酸的量，可将烧杯放在台秤上，称出其质量后，再加上和所需草酸同质量的砝码，将草酸缓慢倾入烧杯至台秤两边平衡），仍在烧杯上方将称量瓶慢慢竖起，用瓶盖轻轻敲瓶口，使粘在瓶口的草酸落入瓶内或烧杯内（如果草酸洒落在外面，需要重称）。盖好瓶盖，再在电子天平上称出称量瓶和剩余草酸的总质量 W_2。两次质量之差（$W_1 - W_2$）即为所需草酸的质量。

此草酸供实验二滴定操作用。

四、实验结果及报告要求

将实验数据及其处理以表格形式列出。

五、实验注意事项

（1）截断玻璃棒时，要注意用力方向，以防玻璃割伤手；
（2）使用电子天平前，先要调平、归零。

六、思考题

2-1-1　某同学用分析天平称某物，得出下列一组数据：1.210g、1.21000g、1.2100g。你认为哪个数值是合理的，为什么？

实验 2　酸碱滴定

一、实验目的

（1）初步掌握酸碱滴定的原理和滴定操作；
（2）学会容量瓶、吸管、碱式滴定管的使用方法；
（3）标定氢氧化钠溶液的浓度。

二、实验原理

酸碱滴定法又称为中和法。是利用酸碱中和反应来测定酸或碱的浓度。滴定时的基本反应式为：

$$H^+ + OH^- \stackrel{}{=\!=\!=} H_2O \tag{2-1}$$

当反应达到终点时，体系的酸和碱刚好完全中和。因此，可从所用酸（或碱）溶液的体积和标准碱（或酸）溶液的浓度、体积，计算出待测酸（或碱）的浓度。

滴定终点可借助指示剂的颜色变化来确定。一般强碱滴定酸时，常以酚酞为指示剂；而强酸滴定碱时，常以甲基橙为指示剂。

本实验用氢氧化钠溶液滴定已知浓度的草酸溶液，以标定氢氧化钠溶液的浓度。

三、实验设备及材料

实验设备：滴定管架。
实验材料：烧杯、玻璃棒、容量瓶、碱式滴定管、胶头滴管、锥形瓶、洗瓶。
实验试剂：NaOH、酚酞指示剂。

四、实验步骤

（一）标准草酸溶液的配制

加少量水使草酸固体完全溶解后，移至 250mL 容量瓶中，再用少量水淋洗烧杯及玻棒数次，将每次淋洗的水全部转移到容量瓶中，最后用水稀释至刻度，摇匀。计算其准确浓度。

（二）NaOH 溶液浓度的标定

（1）取一支洗净的碱式滴定管，先用蒸馏水淋洗 3 遍，再用 NaOH 溶液淋洗 3 遍，每次都要将滴定管放平、转动，最后溶液从尖嘴放出。注入 NaOH 溶液到 "0" 刻度上，赶走橡皮管和尖嘴部分的气泡，再调整管内液面的位置恰好在 "0.00" 刻度处。

（2）取一支洗净的 25mL 吸管，用蒸馏水和标准草酸溶液各淋洗 3 遍。移取 25.00mL 标准草酸溶液于洁净锥形瓶中，加入 2~3 滴酚酞指示剂，摇匀。

（3）右手持锥形瓶，左手挤压滴定管下端玻璃球处橡皮管，在不停地轻轻旋转摇荡锥形瓶的同时，以 "连滴不成线、逐滴加入、液滴悬而不落" 的顺序滴入 NaOH 溶液。碱液滴入酸中时，局部会出现粉红色，随着摇动，粉红色很快消失。当接近滴定终点时，粉红色消失较慢，此时每加一滴碱液都要摇动均匀。锥形瓶中出现的粉红色半分钟内不消失，则可认为已达终点（在滴定过程中，碱液可能溅到锥形瓶内壁，因此快到终点时，应该用洗瓶冲洗锥形瓶的内壁，以减少误差）。记下滴定管中液面位置的准确读数。

（4）再重复滴定两次。3 次所用 NaOH 溶液的体积相差不超过 0.05mL，即可取平均值计算 NaOH 溶液的浓度。

五、实验结果及报告要求

将实验结果填入表 2-2 中。

表 2-2　滴定结果记录

实验序号	1	2	3
标准 $H_2C_2O_4$ 溶液用量/mL			
标准 $H_2C_2O_4$ 溶液浓度/mol·L^{-1}			
NaOH 溶液用量/mL			
NaOH 溶液的浓度/mol·L^{-1}			
NaOH 溶液的平均浓度/mol·L^{-1}			
相对偏差			
相对平均偏差			

六、实验注意事项

（1）实验开始前要赶走碱式滴定管橡皮管和尖嘴部分的气泡；

（2）快到滴定终点时，要用洗瓶冲洗锥形瓶的内壁，以减少误差。

七、思考题

2-2-1　滴定管和吸管为什么要用待量取的溶液洗几遍，锥形瓶是否也要用同样的方法洗？

2-2-2　以下情况对标定 NaOH 浓度有何影响？

（1）滴定前没有赶尽滴定管中的气泡。

（2）滴定完后，尖嘴内有气泡。

（3）滴定完后，滴定管尖嘴外挂有液滴。

（4）滴定过程中，往锥形瓶内加少量蒸馏水。

实验3 化学反应的摩尔焓变的测定

一、实验目的

（1）了解测定反应的摩尔焓变的原理和方法；

（2）学习实验数据的作图法处理。

二、实验原理

化学反应通常是在恒压条件下进行的，反应的热效应一般指的就是等压热效应 q_p；化学热力学中反应的摩尔焓变 $\Delta_r H_m$，数值上等于 q_p，因此，通常可用量热的方法测定反应的摩尔焓变。对于一般溶液反应（放热反应）的摩尔焓变，可用如图 2-2 所示三种类型的简易热量计测定。三种热量计都具有一定的绝热作用，同时附有温度测量和搅拌装置。

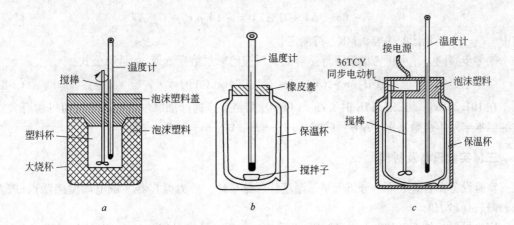

图 2-2 三种类型的简易热量计示意图
a—采用机械搅拌棒；b—采用磁力搅拌器；c—采用电动搅拌棒

本实验测定 $CuSO_4$ 溶液与 Zn 粉反应的摩尔焓变：

$$Cu^{2+}_{(aq)} + Zn_{(s)} == Cu_{(s)} + Zn^{2+}_{(aq)} \tag{2-2}$$

为了使反应完全，使用过量的 Zn 粉。

反应的摩尔焓变或反应热效应的测定原理是：设法使反应（$CuSO_4$ 溶液和 Zn 粉）在绝热条件下，于热量计中发生反应，即反应系统不与热量计外的环境发生热量交换，这样，热量计及其盛装物质的温度就会改变。从反应系统前后的温度变化及有关物质的热容，就可计算出该反应系统放出的热量。

但由于热量计并非严格绝热，在实验时间内，热量计不可避免地会与环境发生少量热交换；采用作图外推的方法（参见图 2-4），可适当地消除这一影响。

若不考虑热量计吸收的热量，则反应放出的热量等于系统中溶液吸收的热量：

$$q'_p = m_s c_s \Delta T = V_s \rho_s c_s \Delta T \tag{2-3}$$

式中　q'_p——反应中溶液吸收的热量，J/g；

$\qquad m_s$——反应后溶液的质量，g；

$\qquad c_s$——反应后溶液的比热容，J/(g·K)；

$\qquad \Delta T$——反应前后溶液的温度升高，K，由作图外推法确定；

$\qquad V_s$——反应后溶液的体积，mL；

$\qquad \rho_s$——反应后溶液的密度，g/mL。

设反应前溶液中 $CuSO_4$ 的物质的量为 $n\ mol$，则反应的摩尔焓变以 kJ/mol 计为

$$\Delta_r H_m = - V_s \rho_s c_s \Delta T / 1000n \tag{2-4}$$

设反应前后溶液的体积不变，则

$$n = c(CuSO_4) \cdot V_s / 1000 \tag{2-5}$$

式中　$c(CuSO_4)$——反应前溶液中 $CuSO_4$ 的浓度，mol/L。

将式（2-5）代入式（2-4）中，可得：

$$\Delta_r H_m = - 1000 V_s \rho_s c_s \Delta T / \{1000 c(CuSO_4) \cdot V_s\}$$
$$= - \rho_s c_s \Delta T / c(CuSO_4) \tag{2-6}$$

若考虑热量计的热容，则反应放出的热量 q_p 等于系统中溶液吸收的热量 q'_p 与热量计吸收的热量之和：

$$q_p = - (m_s c_s \Delta T + C_b \Delta T) = - (V_s \rho_s c_s + C_b) \Delta T \tag{2-7}$$

式中　C_b——热量计的热容，J/K，待测定。

推导步骤同上，可得考虑热量计热容时，反应的摩尔焓变 $\Delta_r H_m$ 的计算公式：

$$\Delta_r H_m = - (V_s \rho_s c_s + C_b) \Delta T / \{c(CuSO_4) \cdot V_s\} \tag{2-8}$$

在 101.325kPa 和 298.15K 时，Zn 与 $CuSO_4$ 溶液反应的标准摩尔焓变的理论值可由有关物质的标准摩尔生成焓算出；$\Delta_r H_m^{\ominus}$（298.15K）为 -218.66kJ/mol。

三、实验设备及材料

实验设备：台式天平、分析天平、温度计、热量计、磁力搅拌器（或电动搅拌器）、放大镜、停表（秒表）。

实验材料：烧杯（100mL）、试管、试管架、滴管、量筒（100mL）、容量瓶（250mL）、洗瓶、玻璃棒、滤纸片。

实验试剂：硫酸铜 $CuSO_4 \cdot 5H_2O$（固，分析试剂）、硫化钠 Na_2S（0.1mol/L）、锌粉（化学纯）。

四、实验步骤

（一）准确浓度的硫酸铜溶液的配制

实验前计算好配制 250mL 浓度为 0.200mol/L $CuSO_4$ 溶液所需 $CuSO_4 \cdot 5H_2O$ 的质量（要求 3 位有效数字）。

在分析天平上称取所需的 $CuSO_4 \cdot 5H_2O$ 晶体，并将它倒入烧杯中。加入少量去离子水，用玻璃棒搅拌。待硫酸铜完全溶解后，将此溶液沿玻璃棒注入洁净的 250mL 容量瓶中。再用少量去离子水淋洗烧杯和玻璃棒 2~3 次，洗涤溶液也一并注入容量瓶中，最后加去离子水至刻度。盖紧瓶塞，将瓶内溶液混合均匀。

（二）热量计热容 C_b 的测定

（1）洗净并擦干（可用滤纸片）用作热量计的塑料烧杯或保温杯。用量筒量取 50mL（尽可能准确）冷水（可用自来水），注入热量计中，盖上带有温度计（具有 0.1℃分度）的塞子（参见图 2-2）。

注意调节热量计中温度计安插的高度，要使其水银球能浸入溶液中；但又不能触及容器的底部。然后盖上热量计盖。

（2）用停表每隔 30s 记录一次热量计中冷水的温度读数。边读数边记录，直至热量计中的水达到热平衡，即水的温度保持恒定（一般需 3～4min）。

（3）用量筒量取 100mL 热水（热水温度不能太高，一般比室温高 10～15℃），将另一支温度计（具有 1℃分度）插入量筒，每隔 30s 记录一次温度读数。连续测定 3min 后，将量筒中的热水尽快地、全部倒入热量计中，立即盖紧热量计的塞子，准确、及时记录倒入时间（此时不应按停表）。旋转搅棒，不断搅拌，使热量计中的冷、热水充分混合。与前一次测热水温度间隔一段时间（一般 30s 左右）后，继续每隔 30s 记录一次热量计中的温度读数，连续测定 8～9min。

若采用磁力搅拌器进行搅拌（图 2-2b），则应事先将擦干的搅拌子放入热量计中。欲搅拌时，将热量计放到磁力搅拌器的盘上，接通磁力搅拌器的电源（若采用磁力加热搅拌器，注意加热旋钮应指在"关"的位置）。开通搅拌器的开关，并调节调速旋钮至适当的转速，一般为 200～300r/min，以使热量计中的水产生 0.5～1cm 深的旋涡为最佳。若转速过快，会产生摩擦热效应，引起实验误差。

若采用电动搅拌器（图 2-2c）进行搅拌，则接通 220V 交流电源即可。

（4）实验结束后，打开热量计的盖子，注意动作不能过猛，要边旋转边慢慢打开，否则容易将温度计折断。倒出热量计中的水。若用磁力搅拌器，小心不要丢失所用的搅拌子。

对于冷水温度 T_c 取测定的恒定值，对于热水温度 T_h 和混合后水的温度 T_m 可由作图外推法得出（参见图 2-3）。

（三）反应的摩尔焓变的测定

（1）用台式天平称取 3g 锌粉。

（2）洗净并擦干刚用过的塑料烧杯或保温杯，并使其降至室温后，用移液管量取 100.0mL 配制好的硫酸铜溶液，注入热量计中（热量计是否事先要用硫酸铜溶液洗涤几次，为什么，使用移液管有哪些应注意之处？），盖上热量计塞子。

（3）旋转搅棒（或搅拌子），不断搅拌溶液，并用停表每隔 30s 记录一次温度读数。注意要边读数边记录，直至溶液与热量计达到热平衡，而温度保持恒定（一般约需 2min）。

为了能得到较准确的温度测定值，温度计读数应读至 0.01℃，小数点后第二位是估计值。为便于观察温度计读数，可使用放大镜。

（4）迅速往溶液中加入称好的锌粉，并立即盖紧热量计的盖子（为什么？）。同时记录开始反应的时间。继续不断搅拌，并每隔 30s 记录一次温度读数，直至温度上升至最高读数后，再每隔 30s 继续测定 5～6min。

（5）实验结束后，小心打开热量计的塞子。取少量反应后的澄清溶液置于一试管中，观察溶液的颜色，随后加入 1～2 滴 0.1mol/L Na_2S 溶液，会产生什么现象，生成了什么物质？试说明 Zn 与 $CuSO_4$ 溶液反应进行的程度。

倾出热量计中反应后的溶液，若用磁力搅拌器，小心不要丢失所用的搅拌子。将实验中用过的仪器都洗涤洁净，放回原处。

五、实验结果及报告要求

（一）数据记录

室温 T/K ___ ；$CuSO_4 \cdot 5H_2O$ 晶体的质量 m/g ___ ；$CuSO_4$ 溶液的浓度 $c(CuSO_4)/(mol/L)$ ___ 。
温度随实验观察时间变化，将所得试验数据填入表 2-3、表 2-4 中。

表 2-3　热量计热容的测定

	时间 t/s	
温　度	冷水 T_c/K	
	热水 T_h/K	
	混合后的水 T_m/K	

表 2-4　反应的摩尔焓变的测定

时间 t/s	
温度 T/K	

（二）作图与外推

（1）**热量计热容**。用本实验步骤（二）测定的温度对时间作图（参见实验数据的作图法处理），得时间—温度曲线（参见图 2-3）。外推得出混合时热水的温度 T_h（在量筒中热水的温度变化呈曲线趋势，而并非线性变化，可延长曲线线段 ef，使与混合时的纵坐标相交于 g 点，该点的纵坐标值即为热水在混合时的温度 T_h）和混合后水的温度 T_m（可延长线段 ab，使与混合时的纵坐标相交于 c 点，该点的纵坐标值即为 T_m）。T_c 为冷水的温度，取测定的恒定值。

（2）**反应的摩尔焓变**。用本实验步骤（三）所测定的温度对时间的读数作图（参见实验数据的作图法处理），得时间—温度曲线（参见图 2-4）。得出 T_1 和外推值 T_2。

实验中温度到达最高读数后，往往有逐渐下降的趋势，如图 2-4 所示。这是由于本实验所用的简易热量计不是严格的绝热装置，它不可避免地要与环境发生少量热交换。图

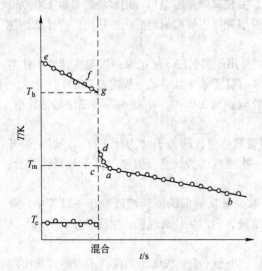

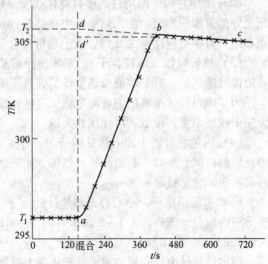

图 2-3　热量计热容测定时温度随实验时间的变化　　图 2-4　反应的摩尔焓变测定时温度随时间的变化

2-4 中，线段 bc 表明热量计热量散失的程度。考虑到散热从反应一开始就发生，因此应将该线段延长，使与反应开始时的纵坐标相交于 d 点。图中 dd' 所表示的纵坐标值，就是用外推法补偿由于热量散失于环境的温度差。为了获得准确的外推值，温度下降后的实验点应足够多。

（三）热量计热容 C_b 和反应的摩尔焓变 $\Delta_r H_m$ 的计算

1. 热量计热容 C_b

根据式（2-9）可计算热量计的热容 C_b。它是基于能量守恒原理，即热水放出的热量等于冷水吸收的热量与热量计吸收的热量之和：

$$(T_h - T_m)V_h\rho_{H_2O}c_{H_2O} = (T_m - T_c)\{V_c\rho_{H_2O}c_{H_2O} + C_b\} \tag{2-9}$$

式中 T_h，T_m，T_c——分别表示热水、混合后的水和冷水的温度，K；

$\qquad$ V_h，V_c——分别表示热水、冷水的体积，mL；

$\qquad$ ρ_{H_2O}——水的密度，可取 1.00g/mL；

$\qquad$ c_{H_2O}——水的比热容，可取 4.18J/(g·K)；

$\qquad$ C_b——热量计热容，J/K。

2. 反应的摩尔焓变 $\Delta_r H_m$

根据式（2-6）和式（2-8）可分别计算未经热量计热容校正的反应的摩尔焓变和经热量计热容校正的反应的摩尔焓变。反应后溶液的比热容 c_s 可近似地用水的比热容代替：$c_s = c(H_2O)$；反应后溶液的密度 ρ_s 可近似地取室温时 0.200mol/L $ZnSO_4$ 溶液的密度，为 1.03g/mL。

3. 实验结果的误差

误差计算式如下：

$$误差 = \frac{(\Delta_r H_m)_{实验值} - (\Delta_r H_m)_{理论值}}{(\Delta_r H_m)_{理论值}} \times 100\% \tag{2-10}$$

式中，$(\Delta_r H_m)_{理论值}$ 可近似地以 $\Delta_r H_m^{\ominus}$（298.15K）代替。

分别计算未经校正和经校正的反应的摩尔焓变的百分误差，分析产生误差的原因。

六、实验注意事项

（1）了解配制 250mL 浓度为 0.200mol/L $CuSO_4$ 溶液的方法和操作时的注意事项。

（2）根据 298.15K 时单质和水合离子的标准摩尔生成焓的数值计算本实验反应的标准摩尔焓变，并用 $\Delta_r H_m^{\ominus}$（298.15K）估算本实验的 $\Delta T(K)$。

（3）预习实验数据的作图法处理以及精密仪器（分析天平）和容量瓶的使用。

七、思考题

2-3-1 实验中所用锌粉为何只需用台式天平称取，而对 $CuSO_4$ 溶液的浓度则要求比较准确？

2-3-2 为什么不取反应物混合后溶液的最高温度与刚混合时的温度之差，作为实验中测定的 ΔT 数值，而要采用作图外推的方法求得，作图与外推中有哪些应注意之处？

2-3-3 做好本实验的关键是什么？

实验4　由粗食盐制备试剂级氯化钠

一、实验目的

（1）通过粗食盐提纯，了解盐类溶解度知识在无机物提纯中的应用，学习中间控制检验方法[❶]；

（2）练习有关的基本操作：离心、过滤、蒸发、pH 试纸的使用、无水盐的干燥和滴定等；

（3）学习天平的使用和用目视比浊法进行限量分析[❷]。

二、实验原理

氯化钠（NaCl）试剂由粗食盐提纯而得。一般食盐中含有泥沙等不溶性杂质及 SO_4^{2-}、Ca^{2+}、Mg^{2+} 和 K^+ 等可溶性杂质。氯化钠的溶解度随温度的变化很小，不能用重结晶的方法纯化，而需用化学法处理，使可溶性杂质都转化成难溶物，过滤除去。此方法的原理是利用稍过量的氯化钡与氯化钠中的 SO_4^{2-} 反应转化为难溶的硫酸钡；再加碳酸钠与 Ca^{2+}、Mg^{2+} 及没有转变为硫酸钡的 Ba^{2+}，生成碳酸盐沉淀，过量的碳酸钠会使产品呈碱性，将沉淀过滤后加盐酸除去过量的 CO_3^{2-}，有关化学反应式如下：

$$Ba^{2+} + SO_4^{2-} = BaSO_4 \downarrow \tag{2-11}$$

$$Ca^{2+} + CO_3^{2-} = CaCO_3 \downarrow \tag{2-12}$$

$$2Mg^{2+} + 2OH^- + CO_3^{2-} = Mg_2(OH)_2CO_3 \downarrow \tag{2-13}$$

$$CO_3^{2-} + 2H^+ = CO_2 \uparrow + H_2O \tag{2-14}$$

至于用沉淀剂不能除去的其他可溶性杂质，如 K^+，在最后的浓缩结晶过程中，绝大部分仍留在母液内，而与氯化钠晶体分开，少量多余的盐酸，在干燥氯化钠时，以氯化氢形式逸出。

三、实验设备及材料

实验设备：电子天平、电炉、酒精灯、离心机。

实验材料：抽滤瓶、布氏漏斗、水喷射泵、石棉网、烧杯（250mL）、玻璃棒、滤纸、漏斗、离心管（10mL）、蒸发皿（有柄、无柄）、试剂瓶、滴瓶、量筒、移液管（2mL、5mL、10mL）、比色管（25mL）。

实验试剂：食盐、蒸馏水、$BaCl_2$、Na_2CO_3、HCl、$AgNO_3$、淀粉、荧光素指示剂、酚酞指

[❶] 在提纯过程中，取少量清液，滴加适量指示剂，以检查某种杂质是否除尽，这种做法称为"中间控制检验"。

[❷] "限量分析"的定义：将成品配成溶液与标准溶液进行比色或比浊，以确定杂质含量范围。如果成品溶液的颜色或浊度不深于标准溶液，则杂质含量低于某一规定的限度，这种分析方法称为限量分析。

比色或比浊时应注意：

a. 待测溶液与标准溶液产生颜色或浊度的实验条件要一致。

b. 所用比色管玻璃质料、形状、大小要一样，比色管上指示溶液体积的刻度位置要相同。

c. 比色时，将比色管塞子打开，从管口垂直向下观察，这样观察液层比从比色管侧面观察的液层要厚得多，能提高观察的灵敏度。

示剂。

四、实验步骤

（一）溶盐

用烧杯称取 20g 食盐，加水 80mL。加热搅拌使盐溶解，溶液中的少量不溶性杂质，留待下步过滤时一并滤去。

（二）化学处理

（1）除去 SO_4^{2-}。将食盐溶液加热至沸，用小火维持微沸。边搅拌，边逐滴加入 $0.5mol/L$ $BaCl_2$ 溶液，要求将溶液中全部的 SO_4^{2-} 都变成 $BaSO_4$ 沉淀。记录所用 $BaCl_2$ 溶液的量。因 $BaCl_2$ 的用量随食盐来源不同而异，应通过实验确定最少用量。否则，为了除去有毒的 Ba^{2+}，要浪费试剂和时间；因此，需要进行中间控制检验，其方法如下：

取离心管两支，各加入约 2mL 溶液，离心沉降后，沿其中一支离心管的管壁滴入 3 滴 $BaCl_2$ 溶液，另一支留做比较。如无混浊产生，说明 SO_4^{2-} 已沉淀完全，若清液变浑，需要再往烧杯中加适量的 $BaCl_2$ 溶液，并将溶液煮沸。如此操作，反复检验、处理，直至 SO_4^{2-} 沉淀完全为止。检验液未加其他药品，观察后可倒回原溶液中。

常压过滤。过滤时，不溶性杂质及 $BaSO_4$ 沉淀尽量不要倒至漏斗中。

（2）除去 Ca^{2+}、Mg^{2+}、Ba^{2+}。将滤液加热至沸，用小火维持微沸。边搅拌边逐滴加入 $0.5mol/L$ Na_2CO_3 溶液（如上法，通过实验确定用量），Ca^{2+}、Mg^{2+}、Ba^{2+} 便转变为难溶的碳酸盐或碱式碳酸盐沉淀。确证 Ca^{2+}、Mg^{2+}、Ba^{2+} 已沉淀完全后，进行第二次常压过滤（用蒸发皿收集滤液）。记录 Na_2CO_3 溶液的用量。整个过程中，应随时补充蒸馏水，维持原体积，以免 NaCl 析出。

（3）除去多余的 CO_3^{2-}。往滤液中滴加 $2mol/L$ 盐酸，搅匀，使溶液的 pH 值为 3 ~ 4，记录所用盐酸的体积。溶液经蒸发后，CO_3^{2-} 转化为 CO_2 逸出。

（三）蒸发、干燥

（1）蒸发浓缩，析出纯 NaCl。将用盐酸处理后的溶液蒸发，当液面出现晶体时，改用小火并不断搅拌，以免溶液溅出。蒸发后期，再检查溶液的 pH 值（此时暂时移开煤气灯），必要时，可加 1 ~ 2 滴 $2mol/L$ 盐酸，保持溶液微酸性（pH 值约为 6）。当溶液蒸发至稀糊状时（切勿蒸干！）停止加热。冷却后，减压过滤，尽量将 NaCl 晶体抽干。

（2）干燥。将 NaCl 晶体放入有柄蒸发皿中，在石棉网上用小火烘炒，应不停地用玻璃棒翻动，以防结块。待无水蒸气逸出后，再大火烘炒数分钟。得到的 NaCl 晶体应是洁白和松散的。放冷，在台秤上称重，计算收率。

（四）产品检验

根据中华人民共和国国家标准（简称国标）GB 1266—77，试剂级氯化钠的技术条件为：

（1）氯化钠含量不少于 99.8%；

（2）水溶液反应合格；

（3）杂质最高含量中 SO_4^{2-} 的标准见表 2-5（以质量分数计）。

表 2-5　不同等级氯化钠试剂所含硫酸根的质量分数　　　　　　　（%）

规　格	优级纯（一级）	分析纯（二级）	化学纯（三级）
$w(SO_4^{2-})$	0.1	0.2	0.5

产品检验按 GB 619—77 之规定进行取样验收，测定中所需要的标准溶液、杂质标准液、制剂和制品按 GB 601—77、GB 602—77、GB 603—77 之规定制备。

1. 氯化钠含量的测定

用减量法称取 0.15g 干燥恒重的样品，称准至 0.0002g，溶于 70mL 水中，加 10mL 1% 的淀粉溶液，在摇动下用 0.1000mol/L AgNO₃ 标准溶液避光滴定，接近终点时，加 3 滴 0.5% 的荧光素指示剂，继续滴定至乳液呈粉红色。氯化钠质量分数 w_{NaCl} 按下式计算：

$$w_{NaCl} = \frac{\frac{V}{1000} \times c \times 58.44}{m} \tag{2-15}$$

式中　V——硝酸银标准溶液的用量，mL；

　　　　c——硝酸银标准溶液的浓度，mol/L；

　　　m——样品质量，g；

　58.44——氯化钠的摩尔质量。

2. 水溶液反应

称取 5g 样品，称准至 0.01g，溶于 50mL 不含二氧化碳的水中，加入 2 滴 1% 酚酞指示剂，溶液应无色，加入 0.05mL 0.10mol/L 氢氧化钠溶液，溶液呈粉红色。

3. 用比浊法检验 SO_4^{2-} 的质量

在小烧杯中称取 3.0g 产品，用少量蒸馏水溶解后，完全转移到 25mL 比色管中。再加入 3mL 2mol/L 盐酸和 3mL 0.5mol/L 的 $BaCl_2$，加蒸馏水稀释至刻度，摇匀，与标准溶液进行比浊。根据溶液产生混浊的程度，确定产品中 SO_4^{2-} 杂质含量所达到的等级。

标准溶液实验室已配好，比浊时搅匀。

表 2-6　不同等级氯化钠标准溶液中所含硫酸根的质量

规　格	一级	二级	三级
SO_4^{2-} 的质量/mg	0.03	0.06	0.15

比浊后，计算产品中 SO_4^{2-} 的质量分数范围。

五、实验结果及报告要求

根据所得氯化钠的质量，计算氯化钠收率；通过产品检验步骤，确定氯化钠的等级。

六、实验注意事项

（1）在进行中间控制检验步骤时，离心沉降后，加入溶液时应沿管壁滴加。

（2）在 NaCl 晶体干燥过程中，应不停地用玻璃棒翻动，以防结块及烧糊。

七、思考题

2-4-1　溶盐的水量过多或过少有何影响？

2-4-2　为什么选用 $BaCl_2$、Na_2CO_3 作沉淀剂，为什么除去 CO_3^{2-} 要用盐酸而不用其他强酸？

2-4-3　为什么先加 $BaCl_2$ 后加 Na_2CO_3，为什么要将 $BaSO_4$ 过滤掉才加入 Na_2CO_3，什么情况下 $BaSO_4$ 可能转化为 $BaCO_3$？

2-4-4　为什么往粗盐溶液中加 $BaCl_2$ 和 Na_2CO_3 后，均要加热至沸？

2-4-5　如果产品的溶液呈碱性，加入 $BaCl_2$ 后有白色浑浊。问此 NaCl 可能有哪些杂质，如何证明那些杂质确实存在？

2-4-6　烘炒 NaCl 前，尽量将 NaCl 抽干，有何好处？

2-4-7　什么情况下会造成产品收率过高？

实验 5　氧化还原反应

一、实验目的

（1）了解氧化还原反应和电极电势的关系；

（2）试验溶液酸度、反应物（或产物）浓度、催化剂对氧化还原反应的影响；

（3）观察并了解氧化态或还原态浓度变化对电极电势的影响。

二、实验设备及材料

实验设备：井穴板或点滴板。

实验材料：滤纸、锌片、放大镜、小试管（5mL）、胶头滴管。

实验试剂：$AgNO_3$、$CuCl_2$、$Pb(NO_3)_2$、$SnCl_2$、KI、$FeCl_3$、CCl_4、$K_3[Fe(CN)_6]$。

三、实验步骤

（一）电极电势和氧化还原反应

1. 金属活泼性比较

在井穴板的四个井穴中，分别放入 4 块 $\phi2cm$ 的滤纸，依次加入 1 滴 0.1mol/L $AgNO_3$，0.5mol/L $CuCl_2$，0.5mol/L $Pb(NO_3)_2$，0.5mol/L $SnCl_2$ 溶液于滤纸片上，然后在每块滤纸片的中央放一片 $2mm^2$ 大小的已打磨好的锌片，用放大镜观察金属树的生长和形状。

2. 定性比较某些电对电极电势的大小（此实验在 5mL 小试管中进行）

（1）在试管中滴加 5 滴 0.1mol/L KI 溶液和 2 滴 0.1mol/L $FeCl_3$ 溶液，观察溶液颜色有何变化，再加 3 滴 CCl_4 溶液，充分振荡，观察 CCl_4 溶液层是否出现紫红色（若 CCl_4 层看不清楚，可往试管中补加 1mL 蒸馏水稀释一下）。顺着试管壁再滴加 1 滴 0.5mol/L $K_3[Fe(CN)_6]$ 溶液，不再振荡，如有 Fe^{2+} 生成，则出现蓝色沉淀。

$$K^+ + Fe^{2+} + [Fe(CN)_6]^{3-} =\!=\!= KFe[Fe(CN)_6]\downarrow（蓝）\tag{2-16}$$

（2）用同浓度的 KBr 代替 KI 进行同样实验，观察 CCl_4 层是否有 Br_2 的橙红色。

（3）取 5 滴溴水于小试管中，加入 2 滴 0.2mol/L Fe^{2+} 盐溶液，观察溴水颜色褪去，说明溴水褪色的原因。

根据以上实验结果，定性比较 Br_2/Br^-、I_2/I^-、Fe^{3+}/Fe^{2+} 三个反应的电极电势的相对大小，并指出哪个是最强的氧化剂，哪个是最强的还原剂。

（二）酸度对氧化还原反应的影响

以下实验在井穴板或点滴板中进行。

1. 酸度对氧化还原反应产物的影响

在井穴板 $C_1 \sim C_3$ 三个井穴（或点滴板）中各加入 5 滴 0.01mol/L $KMnO_4$ 溶液，依次加入 2 滴 2mol/L H_2SO_4 溶液、2 滴 H_2O、2 滴 6mol/L NaOH 溶液，再分别向三个井穴中加 5 滴

0.5mol/L Na$_2$SO$_3$ 溶液，并观察现象有何不同。

2. 酸度对氧化还原反应方向的影响（卤素在不同介质中的歧化反应及其逆反应）

点滴板的一个凹穴中滴入 1 滴碘水，往其中滴入 6mol/L NaOH 溶液至颜色刚好褪去，然后再往其中滴入 3mol/L H$_2$SO$_4$ 溶液，观察溶液颜色的变化（如果现象不明显，可往其中滴入 1 滴淀粉溶液）。配平下列反应式：

$$I_2 + OH^- \longrightarrow IO_3^- + I^- \tag{2-17}$$

$$IO_3^- + I^- + H^+ \longrightarrow I_2 \tag{2-18}$$

并用标准电极电势定性解释实验现象。

3. 酸度对某些物质氧化还原能力的影响

（1）取 1 滴 0.2mol/L K$_2$Cr$_2$O$_7$ 溶液于点滴板凹穴中，往其中加入 2 滴 0.5mol/L Na$_2$SO$_3$ 溶液，观察颜色有无变化；再加入 1~2 滴 3mol/L H$_2$SO$_4$，再观察会发生什么变化，配平下列离子反应方程式：

$$Cr_2O_7^{2-} + SO_3^{2-} + H^+ \longrightarrow Cr^{3+}（绿） + SO_4^{2-} \tag{2-19}$$

并用电极电势表达式解释实验现象。

（2）取 1 滴 0.5mol/L MnSO$_4$ 于点滴板的凹穴中，加入 1 滴 2mol/L NaOH，观察实验现象，放置后再观察。用电极电势解释观察到的现象。

（三）浓度对氧化还原反应的影响

（1）在 2 支小试管中，各加入 5 滴 0.1mol/L KI 和 2 滴 0.2mol/L FeCl$_3$ 溶液，再向其中 1 支试管中加入少量 NH$_4$F 固体，摇动试管，观察两支试管的颜色有什么不同（加入 NH$_4$F 后将有配离子 FeF^{2+} 生成，使反应物 Fe^{3+} 浓度减少）。

（2）往小试管中加入 0.5mL 的 0.1mol/L KI，2 滴 0.5mol/L K$_3$[Fe(CN)$_6$] 和 2 滴 CCl$_4$，经振荡后观察有无 I$_2$ 的生成，再往其中加入几滴 0.2mol/L ZnSO$_4$，充分振荡后静置，观察现象。配平下列反应式：

$$Fe(CN)_6^{3-} + I^- + Zn^{2+} \longrightarrow Zn_2[Fe(CN)_6]\downarrow（白） + I_2 \tag{2-20}$$

用电极电势解释实验现象。

（四）催化剂对氧化还原反应速度的影响

在井穴板中的 C$_1$~C$_3$ 三个井穴中，各加入 0.2mol/L H$_2$C$_2$O$_4$，3mol/L 的 H$_2$SO$_4$ 各 5 滴，然后往一个井穴中加入 1 滴 0.5mol/L MnSO$_4$ 溶液，往另一个井穴中加入 1 滴 1mol/L NH$_4$F 溶液，最后往三个井穴中各加入 1 滴 0.01mol/L KMnO$_4$ 溶液，比较三个井穴中紫红色褪去的快慢（注：F$^-$ 与 Mn^{2+} 可形成配合物）。

四、实验结果及报告要求

记录实验过程中的实验现象、写出反应方程式并探讨原理。

五、实验注意事项

注意分析实验过程中颜色变化的原因。

六、思考题

2-5-1　举例说明介质的酸碱性对哪些氧化还原反应有影响。

实验 6　三草酸合铁(Ⅲ)酸钾的制备及其性质

一、实验目的

（1）制备三草酸合铁（Ⅲ）酸钾；
（2）了解其性质和制备条件。

二、实验原理

本实验是用铁（Ⅱ）盐与草酸反应制备难溶的 $FeC_2O_4 \cdot 2H_2O$，然后在 $K_2C_2O_4$ 存在下，用 H_2O_2 将 FeC_2O_4 氧化成 $K_3[Fe(C_2O_4)_3]$，同时生成的 $Fe(OH)_3$ 通过加入适量的 $H_2C_2O_4$ 溶液也被转化成配合物。

$$6FeC_2O_4 \cdot 2H_2O + 3H_2O_2 + 6K_2C_2O_4 = 4K_3[Fe(C_2O_4)_3] + 2Fe(OH)_3 + 12H_2O \quad (2\text{-}21)$$

$$2Fe(OH)_3 + 3H_2C_2O_4 + 3K_2C_2O_4 = 2K_3[Fe(C_2O_4)_3] + 6H_2O \quad (2\text{-}22)$$

总反应是：

$$2FeC_2O_4 \cdot 2H_2O + H_2O_2 + 3K_2C_2O_4 + H_2C_2O_4 = 2K_3[Fe(C_2O_4)_3] + 6H_2O \quad (2\text{-}23)$$

三草酸合铁（Ⅲ）酸钾是翠绿色单斜晶体，溶于水，难溶于乙醇。往该化合物的水溶液中加入乙醇后，可析出 $K_3[Fe(C_2O_4)_3] \cdot 3H_2O$ 结晶，它是光敏物质，见光易分解，变为黄色。

$$2K_3[Fe(C_2O_4)_3] \xrightarrow{\text{光}} 2FeC_2O_4 + 3K_2C_2O_4 + 2CO_2 \quad (2\text{-}24)$$

$Fe(Ⅱ)$ 与六氰合铁（Ⅲ）酸钾反应生成蓝色的 $KFe[Fe(CN)_6]$。

$K_3[Fe(C_2O_4)_3] \cdot 3H_2O$ 在温度为 100℃ 时失去结晶水，230℃ 分解。$FeC_2O_4 \cdot 3H_2O$ 在温度高于 100℃ 时分解。

三、实验设备及材料

实验设备：电炉、数显恒温水浴锅、循环水真空泵。

实验材料：移液管 10mL、漏斗、滤纸、胶头滴管、烧杯、玻璃棒、点滴板、棉线、抽滤瓶、布氏漏斗。

实验试剂：$(NH_4)_2SO_4 \cdot FeSO_4$、$H_2SO_4$、$H_2C_2O_4 \cdot 2H_2O$、$K_2C_2O_4 \cdot H_2O$、$H_2O_2$、95% 乙醇。

四、实验步骤

（一）制备三草酸合铁（Ⅲ）酸钾

1. 制备 $FeC_2O_4 \cdot 2H_2O$

称取自制的 $(NH_4)_2SO_4 \cdot FeSO_4 \cdot 6H_2O$ 5.0g，加数滴 3mol/L H_2SO_4（防止该固体溶于水时水解），另称 1.7g $H_2C_2O_4 \cdot 2H_2O$，将它们分别用蒸馏水溶解（根据反应物与产物的溶解度确定水的用量），如有不溶物，应过滤除去。将两溶液徐徐混合，加热至沸，同时不断搅拌以免暴沸，维持微沸约 4min 后停止加热。取少量清液于试管中，煮沸。根据是否还有沉淀产生判断是否还需要加热。证实反应基本完全后，将溶液静置，待 $FeC_2O_4 \cdot 2H_2O$ 充分沉降后，用倾析法弃去上层清液，用热蒸馏水少量多次地将 $FeC_2O_4 \cdot 2H_2O$ 洗净，洗净的标准是洗涤液中检验不到 SO_4^{2-}（检验 SO_4^{2-} 时，如何消除 $C_2O_4^{2-}$ 的干扰？）。

2. 进行氧化与配位反应制备 $K_3[Fe(C_2O_4)_3]$

称 3.5g $K_2C_2O_4 \cdot H_2O$，加入 10mL 蒸馏水，微热使它溶解，将所得 $K_2C_2O_4$ 溶液加到已洗净的 $FeC_2O_4 \cdot 2H_2O$ 中。将盛有混合物的容器置于 40℃ 左右的热水中，用滴管慢慢加入 8mL 6% H_2O_2 溶液，边加边充分搅拌，在生成 $K_3[Fe(C_2O_4)_3]$ 的同时，有 $Fe(OH)_3$ 沉淀生成。加完 H_2O_2 后，取一滴所得悬浊液于点滴板凹穴中，加入一滴 $K_3[Fe(CN)_6]$ 溶液，如果出现蓝色，说明还有 $Fe(Ⅱ)$，需再加入 H_2O_2，至检验不到 $Fe(Ⅱ)$ 为止。

证实 $Fe(Ⅱ)$ 已被氧化完全后，将溶液加热至沸（加热过程要充分搅拌），先一次加入 6mL 0.5mol/L $H_2C_2O_4$ 溶液，在保持微沸的情况下，继续加入 0.5mol/L $H_2C_2O_4$，至溶液完全变为透明的绿色。记录所用 $H_2C_2O_4$ 溶液的量。

3. 用溶剂替换法析出结晶

往所得的透明绿色溶液中加入 95% 乙醇（以不出现沉淀为度，约 10mL 左右），将一小段棉线悬挂在溶液中，棉线可固定在一段比烧杯口径稍大的塑料条上。将烧杯盖好，在暗处放置数小时后，即有 $K_3[Fe(C_2O_4)_3] \cdot 3H_2O$ 晶体析出。减压过滤，往晶体上滴少量 50% 乙醇洗涤后继续抽干，称重，计算产率。

（二）产品的光敏试验

（1）在表面皿或点滴板上放少许 $K_3[Fe(C_2O_4)_3] \cdot 3H_2O$ 产品，置于日光下一段时间后观察晶体颜色的变化，与放暗处的晶体比较。

（2）取 0.5mL 上述产品的饱和溶液与等体积的 0.5mol/L $K_3[Fe(CN)_6]$ 溶液混合均匀。用毛笔蘸此混合液在白纸上写字，字迹经强光照射后，由浅黄色变为蓝色。或用毛笔蘸此混合液均匀涂在纸上，放暗处晾干后，附上图案，在强光下照射，曝光部分变深蓝色，即得到蓝底白线的图案。

五、实验结果及报告要求

详细记录实验现象并计算三草酸合铁（Ⅲ）酸钾的产率。

六、实验注意事项

（1）$Fe(Ⅱ)$ 一定要氧化完全，如果 $FeC_2O_4 \cdot 2H_2O$ 未被氧化完全，即使加非常多的 $H_2C_2O_4$ 溶液，也不能使溶液变透明，此时应采取趁热过滤，或往沉淀上再加 H_2O_2 等补救措施。

（2）控制好反应后 $K_3[Fe(C_2O_4)_3]$ 溶液的总体积，以对结晶有利。

（3）将 $K_3[Fe(C_2O_4)_3]$ 溶液转移至一个干净的小烧杯中，再悬挂一根棉线，使结晶在棉线上进行。

七、思考题

2-6-1　在三草酸合铁（Ⅲ）酸钾制备的实验中：

（1）加入过氧化氢溶液的速度过慢或过快各有何缺点，用过氧化氢作氧化剂有何优越之处？

（2）最后一步能否用蒸干溶液的办法来提高产率？

（3）制得草酸亚铁后，要洗去哪些杂质？

（4）能否直接由 Fe^{3+} 制备 $K_3[Fe(C_2O_4)_3]$，有无更佳制备方法，查阅资料后回答？

（5）哪些试剂不可以过量，为什么最后加入草酸溶液要逐滴滴加？

（6）应根据哪种试剂的用量计算产率？

实验 7　由孔雀石制备五水硫酸铜

一、实验目的

（1）学习制备硫酸铜过程中除铁的原理和方法；

（2）学习重结晶提纯物质的原理和方法；

（3）学习无机制备过程中水浴蒸发、减压过滤、重结晶等基本操作和天平、恒温水浴箱及比重计的使用。

二、实验原理

孔雀石的主要成分是 $Cu(OH)_2 \cdot CuCO_3$，其主要杂质为 Fe、Si 等。用稀硫酸浸取孔雀石粉，其中铜、铁以硫酸盐的形式进入溶液，SiO_2 作为不溶物而与铜分离出来。常用的除铁方法是用氧化剂将溶液中 Fe^{2+} 氧化为 Fe^{3+}，控制不同的 pH 值，使 Fe^{3+} 离子水解以氢氧化铁沉淀形式析出或生成溶解度小的黄铁矾沉淀而被除去。

在酸性介质中，Fe^{3+} 主要以 $[Fe(H_2O)_6]^{3+}$ 存在，随着溶液 pH 值的增大，Fe^{3+} 的水解倾向增大，当 $pH=1.6 \sim 1.8$ 时，溶液中的 Fe^{3+} 以 $Fe_2(OH)_2^{4+}$、$Fe_2(OH)_4^{2+}$ 的形式存在，它们能与 SO_4^{2-}、K^+（或 Na^+、NH_4^+）结合，生成一种浅黄色的复盐，俗称黄铁矾。此类复盐的溶解度小、颗粒大，沉淀速度快，容易过滤。以黄铁矾为例：

$$Fe_2(SO_4)_3 + 2H_2O \Longrightarrow 2Fe(OH)SO_4 + H_2SO_4 \tag{2-25}$$

$$2Fe(OH)SO_4 + 2H_2O \Longrightarrow Fe_2(OH)_4SO_4 + H_2SO_4 \tag{2-26}$$

$$2Fe(OH)SO_4 + 2Fe_2(OH)_4SO_4 + Na_2SO_4 + 2H_2O \Longrightarrow Na_2Fe_6(SO_4)_4(OH)_{12} \downarrow + H_2SO_4 \tag{2-27}$$

当 pH 值为 $2 \sim 3$ 时，Fe^{3+} 形成聚合度大于 2 的多聚体，继续提高溶液的 pH 值，则析出胶状水合三氧化二铁（$xFe_2O_3 \cdot yH_2O$）。加热煮沸破坏胶体或加凝聚剂使 $xFe_2O_3 \cdot yH_2O$ 凝聚沉淀，通过过滤便可达到除铁的目的。

溶液中残留的少量 Fe^{3+} 及其他可溶性杂质则可利用 $CuSO_4 \cdot 5H_2O$ 的溶解度随温度升高而增大的性质，通过重结晶的方法除去。重结晶后，杂质留在母液中，从而达到纯化 $CuSO_4 \cdot 5H_2O$ 的目的。

三、实验设备及材料

实验设备：比重计、pH 计、数显恒温水浴锅、循环水真空泵。

实验材料：烧杯（100mL）、玻璃棒、量筒（100mL）、胶头滴管、漏斗、蒸发皿（有柄）、抽滤瓶、布氏漏斗、表面皿。

实验试剂：稀硫酸、孔雀石、H_2O_2、NaOH。

四、实验步骤

（一）由孔雀石制备五水硫酸铜

1. 除铁

用稀硫酸浸取孔雀石粉，得到一定浓度的硫酸铜溶液，用密度计测量硫酸铜溶液的密度（溶液的密度约为 1.2g/mL 左右），控制硫酸铜溶液的 pH 值约为 $1.5 \sim 2.0$。量取 50mL 已知密度的硫酸铜溶液于 100mL 烧杯中，水浴加热至 $60 \sim 70$℃，加入约 5mL 3% H_2O_2，待加入完后，用 2mol/L NaOH 溶液调节溶液的酸度，控制 pH 值为 3.0～3.5，将溶液加热至沸数分钟，然后再在水浴上加热保温陈化 30min（注意加盖），趁热过滤。

2. 蒸发结晶

将滤液转入蒸发皿中，蒸汽浴加热。当溶液加热浓缩至蒸发皿边缘有小颗粒晶体出现时，停止加热，取下蒸发皿，置于冷水中冷却，观察蓝色硫酸铜晶体的析出。待充分冷却后，抽滤得硫酸铜晶体，尽量抽干后计算回收率。

3. 重结晶提纯 $CuSO_4 \cdot 5H_2O$

以每克加 1.2mL 蒸馏水之比例，往本实验步骤 2. 蒸发结晶所制得的粗产品中加相应体积的蒸馏水，升温使其完全溶解。趁热过滤后让其慢慢冷却，即有晶体析出（若无晶体析出，可加一粒细小的硫酸铜晶体作为晶种）。待充分冷却后，尽量抽干。将晶体均匀平铺在垫有一层滤纸的表面皿上，上面再加一层滤纸，吸干晶体表面的水分，放在通风处晾干，称重。

（二）五水硫酸铜质量鉴定

称取 0.5g 样品，溶于 20mL 水中，加 0.5mL 6mol/L 硝酸，微沸 2min，加入 1.5g 氯化铵，加入 6mol/L 氨水至生成的沉淀溶解。在水浴上加热 30min（注意加盖），用无灰滤纸过滤，用 $NH_3 \cdot H_2O$-NH_4Cl 混合液（每 100mL 水中含 5g NH_4Cl 和 5mL $NH_3 \cdot H_2O$），洗涤沉淀至滤纸上蓝色完全消失，再用热水洗涤 3 次。用 3mL 6mol/L 热盐酸溶解沉淀，用 10mL 水洗涤滤纸，收集滤液及洗液于 25mL 比色管中，稀释至 25mL，取 10mL 于小烧杯中，用 6mol/L 氨水中和至 pH＝4，记下所用氨水的体积 $V(NH_3 \cdot H_2O)$，然后在 25mL 比色管中保留 10mL 溶液，加入 $V(NH_3 \cdot H_2O)$ 体积的 6mol/L 氨水、3 滴 6mol/L 盐酸、2mL 10% 磺基水杨酸，摇匀，再加入 5mL 6mol/L 的氨水，稀释至 25mL 所呈黄色不得深于标准。

标准是取下列数量的 Fe：

分析纯（0.003%）　　　　0.006mg

化学纯（0.03%）　　　　　0.040mg

加 3 滴 6mol/L 盐酸，加纯水 10mL，与样品同时同样处理（标准一般由实验室提供）。

表 2-7　$CuSO_4$ 溶液的密度和对应的质量分数

ρ_4^{20}	1.008	1.019	1.030	1.040	1.051	1.062	1.073	1.084	1.096
$w(CuSO_4)/\%$	1	2	3	4	5	6	7	8	9
ρ_4^{20}	1.107	1.119	1.130	1.142	1.154	1.167	1.180	1.193	1.206
$w(CuSO_4)/\%$	10	11	12	13	14	15	16	17	18

五、实验结果及报告要求

详细记录实验现象并计算硫酸铜晶体的收率。

六、实验注意事项

在重结晶过程中要趁热过滤。

七、思考题

2-7-1　加 H_2O_2 氧化 Fe^{2+} 时，为什么要逐滴加入，为什么加完 H_2O_2 后，再将溶液加热至沸？

第 3 章　普通物理实验

实验 1　基本长度测量与数据处理

一、实验目的

(1) 了解游标卡尺、千分尺（螺旋测微计）的原理，掌握其使用方法；
(2) 了解物理天平的构造原理，并掌握其正确使用方法；
(3) 进一步学习和运用测量结果的误差计算与分析方法。

二、实验原理

（一）游标卡尺

1. 结构

游标卡尺的构造如图 3-1 所示。主尺 D 是一根具有毫米分度的直尺，主尺头上有钳口 A 和刀口 A'。D 上套有一个滑框，其上装有钳口 B 和刀口 B' 及尾尺 C，滑框上刻有附尺 E，又称游标。当钳口 A 与 B 靠拢时，游标的 0 线刚好与主尺上的 0 线对齐，这时读数是 0。测量物体的外部尺寸时，可将物体放在 A、B 之间，用钳口夹住物体，这时游标 0 线在主尺上的示数，就是被测物体的长度。同理，测量物体的内径时，可用 $A'B'$ 刀口；测孔眼深度和键槽深度时可用尾尺 C。

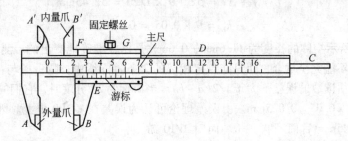

图 3-1　游标卡尺

2. 读数原理

利用游标和主尺配合，至少可以直接较准确读出毫米以下 1 位或 2 位小数。在 10 分度的游标中，10 个分度的总长度刚好与主尺上 9 个最小分度的总长度相等，这样每个分度的长是 0.9mm，每个游标分度比主尺的最小分度短 0.1mm。当游标 0 线对在主尺上某一位置时，如图 3-2 所示，毫米以上的整数部分 y 可以从主尺上直接读出，$y = 11$mm；读毫米以下的小数部分 Δx 时，应细心寻找游标与主尺上的刻线对得最齐的那一条线，图 3-1 中，游标上第 6 条线对得最齐，要读的 Δx 就是 6 个主尺分度与 6 个游标分度之差。因 6 个主尺分度之长是 6mm，

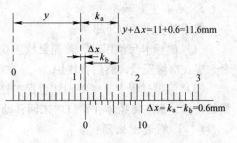

图 3-2　读数原理（一）

6 个游标分度之长是 6mm ×0.9mm，故：

$$\Delta x = 6 - 6 \times 0.9 = 6 \times (1 - 0.9) = 0.6mm$$

从而总长：

$$L = y + \Delta x = 11 + 0.6 = 11.6mm$$

为了读数精确，还可用 20 分度和 50 分度的游标，他们的原理和读数方法都相同。如果用 a 表示主尺上最小分度的长度，b 表示游标上最小分度的长度，用 n 表示游标的分度数，并且取 n 个游标分度与主尺（$n-1$）个最小分度的总长相等，则每一个游标分度的长度为：

$$b = \frac{(n-1)a}{n} \tag{3-1}$$

这样，主尺最小分度与游标分度的长度差值为

$$a - b = a - \frac{(n-1)a}{n} = \frac{a}{n} \tag{3-2}$$

测量时，如果游标第 k 条刻线与主尺上的刻线对齐，那么游标 0 线与主尺上左边相邻刻线的距离

$$\Delta x = ka - kb = k(a-b) = ka/n \tag{3-3}$$

根据上面的关系，对于任何一种游标，只要弄清它的分度数与主尺最小分度的长度，就可以直接利用它来读数。例如，主尺最小分度是 1mm，游标分度为 20，当游标 0 刻线在 52mm 右边，如图 3-3 所示，游标第 9 条刻线与主尺某一刻线对齐，则待测长度

$$L = y + \Delta x = 52 + 9 \times 1/20 = 52.45mm$$

$$\Delta x = k_a - k_b = 9 \times 0.05 = 0.45mm$$

在图 3-2 中所示物体的长度为 11.6mm，0.6mm 是比较准确地测出的。测量中有时游标与主尺上的 2 条线不能完全重合，而只能判定相邻的 2 条游标线中，哪一条与主尺刻线更接近，因此最后 1 位可估读数的误差不大于 $1/2(a-b)$。当游标为 20 分度时，它们的估读误差不大于 $1/2(a-b) = 1/2 \times 0.05 = 0.025mm$。由误差理论可认为误差在 1/100 位上。因此，图 3-3 所示的物体长度 52.45mm 后面不再加 0。而对 1/10 游标，读数后可加一个"0"。同理，对 50 分度的游标读数最后 1 位也只能写到 1/100mm 位上。另外，在一些可以相对旋转的仪器部分上附有弯游标（或称角游标），可以较准确地读出 1/100 度的角度数，其原理与游标卡尺相同。

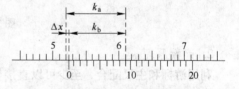

图 3-3　读数原理（二）

3. 使用注意事项

使用时应注意以下事项：

（1）游标卡尺使用前，首先要校正 0 点。若钳口 A、B 接触时，游标 0 线与主尺 0 线不重合，应找出修正量，然后再使用。

（2）测量过程中，要特别注意保护钳口和刀口，只能轻轻地将被测物卡住。不能测量粗糙的物体，不准将物体在钳口内来回移动。

（二）螺旋测微器

1. 结构与读数原理

螺旋测微器是比游标卡尺更精密的测量仪器，常见的一种如图 3-4 所示，其准确度至少可达到 0.01mm，它的主要部分是测微螺旋。测微螺旋是由一根精密的测微螺杆和螺母套管（其螺距是 0.5mm）组成。测微螺杆的后端还带有一个 50 分度的微分筒，相对于螺母套管转过一周后，测微螺杆就会在螺母套管内沿轴线方向前进或后退 0.5mm。同理，当微分筒转过一个分度时，测微杆就会前进或后退 $1/50 \times 0.5 = 0.01$mm。为了精确读出测微杆移动的数值，在固定套筒上刻有毫米分度标尺，水平横线上、下两排刻度相同，并相互均匀错开，因此相邻一上一下刻度之间的距离为 0.5mm。

2. 使用与读数

当转动螺杆使测砧测量面刚好与测微螺杆端面接触时，微分筒锥面的端面就应与固定套筒上的 0 线相齐。同时，微分筒上的 0 线也应与固定套筒上的水平准线对齐，这时的读数是 0.000mm。测量物体时，应先将微分筒沿逆时针方向旋转，将测微螺杆退开，把待测物体放在测砧和螺杆之间。然后轻轻沿顺时针方向转动棘轮，当听到喀喀声时即停止。这时固定在套筒的标尺和微分筒锥面分度上的示数就是待测物体的长度。读数时，从标尺上先读整数部分（有时读到 0.5mm），从微分筒分度上读出小数部分，估计到最小分度的十分位，然后两者相加。例如，图 3-5 所示应读作 $3.5 + 0.185 = 3.685$mm。由此可见，螺旋测微器可以准确读到 $1/100$mm，所以，它是比游标卡尺更为精密的测量工具。

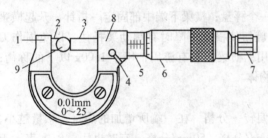

图 3-4　螺旋测微器

1—尺架; 2—测砧; 3—测微螺旋; 4—锁紧装置; 5—固定套筒;
6—微分筒; 7—棘轮; 8—螺母套管; 9—被测物

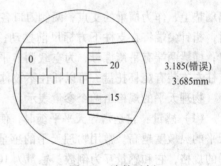

3.185(错误)
3.685mm

图 3-5　读数示例

3. 使用注意事项

使用时应注意以下事项：

（1）使用螺旋测微器测量长度时，必须先校正 0 点。当旋转棘轮，使两个测量端面接触时，若所示数值不为 0，一定要找出修正量，然后再进行测量。

（2）测量过程中，当测量面与物体之间的距离较大时，可以旋转微分筒去靠近物体。当测量面与物体间的距离甚小时，一定要改用棘轮，使测量面与物体轻轻接触，否则易损伤测微螺杆，降低仪器准确度。

（3）测量完毕应使测量面之间留有空隙，以防止因热膨胀而损坏螺纹。

（三）物理天平

物理天平是实验中常用的仪器，见图 3-6，其构造原理及正确的使用方法是我们应该掌握的。

1. 构造原理

物理天平是一种按等臂杠杆原理做成的称衡质量仪器。主要由底座、支柱和横梁三大部分组成。

底座上有调节水平的调节螺母和水准仪。支柱在底座的中央，内附有升降杆，通过超支旋钮能使升降杆上的横梁上升或下降，支柱下端附有标尺。横梁上装有 3 个刀口置于支柱顶端的

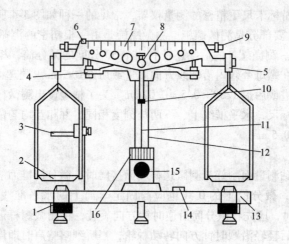

图 3-6　物理天平

1—调节螺母；2—秤盘；3—托架；4—支架；5—挂钩；6—游码；7—游码卡尺；

8—刀口、刀垫；9—平衡螺母；10—感量调节器；11—读数指针；12—支柱；

13—底座；14—水准仪；15—启动旋钮；16—指针标尺游码

玛瑙垫上，作为横梁的支点；两侧刀口各悬挂一个秤盘；横梁下端中部固定一指针，升起横梁时，指针尖端将在支柱下方标尺前摆动；启动旋钮使横梁下降时有制动架托住，以免损伤刀口；横梁两端有平衡螺母，为空载调节平衡时用；横梁上装有游码，用于 1.00g 以下的称衡；支柱左方装有烧杯托盘，可以托住不被称衡的物体。

物理天平的规格由两个参量表示：

（1）感量：它是指导天平平衡时，使指针偏转一分格，在一端所增加的质量。感量越小，天平的灵敏度越高。常用物理天平的感量有 10mg/分格、50mg/分格。有时也用灵敏度表示天平的规格，它和感量互为倒数。感量为 10mg/分格 的天平，其灵敏度为 0.1mg/分格。

（2）称量：它是指天平允许称衡的最大质量。常用的有 0～500g 和 0～1000g 等。

物理天平均带有与其准确度相配套的一盒砝码。

2. 使用方法

（1）调水平。使用前应调节底座调节螺母，直至水准仪显示水平，以保证支柱铅直。

（2）调零点。将横梁上副刀口调整好并将游码移至零位处，启动启动旋钮升起横梁，观察指针摆动情况。若指针在标尺中线左右对称摆动，说明天平零位已调好。若不对称应立即放下横梁，调节横梁两端平衡螺母，再观察，直至调好。

（3）称衡。一般将物体放在左盘，砝码放在右盘。升起横梁观察平衡。若不平衡按操作程序反复增减砝码直至平衡为止。平衡时，砝码与游码读数之和即为物体的质量。

3. 注意事项

（1）应保持天平的干燥、清洁，不宜经常搬动。

（2）称衡中使用启动旋钮要轻升轻放，切勿突然升起和放下，以免刀口撞击。被测物体和砝码应放在托盘中央。

（3）被称物体的质量不得超过天平的称量。

（4）调节平衡螺母、加减砝码、更换被测物、移动游码时，必须将横梁放下进行。

（5）加减砝码、移动游码必须用砝码镊子，严禁用手拿。天平使用完毕，将横梁放下，砝码放入砝码盒，托盘架从副刀口取下置于横梁两端。

（四）规则物体密度的测定

物质的密度是指在一定的物理条件下，物质单位体积的质量。设某种物质的体积为 V，质量为 m，则物质的密度为

$$\rho = \frac{m}{V} \tag{3-4}$$

式中　ρ——密度，kg/m^3；

　　　m——物体的质量；

　　　V——物体的体积。

三、实验设备及材料

实验设备：游标卡尺、千分尺（螺旋测微计）、圆柱体、长方体、正方体、物理天平。

四、实验步骤

（一）试验内容

（1）用游标卡尺测量长方体的长、宽和高，并计算体积。用物理天平称出质量，按式 (3-4) 计算出物体的密度。

（2）用螺旋测微器测量正方体的边长。用物理天平称出质量，计算出物体的密度。

（3）用卡尺、螺旋测微器测圆柱体的高和直径，并计算体积。用物理天平称出质量，计算出物体的密度。

（二）数据处理

（1）记录圆柱体的直径 D、高 h 填于表 3-1 中，并计算圆柱体的体积。

表 3-1　圆柱体的直径和高

仪器：游标卡尺　　最小分度：＿＿＿＿＿　　零点 δ：＿＿＿＿＿

测量次数	1	2	3	4	5	6	7	8	9	平均值
直径 D/mm										
高 h/mm										

用平均值的标准误差公式计算，并将直接测量结果表示为

　　　　$D =$　　　　　　　　　　　　　；　$h =$

用直接测量结果和标准误差的传递公式计算间接测量——圆柱体的体积及标准误差，并表示为

　　　　$V =$

（2）记录正方体的边长并计算其体积，填于表 3-2 中。

表 3-2　正方体的边长

仪器：螺旋测微器　　最小分度：＿＿＿＿＿　　零点 δ：＿＿＿＿＿

测量次数	1	2	3	4	5	6	7	8	9	平均值
直径 D/mm										
体积 V/mm^3										

计算，将直接测量结果表示为 $D =$ 　　 ，再利用球体的体积公式和误差传递公式，计算和，并表示为

$$V =$$

（3）记录金属块的长、宽和厚度，并计算体积。

记录表格自拟，数据处理可按标准误差或绝对误差计算，最后表示为 $V =$ 　　 。

（4）记录并计算正方体的边长。

记录表格自拟，由等精度测量 a_1，a_2，…，a_n，计算正方体的边长 l 的平均值及其标准误差，并表示为 $a =$ 　　 。

（5）测量长方体的长、宽和高的表格自拟。

表 3-3　物体的质量（自行列表）

五、思考题

3-1-1　用游标卡尺、螺旋测微器测长度时，怎样读出毫米以下的数值？

3-1-2　何谓仪器分度值，米尺、20 分度游标卡尺和螺旋测微器的分度值各为多少，如果用它们测量约 7cm 的长度，问各能读得几位有效数字？

3-1-3　使用螺旋测微器时应注意些什么？

3-1-4　有一角游标，主尺 29°（29 分格）对应于游标 30 个分格，问这个角游标的分度值是多少，有效数字最后 1 位应读到哪一位？

3-1-5　已知一游标卡尺的游标刻度有 50 个，用它测得某物体的长度为 5.428cm，在主尺上的读数是多少，通过游标的读数是多少，游标上的哪一刻线与主尺上的某一刻线对齐？

3-1-6　小制作：（1）用硬纸片制作一个准确度为 1/10（mm）游标卡尺；（2）利用硬纸板给半圆仪加一个准确度为 6′ 的角游标。

实验 2　碰撞打靶实验

一、实验目的

（1）物体间的碰撞是自然界中普遍存在的现象，从宏观物体的碰撞到微观粒子碰撞都是物理学中极其重要的研究课题。

（2）本实验通过两个物体的碰撞，碰撞前的单摆运动以及碰撞后的平抛运动，应用已学到的力学定律去解决打靶的实际问题，从而更深入地了解力学原理，有利于提高分析问题、解决问题的能力。

二、实验原理

（1）碰撞：是指两运动物体相互接触时，运动状态发生迅速变化的现象。"正碰"是指两碰撞物体的速度都沿着它们质心连线方向的碰撞；其他碰撞则为"斜碰"。

（2）碰撞时的动量守恒：两物体碰撞前后的总动量不变。

设：被撞球：质量为 m_2，撞击前的速度为 v_{20}，撞击后的速度为 v_2；

撞击球：质量为 m_1，撞击前的速度为 v_{10}，撞击后的速度为 v_1；

根据动量守恒原理：

$$m_{10}v_{10} + m_{20}v_{20} = m_1v_1 + m_2v_2 \tag{3-5}$$

根据弹性碰撞机械能守恒：

$$\frac{1}{2}m_{10}v_{10}^2 + \frac{1}{2}m_{20}v_{20}^2 = \frac{1}{2}m_1v_1^2 + \frac{1}{2}m_2v_2^2 \tag{3-6}$$

由式（3-5）和式（3-6）求得：

$$v_1 = \frac{(m_1 - m_2)v_{10} + 2m_2v_{20}}{m_1 + m_2} \qquad v_2 = \frac{(m_2 - m_1)v_{20} + 2m_1v_{10}}{m_1 + m_2}$$

而

$$v_{20} = 0$$

则

$$v_2 = \frac{2m_1v_{10}}{m_1 + m_2}$$

三、实验设备及材料

实验设备：碰撞打靶实验仪、电子天平。

碰撞打靶实验仪如图 3-7 所示，它由导轨、单摆、升降架（上有小电磁铁，可控断通）、被撞小球及载球支柱、靶盒等组成。载球立柱上端为圆锥形平头状，减小钢球与支柱接触面积，在小钢球受击运动时，减少摩擦力做功。支柱具有弱磁性，以保证小钢球质心沿着支柱中心位置。

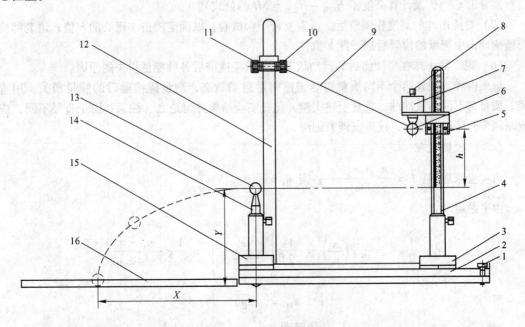

图 3-7 碰撞打靶实验仪

1—调节螺钉；2—导轨；3—滑块；4—立柱；5—刻线板；6—摆球；7—电磁铁；8—衔铁螺钉；9—摆线；
10—锁紧螺钉；11—调节旋钮；12—立柱；13—被撞球；14—载球支柱；15—滑块；16—靶盒

升降架上装有可上下升降的磁场方向与立柱平行的电磁铁，立柱上有刻度尺及读数指示移动标志。仪器上电磁铁磁场中心位置、单摆小球（钢球）质心与被碰撞小球质心在碰撞前后处于同一平面内。由于事前两球质心被调节成离导轨同一高度。所以，一旦切断电磁铁电源，被吸单摆小球将自由下摆，并能正中地与被击球碰撞。被击球将做平抛运动。最终落到贴有目标靶的金属盒内。

小球质量可用电子天平称量。

四、实验步骤

（一）实验内容

必做内容：观察电磁铁电源切断时，单摆小球只受重力及空气阻力时运动情况，观察两球碰撞前后的运动状态。测量两球碰撞的能量损失。

（1）调整导轨水平（为何要调整？如何用单摆铅直来检验）？如果不水平可调节导轨上的两只调节螺钉。

（2）用电子天平测量被撞球（直径和材料均与撞击相同）的质量 m，并以此作为撞击球的质量。

（3）根据靶心的位置，测出 x，估计被撞球的高度 y（如何估计?），并据此算出撞击球的高度 $H_{计算}$（$H_{计算} = h + y$）（预习时应自行推导出由 x 和 y 计算高度 $H_{计算}$ 的公式）。

（4）通过绳来调节撞击球的高低和左右，使之能在摆动的最低点和被撞球进行正碰。

（5）把撞击球吸在磁铁下，调节升降架使它的高度为 h，细绳须拉直。

（6）让撞击球撞击被撞球，记下被撞球击中靶纸的位置（可撞击多次求平均），据此计算碰撞前后总的能量损失为多少？应对撞击球的高度作怎样的调整，才可以击中靶心（预习时应自行推导出 x，y，及计算高度差 $H_{计算} - H_{实测} = \Delta H$ 的公式）？

（7）对撞击球的高度作调整后，再重复若干次试验，以确定能击中靶心的 h 值；请老师检查被撞球击中靶纸的位置后记下此 h 值。

（8）观察两小球在碰撞前后的运动状态，分析碰撞前后各种能量损失的原因。

选做内容：观察两个不同质量钢球碰撞前后运动状态，测量碰撞前后的能量损失。用直径、质量都不同的被撞球，重复上述实验，比较实验结果并讨论之（注意：由于直径不同，应重新调节升降台的高度，或重新调节细绳）。

（二）数据处理

由实验原理得：$h = \dfrac{(m_1 + m_2)^2 x^2}{16 m_1^2 y}$；　当 $m_1 = m_2$ 时，$h = \dfrac{x^2}{4y}$；

由平抛运动：

$$y = \frac{1}{2} g t^2 = \frac{1}{2} g \left(\frac{x}{v_0}\right)^2 = \frac{1}{2} g \left(\frac{x}{\dfrac{2 m_1 v_{10}}{m_1 + m_2}}\right)^2 = \frac{1}{2} g \frac{(m_1 + m_2)^2 x^2}{4 m_1 v_{10}^2}$$

而

$$v_{10} = \sqrt{2gh}$$

所以

$$y = \frac{1}{2} g \frac{(m_1 + m_2)^2 x^2}{4 m_1 \times 2gh} = \frac{(m_1 + m_2)^2 x^2}{16 m_1 h}$$

$$\Delta H = H_{计算} - H_{实测} = (h_{计} + y) - (h_{测} + y) = \frac{x^2 - x_{实测}^2}{4y}$$

（1）数据测量（见表3-4）。

表 3-4　打靶前各参数测量值（$m = m_1 = m_2$）

球的质量 m/g	球的直径 d/cm	y/cm	x/cm	$H_{计算}/\mathrm{cm}$
32.70	2.00	17.2	31.5	31.6

（2）打靶记录（见表3-5）。

表 3-5　各次打靶测量数据

$H_{实测}$/cm	打靶次数	中靶环数	击中位置 $x_{实测}$/cm	平均值 $\bar{x}_{实测}$/cm	修正值 ΔH/cm
$H_{计算}$/cm	打靶次数	中靶环数	击中位置 $x_{计算}$/cm	平均值 $\bar{x}_{计算}$/cm	修正值 ΔH/cm

（3）结论：能击中 10 环的 H 值为____ cm。武汉地区的重力加速度为 $g = 9.79321\,\text{m/s}^2$，碰撞过程中的总能量损失为_____。

（4）求碰撞打靶中 A 类不确定度。现以 $h = $　cm，$y = 17.2\,\text{cm}$ 进行打靶。其 x 的数据见表 3-6。

表 3-6　在相同条件下，重复 10 次测量结果

打靶次数	1	2	3	4	5	6	7	8	9	10
x 位置										

$$\bar{x} = \frac{1}{n}\sum_{i=1}^{h} x_i = \quad\text{cm},\quad u_A = \sqrt{\frac{\sum_{i=1}^{n}(x_i - \bar{x})^2}{n(n-1)}} = \quad\text{cm}$$

得　　　　　$x \pm u_A(x) = $　　cm

选做内容（略）同必做内容，但要注意是在 $m_1 \neq m_2$ 的情况下的实验。

五、思考题

3-2-1　如两质量不同的球有相同的动量，它们是否也具有相同的动能，如果不等，哪个动能大？

3-2-2　找出本实验中，产生 ΔH 的各种原因（除计算错误和操作不当原因外）。

3-2-3　在质量相同的两球碰撞后，撞击球的运动状态与理论分析是否一致，这种现象说明了什么？

3-2-4　如果不放被撞球，撞击球在摆动回来时能否达到原来的高度，这说明了什么？

3-2-5　此实验中，绳的张力对小球是否做功，为什么？

3-2-6　定量导出本实验中碰撞时传递的能量 e 和总能量 E 的比 $\varepsilon = e/E$ 与两球质量比 $\mu = \dfrac{m_1}{m_2}$ 的关系。

3-2-7　本实验中，球体不用金属，用石蜡或软木可以吗，为什么？

3-2-8　举例说明现实生活中哪些是弹性碰撞，哪些是非弹性碰撞，它们对人类的益处和害处如何？

3-2-9　据科学家推测，6500 万年前白垩纪与第三纪之间的恐龙灭绝事件，可能是由一颗直径约 10km 的小天体撞击地球造成的。这种碰撞是否属于弹性碰撞？

实验 3　示波器的使用

一、实验目的

（1）了解通用双通道示波器的结构和工作原理；

（2）熟悉各个旋钮的作用和使用方法；

（3）掌握用示波器观察波形、测量电压和频率的方法；

（4）掌握观察李萨如图形的方法，能用李萨如图形测量未知正弦信号的频率。

二、实验原理

示波器是利用示波管内电子束在电场或磁场中的偏转，显示随时间变化的电信号的一种观测仪器。它不仅可以定性观察电路（或元件）的动态过程，而且还可以定量测量各种电学量，如电压、周期、波形的宽度及上升、下降时间等。还可以用作其他显示设备，如晶体管特性曲线、雷达信号等。配上各种传感器，还可以用于各种非电量测量，如压力、声光信号、生物体的物理量（心电、脑电、血压）等。自 1931 年美国研制出第一台示波器至今已有 70 年，它在各个研究领域都取得了广泛的应用，示波器本身也发展成为多种类型，如慢扫描示波器、各种频率范围的示波器、取样示波器、记忆示波器等，已成为科学研究、实验教学、医药卫生、电工电子和仪器仪表等各个研究领域和行业最常用的仪器。

1. 示波器的基本结构

示波器的结构如图 3-8 所示，由示波管（又称阴极射线管）、放大系统、衰减系统、扫描和同步系统及电源等部分组成。

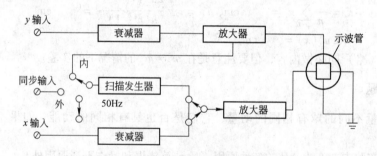

图 3-8　示波器的结构

示波管是示波器的基本构件，它由电子枪、偏转板和荧光屏三部分组成，被封装在高真空的玻璃管内，结构如图 3-9 所示。电子枪是示波管的核心部分，由阴极、栅极和阳极组成。

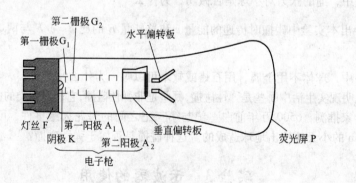

图 3-9　示波管的结构

（1）阴极——阴极射线源：由灯丝（F）和阴极（K）构成，阴极表面涂有脱出功较低的钡、锶氧化物。灯丝通电后，阴极被加热，大量的电子从阴极表面逸出，在真空中自由运动从而实现电子发射。

（2）栅极——辉度控制：由第一栅极 G_1（又称控制极）和第二栅极 G_2（又称加速极）构成。栅极是一个顶部有小孔的金属圆筒，它的电极低于阴极，具有反推电子作用，只有少量的电子能通过栅极。调节栅极电压可控制通过栅极的电子束强弱，从而实现辉度调节。在 G_1 的控制下，只有少量电子通过栅极，G_2 与 A_2 相连，所加相位比 A_1 高，G_2 的正电位对阴极发射的电子奔向荧光屏起加速作用。

（3）第一阳极——聚焦：第一阳极（A_1）呈圆柱形（或圆形），有好几个间壁，第一阳极上加有几百伏的电压，形成一个聚焦的电场。当电子束通过此聚焦电场时，在电场力的作用下，电子汇合于一点，结果在荧光屏上得到一个又小又亮的光电，调节加在 A_1 上的电压可达到聚焦的目的。

（4）第二阳极——电子的加速：第二阳极（A_2）上加有 1000V 以上的电压。聚焦后的电子经过这个高电压场的加速获得足够的能量，使其成为一束高速的电子流。这些能量很大的电子打在荧光屏上可引起荧光物质发光。能量越大就越亮，但不能太大，否则将因发光强度过大导致烧坏荧光屏。一般来说，A_2 上的电压在 1500V 左右即可。

（5）偏转板：由两对相互垂直的金属板构成，在两对金属板上分别加以直流电压以控制电子束的位置。适当调节这个电压可以把光点或波形移到荧光屏的中间部位。偏转板除了直流电压外，还有待测物理量的信号电压，在信号电压的作用下，光点将随信号电压变化而变化，形成一个反映信号电压的波形。

（6）荧光屏：荧光屏（P）上面涂有硅酸锌、钨酸镉、钨酸钙等磷光物质，能在高能电子轰击下发光。辉光的强度取决于电子的能量和数量。在电子射线停止作用前，磷光要经过一段时间才熄灭，这个时间称为余辉时间。余辉使我们能在屏上观察到光电的连续轨迹。

自阴极发射的电子束，经过第一栅极（G_1）、第二栅极（G_2）、第一阳极（A_1）、第二阳极（A_2）的加速和聚焦后，形成一个细电子束。垂直偏转板（常称作 y 轴）及水平偏转板（常称 x 轴）所形成的二维电场，使电子束发生位移，位移的大小与 x、y 偏转板上所加的电压有关。

2. 示波器显示波形的原理

$$y = S_y V_y = \frac{V_y}{D_y} \qquad x = S_x V_x = \frac{V_y}{D_y} \tag{3-7}$$

由式（3-7），y 轴或 x 轴的位移与所加电压有关。如图 3-10 所示，在 x 轴偏转板上加一个随时间 t 按一定比例增加的电压 V_x，光点从 A 点到 B 点移动。如果光点到达 B 点后，V_x 降为零

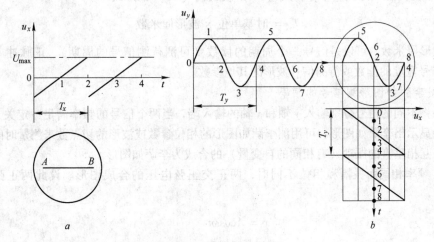

图 3-10　波形显示原理

（图中坐标轴上的 T_x 点），那么光点就返回到 A 点。若此后 V_x 再按上述规律变化（V_x 与 T_x 相同），光点会重新由 A 移动到 B。这样 V_x 周期性变化（锯齿波），并且由于发光物质的特性使光迹有一定的保留时间，于是就得到一条"扫描线"，称为时间基线。

如果在 x 轴加有锯齿形扫描电压的同时，在 y 轴上加一正弦变化的电压，如图 3-10b 所示，则电子束受到水平电场和垂直电场的共同作用而呈现二维图形。为得到可观测的图形，必须使电子束的偏转多次重叠出现，即重复扫描。

很明显，为得到清洗稳定的波形，上述扫描电压的周期 T_x（或频率 f_x）与被测信号的周期 T_y（或 f_y）必须满足：

$$T_y = \frac{T_x}{n}, f_y = nf_x, n = 1,2,3,\cdots \tag{3-8}$$

以保证 T_x 轴的起点始终与 y 轴周期信号固定一点相对应（称"同步"），波形才稳定，否则波形就不稳定而无法观测。

由于扫描电压发生器的扫描频率 f_x 不会很稳定，因此为保证式（3-8）始终成立，示波器需要设置扫描电压同步电路，即触发电路，如图 3-8 所示。利用它提供一种触发信号来使扫描电压频率与外加信号同步，从而获得稳定的信号图形。图 3-8 中设置了三种同步触发方式：外信号触发、被测信号触发（内触发）、50Hz 市电触发。

实际使用的示波器由于用途不同，它的示波管及放大电路等也不尽相同。因此示波器有一系列的技术特性指标，如输入阻抗、频带宽度、余辉时间、扫描电压线性度、y 轴和 x 轴范围等。

3. 用 x 轴时基测时间参数

在实验中或工程技术上都经常用示波器来测量信号的时间参数，如信号的周期或频率，信号波形的宽度、上升时间或下降时间，信号的占空比（宽度/周期）等。如雷达通过测量发射脉冲与反射（接受）脉冲信号的时间差来实现测距离，其他无线电测距、声呐测潜艇位置等都属于这一原理。

x 轴扫描信号的周期实际上是以时基单位（时间/cm）来标示的，一般示波管荧光屏的直径以 10cm 居多，则式（3-8）的 T_x，由时基乘上 10cm，如时基为 0.1ms/cm，则扫描信号的周期为 1ms。为此在实际测量中，将式（3-7）改成式（3-8）的形式

$$T_y = 时基单位 \times 波形厘米数$$

式中的波形厘米数，可以是信号一个周期的读数（可测待测信号的周期）、正脉冲（或负脉冲）的信号宽度的读数或待测信号波形的其他参数。

4. 用李萨如图形测信号的频率

如果将不同的信号分别输入 y 轴和 x 轴的输入端，当两个信号的频率满足一定关系时，荧光屏上会显示出李萨如图形。可用测李萨如图形的相位参数或波形的切点数来测量时间参数。

两个互相垂直的振动（有相同的自变量）的合成为李萨如图形。

（1）频率相同而振幅和相位不同时，两正交正弦电压的合成图形。设此两正弦电压分别为：

$$x = A\cos\omega t$$
$$y = B\cos(\omega t + \varphi) \tag{3-9}$$

消去自变量 t，得到轨迹方程：

$$\frac{x^2}{A^2} + \frac{y^2}{B^2} - \frac{2xy}{AB}\cos\varphi = \sin^2\varphi \tag{3-10}$$

这是一个椭圆方程。当两个正交电压的相位差 φ 取 $0 \sim 2\pi$ 的不同值时，合成的图形如图 3-11所示。

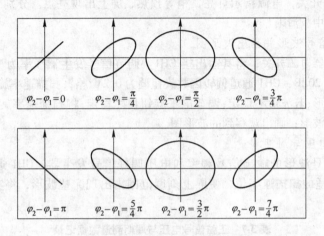

图 3-11　不同 φ 的李萨如图形

（2）两正交正弦电压的相位差一定，频率比为一个有理数时，合成的图形为一条稳定的闭合曲线。图 3-12 是几种频率比的图形，频率比与图形的切点数之间有下列关系：

$$\frac{f_y}{f_x} = \frac{\text{水平切线上的切点数}}{\text{垂直切线上的切点数}} \tag{3-11}$$

图 3-12　不同频率比的李萨如图形

三、实验设备及材料

实验设备：通用双通道示波器、函数信号发生器、同轴电缆等。

示波器是利用示波管内电子束在电场或磁场中的偏转，显示随时间变化的电信号的一种观测仪器。它不仅可以定性观察电路（或元件）的动态过程，而且还可以定量测量各种电学量，如电压、周期、波形的宽度及上升、下降时间等。还可以用作其他显示设备，如晶体管特性曲线、雷达信号等。配上各种传感器，还可以用于各种非电量测量，如压力、声光信号、生物体的物理量（心电、脑电、血压）等。自 1931 年美国研制出第一台示波器至今近 80 年，它在各个研究领域都取得了广泛的应用，示波器本身也发展成为多种类型，如慢扫描示波器、各种频率范围的示波器、取样示波器、记忆示波器等，已成为科学研究、实验教学、医药卫生、电工电子和仪器仪表等各个研究领域和行业最常用的仪器。

四、实验步骤

（一）实验内容

1. 使用练习

（1）开机准备：了解示波器面板上各功能键的作用，并把各个旋钮调到居中。

（2）打开电源开关，电源指示灯亮，稍等预热，屏上出现亮点。分别调节亮度和聚焦旋钮，使光点亮度适中、清晰。

2. 观察交流信号波形并画出波形图

打开信号发生器电源开关，将其输出接 CH1。调节信号发生器频率为 1kHz，输出电压为 4.0V，输出衰减值 20dB，CH1 通道偏转因数旋钮调为 0.2V/格，扫描速率旋钮调为 0.5ms/格，观察示波器上的波形；若波形不稳定，调节电平旋钮使之稳定；将扫描速率旋钮改为 0.2ms/格，再观察示波器上的波形；画出观察到的波形图。

3. 正弦信号电压与周期测量

按观察交流信号波形的输出信号频率和电压调好信号发生器，CH1 通道偏转因数置为 50mV/格，选择合适的扫描速率值，使屏上刻度范围内出现完整波形，将实验数据记录入表 3-7 中。

表 3-7　正弦信号电压与周期测量数据记录

信号发生器		示 波 器			
频率/Hz	电压示数/V	偏转因数/V·格$^{-1}$	Y/格	扫描速率/s·格$^{-1}$	X/格

4. 观察李萨如图形，测量信号的频率

（1）将待测信号输入 CH1 通道，使示波器显示出信号波形，并估算其频率大致值。

（2）将标准已知频率信号输入 CH2 通道，扫描速率旋钮置 X-Y（逆时针到底），调节信号幅度或改变通道偏转因数，使图形不超出荧光屏视场。

（3）根据待测信号频率的粗测值，调节 CH2 通道信号的频率，使示波器屏上分别出现 $f_y : f_x = n_x : n_y = 1:1$、$1:2$、$2:3$、$3:4$ 的李萨如图形。描下李萨如图形，并在表 3-8 中记下相应的 CH2 通道信号的频率值 f_y。

5. 观察"拍"现象（选做）

（1）将待测信号输入 CH1 通道，垂直方式选 CH1，选择适当的偏转因数和扫描速率，使屏上出现合适的稳定的正弦波图形估算信号的大致频率。

（2）将可调标准信号源信号输入 CH2 通道，垂直方式选 CH2，调节信号源，使其输出信号的频率和幅度与待测信号的大致相同。

（3）垂直方式选 ADD，通道 2 极性选 NORM，扫描速率调到合适值。调可调标准信号源信号频率，使屏上出现稳定的"拍"波形。记下此时一个"拍"波形的长度 x_1、标准信号源频率 f_1 和扫描速率值。缓慢改变标准信号源频率，得到另一稳定的"拍"波形，记下此时一个"拍"波形的长度 x_2、标准信号源频率 f_2 和扫描速率值。

6. 关闭电源，整理仪器

（二）数据表格及数据处理

（1）正弦信号电压与周期测量数据（见表 3-7）。

$$U_{pp} = Y \times 偏转因数 = 0.35V \qquad U_{eff} = U_{pp}/2\sqrt{2} = 0.12V$$

$$T = X \times 时间因数 = 1.0ms \qquad f = 1/T = 1000Hz$$

（2）用李萨如图形测正弦信号频率（见表3-8）。

表 3-8 用李萨如图形测量正弦信号频率数据记录

$n_x : n_y$	1:1	1:2	2:3	3:4
李萨如图形				
n_x	1	1	2	3
n_y	1	2	3	4
f_x（待测）/Hz				
f_y/Hz				

$$f_{x1} = \frac{n_{y1}}{n_{x1}}f_{y1} = 1001Hz \qquad f_{x2} = \frac{n_{y2}}{n_{x2}}f_{y2} = 1006Hz$$

$$f_{x3} = \frac{n_{y3}}{n_{x3}}f_{y3} = 1001Hz \qquad f_{x4} = \frac{n_{y4}}{n_{x4}}f_{y4} = 1003Hz$$

（3）用"拍"现象测正弦信号的频率（见表3-9）。

表 3-9 用"拍"现象测正弦信号的频率

序 号	标准信号频率/Hz	扫描速率/ms·格$^{-1}$	拍长度 x/格
1			
2			

五、试验注意事项

（1）双通道示波器使用说明书和函数信号发生器使用说明书在实验桌上资料夹内。

（2）测信号电压时，一定要将电压衰减旋钮的微调顺时针旋足（校正位置）；测信号周期时，一定要将扫描速率旋钮的微调顺时针旋足（校正位置）。

（3）不要频繁开关机，示波器上光点的亮度不可调得太强，也不能让亮点长时间停在荧光屏的一点上，如果暂时不用，把辉度降到最低即可。

（4）按动旋钮和按键时必须是有的放矢，不要将开关和旋钮强行旋转，以免损坏按键、旋钮和示波器，电缆与插座的配合方式类似于挂口灯泡与灯座的配合方式，切忌生拉硬拽。

（5）示波器的标尺刻度盘与荧光屏不在同一平面上，之间有一定距离，读数时要尽量减小视差。

（6）电压表指示的电压值是正弦信号的有效值 U_{eff}，它与峰-峰值 U_{pp} 之间的关系为 $U_{pp} = 2\sqrt{2}U_{eff}$。

（7）注意公共端的使用，接线时严禁短路。

六、思考题

3-3-1 示波器的核心是示波管。示波管由哪几部分组成，示波器的辉度调节、聚焦调节是调节电子枪中的哪些部件的电位？

3-3-2 什么能把看不见的变化电压变换成看得见的图像，简述其原理。

3-3-3 测量信号电压的峰-峰值和周期时事先一定要对示波器做校准，你知道如何校准吗？简述其方法和步骤。

3-3-4 示波器"电平"旋钮的作用是什么，什么时候需要调节它，观察李萨如图形时，能否用它把图形稳定下来？

3-3-5 如果示波器是良好的，但由于某些旋钮的位置未调好，荧光屏上看不见亮点。哪几个旋钮位置不合适就可能造成这种情况，应该怎样操作才能找到亮点？

3-3-6 一正弦电压信号从 Y 轴输入示波器，荧光屏上仅显示一条铅直的直线，试问这是什么原因，应调节哪些开关和旋钮，方能使荧光屏显示出正弦波来？

3-3-7 为了提高示波器的读数准确度，你在实验室中应注意哪些问题，用示波器测量信号的电压峰-峰值和周期，其测定值能得到几位有效数字，为什么？

3-3-8 示波器能否用来测量直流电压，如果能测，则应如何进行？

实验4 用惠斯通电桥测量电阻

一、实验目的

（1）了解惠斯通电桥的结构，掌握惠斯通电桥的工作原理；
（2）掌握用滑线式惠斯通电桥测量电阻；
（3）掌握使用箱式直流单臂电桥测量电阻。

二、实验原理

电阻是电路的基本元件之一，电阻的测量是基本的电学测量。用伏安法测量电阻，虽然原理简单，但有系统误差。在需要精确测量阻值时，必须用惠斯通电桥，惠斯通电桥适宜于测量中值电阻（$1 \sim 10^6 \Omega$）。

惠斯通电桥的原理如图 3-13 所示。标准电阻 R_0、R_1、R_2 和待测电阻 R_x 连成四边形，每一条边称为电桥的一个臂。在对角 A 和 C 之间接电源 E，在对角 B 和 D 之间接检流计 G。因此电桥由 4 个臂、电源和检流计三部分组成。当开关 K_E 和 K_G 接通后，各条支路中均有电流通过，检流计支路起了沟通 ABC 和 ADC 两条支路的作用，好像一座"桥"一样，故称为"电桥"。适当调节 R_0、R_1 和 R_2 的大小，可以使桥上没有电流通过，即通过检流计的电流 $I_G = 0$，这时，B、D 两点的电势相等。电桥的这种状态称为平衡状态。这时 A、B 之间的电势差等于 A、D 之间的电势差，B、C 之间的电势差等于 D、C 之间的电势差。设 ABC 支路和 ADC 支路中的电流分别为 I_1 和 I_2，由欧姆定律得

$$I_1 R_x = I_2 R_1$$

$$I_1 R_0 = I_2 R_2$$

两式相除，得

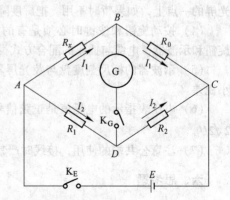

图 3-13 惠斯通电桥原理图

$$\frac{R_x}{R_0} = \frac{R_1}{R_2} \tag{3-12}$$

式（3-12）称为电桥的平衡条件。由式（3-12）得

$$R_x = \frac{R_1}{R_2}R_0 \tag{3-13}$$

即待测电阻 R_x 等于 R_1/R_2 与 R_0 的乘积。通常将 R_1/R_2 称为比率臂，将 R_0 称为比较臂。

三、实验设备及材料

实验设备：滑线式惠斯通电桥，QJ24 型箱式直流单臂电桥，直流稳压电源，滑线变阻器（0 ~ 100Ω 或 0 ~ 200Ω），ZX21 型旋转式电阻箱，待测电阻三个，检流计。

教学用惠斯通电桥一般有两种形式：滑线式和箱式。

1. 滑线式惠斯通电桥

滑线式惠斯通电桥的构造如图 3-14 所示。A、B、C 是装有接线柱的厚铜片（其电阻可忽略），它们相当于图 3-13 中的 A、B、C 三点。A、C 之间有一根长度 $L = 100.00$ cm 的电阻丝，装有接线柱的滑键相当于图 3-13 中的 D 点。滑键可以沿电阻丝左右滑动，它上面有两个弹性铜片。按下按钮，铜片就与电阻丝接触，接触点将电阻丝分为左右两段，AD 段（设长度为 L_1）的电阻 R_1 相当于图 3-13 中的 R_1，BD 段（设长度为 L_2）的电阻 R_2 相当于图 3-13 中的 R_2。在 A、B 之间接待测电阻 R_x，B、C 之间接电阻箱 R_0，B、D 之间接检流计 G。A、C 之间接电源 E，电源上串联的滑线变阻器 R_E 对电路起保护、调节作用。

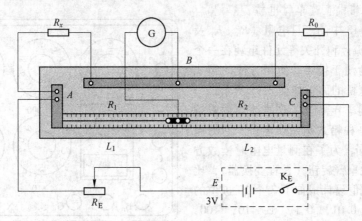

图 3-14 滑线式惠斯通电桥

当滑动滑键，使检流计通过的电流为 0，即电桥处于平衡状态时，待测电阻

$$R_x = \frac{R_1}{R_2}R_0$$

设电阻丝的电阻率为 ρ，横截面积为 S，则

$$R_1 = \rho\frac{L_1}{S} \qquad R_2 = \rho\frac{L_2}{S}$$

因此，

$$R_{x1} = \frac{L_1}{L_2}R_0 \tag{3-14}$$

L_1 的长度可以从电阻丝下面所附的米尺上读出，$L_2 = L - L_1$，R_0 可以从电阻箱上读出，根据式 (3-14) 即可求出待测电阻 R_{x1}。

为了消除由于电阻丝不均匀所产生的误差，在上述测量之后，我们把 R_x 和 R_0 的位置对调，重新使电桥处于平衡状态，测得电阻丝 AD 的长度为 L_1'，DC 的长度为 $L_2' = L - L_1'$ 由电桥的平衡条件得

$$R_{x2} = \frac{L_2'}{L_1'} R_0' \qquad\qquad (3-15)$$

取两次测量的平均值，作为待测电阻的阻值。

最后讨论滑键在什么位置时，测量结果的相对误差最小。

由

$$R_x = \frac{L_1}{L_2} R_0 = \frac{L_1}{L - L_1} R_0$$

得

$$\Delta R_x = \frac{(L - L_1)\Delta L_1 + L_1 \Delta L_1}{(L - L_1)^2} R_0 = \frac{L\Delta L_1}{(L - L_1)^2} R_0$$

所以，R_x 的相对误差

$$E = \frac{|\Delta R_x|}{R_x} = \frac{L|\Delta L_1|}{(L - L_1)L_1}$$

由 $\dfrac{\mathrm{d}E}{\mathrm{d}L_1} = 0$ 知，当 $L_1 = \dfrac{L}{2}$ 时，E 有极小值。因此，应当这样选择 R_0：当滑键 D 在电阻丝中央时，使电桥达到平衡状态。

2. QJ24 型箱式直流单臂电桥

如果将图 3-13 中的三只电阻（R_0、R_1 及 R_2），电源，检流计和开关等元件组装在一个箱子里，就成为便于携带、使用方便的箱式惠斯通电桥，电桥的面板如图 3-15 所示。一般的电桥都大同小异，QJ24 型直流单臂电桥是广泛使用的一种箱式惠斯通电桥。它的原理与图 3-14 类同，为了在测量电阻时读数方便，左上方是比率臂旋钮（量程变换器），比率臂 R_1/R_2 的比值设计成如下 7 个 10 进位的数值：0.001，0.01，0.1，1，10，100，1000，旋转比率臂旋钮即可改变 R_1/R_2 的比值；面板右边是比较臂 R_0（测量盘），是一只有 4 个旋钮的电阻箱，最大阻值为 9999Ω；检

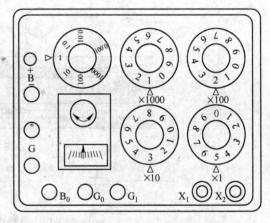

图 3-15　QJ24 型直流单臂电桥面板

流计 G 安装在比率臂旋钮的下方，其上有一个零点调整旋钮；待测电阻 R_x 接在 X_1 和 X_2 接线柱之间。

当电桥平衡时，待测电阻

$$R_x = \frac{R_1}{R_2} R_0 \qquad\qquad (3-16)$$

B_0 是仪器内部电源 E（4.5V）的按钮开关，G_0 和 G_1 是检流计的按钮开关，B 边的两个接线柱用来接外接电源，G 旁边的两个接线柱用来接外接检流计。当外接 9V 电源和高灵敏度检

流计时，可提高测量的精确度。本实验不用这四个接线柱。

按下"G_1"时，由于检流计并联有保护电阻 R_D，灵敏度降低，但可允许通过较大的电流。开始测量时，电桥处于很不平衡状态，通过检流计的电流较大，所以只能使用 G_1 开关。随着电桥逐步接近平衡状态，应改用 G_0 开关，这时检流计直接接入电路，灵敏度提高。

应避免按钮开关长时间锁住，如电流长时间流过电阻，使电阻元件发热，从而影响测量准确性。

四、实验步骤

（一）实验内容

1. 用滑线式惠斯通电桥测电阻

（1）按图 3-14 先摆好仪器，再接好线路。待测电阻 R_x 上标有"$470\Omega \times 5\%$"，可知 R_x 的阻值在 470Ω 左右（若不知 R_x 的大概数值，可用万用表的 Ω 挡进行粗测）。将电阻箱 R_0 的阻值调至与 R_x 相当，将滑线变阻器 R_E 的阻值调至最大（以防止电桥中的电流过大）；稳压电源 E 拨到"3V"挡（不得拨到"6V"挡，否则电阻丝将发热而明显伸长）；滑键 D 滑到 AC 中央。经教师检查后，打开稳压电源开关 K_E。

（2）用左手按下滑键 D 上的铜片，眼睛密切注视检流计 G，如果指针迅速偏转，说明通过 G 的电流很大，应迅速松开手指，使铜片弹起，以免烧坏检流计。这是由于 R_0 的阻值和 R_x 的阻值相差太大，电桥很不平衡造成的。应检查 R_0 的阻值，如有错置，立即改正。当左手按下铜片时，如果指针较慢地偏转，可用右手调节 R_0，使 G 的指针向"0"移动，直到指针最接近"0"为止。调节的方法是由电阻箱的高阻挡到低阻挡，（×100 挡、×10 挡和×1 挡）逐个仔细调节。

（3）把滑线变阻器 R_E 的阻值减小至零，提高加在 AC 两端的电压，以增大电桥的灵敏度，这时检流计的指针又会偏离"0"，仔细调 R_0 的低阻挡，使指针重新接近"0"，这时电桥基本处于平衡状态。

（4）稍微移动滑键 D，当按下铜片时，检流计指针准确指"0"，这时电桥就处于平衡状态。读记 R_0 和 L_1。

（5）把 R_0 和 R_x 的位置对调，重复上述步骤，读记 R_0' 和 L_1'。

（6）根据式（3-15）和式（3-16），分别计算出待测电阻 R_{x1} 和 R_{x2}，并求出它们的平均值 R_x。

（7）将 100Ω 及 100Ω 与 470Ω 电阻串联（即 570Ω）后，作为另两个待测电阻，重复上述步骤。

2. 用 QJ24 型箱式直流单臂电桥测电阻

（1）检查仪器上检流计的指针是否指"0"，如不指"0"，可旋转零点调整旋钮，使指针准确指"0"。

（2）用万用表测出待测电阻 R_x 的大概数值；然后将 R_x 接在 X_1 和 X_2 两个接线柱之间。

（3）根据 R_x 的粗测，R_0 应取 4 位有效数字的原则（使电阻箱的 4 个旋钮全部利用），参照表 3-10 确定比率臂旋钮的指示值。

表 3-10　电桥比率臂取值范围

R_x 的粗测值/Ω	0 ~ 10	10 ~ 10^2	10^2 ~ 10^3	10^3 ~ 10^4	10^4 ~ 10^5	10^5 ~ 10^6	10^6 ~ 10^7
电桥比率臂	0.001	0.01	0.1	1	10	100	1000

（4）调节 R_0 的千位数与 R_x 粗测值的第一位数字相同，其余各旋钮旋到"0"。用左手两手指同时按下按钮"B_0"和"G_1"，眼睛密切注视检流计，如果指针迅速偏转，说明电桥很不平衡，通过检流计的电流很大，应迅速松开两手指，使按钮弹起，以免烧坏检流计。然后检查比率臂和比较臂的指示值，如有错置，立即改正。

如果检流计指针较慢地偏向"＋"号一边或"－"号一边，可用右手调节"R_0"，使指针向"0"移动，直到指针最接近"0"为止。如果指针偏向"＋"号一边，说明 R_0 偏大，应调小；如果指针偏向"－"号一边，说明 R_0 偏小，应调大。调节方法是：由电阻箱的高阻挡（×1000 挡和×100 挡）到低阻挡（×10 挡和×1 挡）逐个仔细地调节。

（5）松开"B_0"和"G_1"，再同时按下"B_0"和"G_0"，由于检流计的灵敏度提高了，指针一般又会偏离，仔细调节 R_0 的低阻挡，直到指针精确指"0"为止。记下比率臂 R_1/R_2 和比较臂 R_0 的指示值。

（6）根据式（3-13）计算出待测电阻 R_x。

（7）电桥使用注意事项：

1）在用电桥测电阻前，先检查检流计是否调零，如未调零，应先调零后再开始测量。R_0 的×1000 挡绝对不能调到"0"。在调节"R_0"时，当检流计指针偏转到满刻度时，应立即松开按钮开关"B_0"和"G_1"。

2）在调节"R_0"时，如果检流计不偏转或始终偏向一边，应检查电路连接是否正确，各处接线特别是电源 B 和检流计 G 接线是否旋紧。为保护检流计，在使用按钮开关时，应用手指压紧开关而不要"旋死"。按下开关"G_0"、"G_1"和"B_0"的时间不能长。

3）待测电阻与接线柱的连接导线电阻应小于 0.005Ω。

4）实验完毕后，应检查各按钮开关是否均已松开，再关闭电源；否则，将会损坏电源。请学生切记！

（二）测量记录和数据处理

（1）用滑线式惠斯通电桥测电阻，将数据填入表 3-11。

表 3-11　滑线式惠斯通电桥测电阻记录表

R_x 标称值/Ω	L_1/cm	L_2/cm	R_0/Ω	L_1'/cm	L_2'/cm	R_0'/Ω	R_x 实验值/Ω		
							R_{x1}	R_{x2}	$R_x=(R_{x1}+R_{x2})/2$
100.0									
470.0									
570.0									

（2）用 QJ24 型箱式直流单臂电桥测电阻，将数据填入表 3-12。

表 3-12　箱式直流单臂电桥测电阻记录表

R_x 标称值/Ω	R_1/R_2	R_0/Ω	R_x 实验值/Ω
100.0			
470.0			
500.0			

五、思考题

3-4-1　电桥由哪几部分组成？电桥平衡的条件是什么？

3-4-2　用滑线式惠斯通电桥测电阻时，电桥的平衡条件是什么？滑键 D 在什么位置时，测量
　　　结果的相对误差最小？

3-4-3　用滑线式惠斯通电桥测电阻时，把 R_0 和 R_x 交换位置后，待测电阻 R_x 的计算公式与交
　　　换前的计算公式有何不同？

3-4-4　若待测电阻 R_x 的一个接头接触不良，电桥能否调至平衡？

3-4-5　用 QJ24 型直流单臂电桥测电阻时，确定比率臂旋钮指示值的原则是什么，如果一个待
　　　测电阻的大概数值为 35kΩ，比率臂旋钮的指示值应为多少？

实验 5　数字万用表的使用

一、实验目的

（1）了解数字万用表的组成和特性。

（2）了解数字万用表中分压、分流、整流，以及 R/U 转换测量不同类型电参量，不同测
量范围（量程）的工作原理。

（3）掌握数字万用表的使用，维护与检查电路的基本方法。

万用表是一种比较常用的电学仪器。它的用途很广，可用来测量交直流电压、电流、电阻
等，还可用来检查电路。它的结构简单、使用方便，但准确度较低。

万用表分为指针式（模拟式）和数字式两类。数字式万用表是一种新型的可以测量多种
电参量，具有多种量程多功能的便携式仪表。本实验以 UNI-T 型万用表为例，介绍数字式万用
表的简单结构、工作原理、维护与检查电路的知识。

二、实验原理

（一）直流电压测量电路

在数字电压表头前面加一级分压电路（分压器），可以扩展直流电压测量的量程。数字万
用表的直流电压挡分压电路如图 3-16 所示，它能在不降低输入阻抗的情况下，达到准确的分
压效果。例如：其中 200V 挡的分压比为：

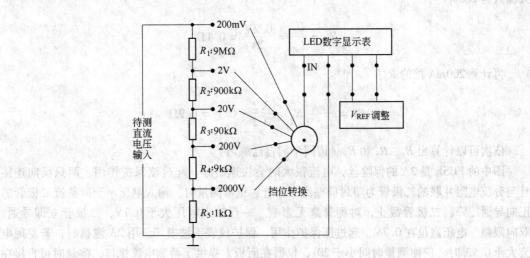

图 3-16　实用分压器电路

$$\frac{R_4 + R_5}{R_1 + R_2 + R_3 + R_4 + R_5} = \frac{10k\Omega}{10M\Omega} = 0.001$$

其余各挡的分压比见表 3-13。

表 3-13　挡位与分压比对应表

挡　　位	200mV	2V	20V	200V	2000V
分压比	1	0.1	0.01	0.001	0.0001

实际设计时是根据各挡的分压比和总电阻来确定各分压电阻的，如先确定

$$R_{总} = R_1 + R_2 + R_3 + R_4 + R_5 = 10M\Omega$$

再计算 200V 挡的电阻：$R_4 + R_5 = 0.001R_{总} = 10k\Omega$，依次可计算出 R_3、R_2、R_1 等各挡的分压电阻值。更换量程是需要调整小数点的显示，使用者可方便地读出测量结果。

（二）直流电流的测量

测量电流是根据欧姆定律，用合适的取样电阻把待测电流转换为相应的电压，再进行测量，如图 3-17 所示。实用数字万用表的直流电流挡电路，如图 3-18 所示。

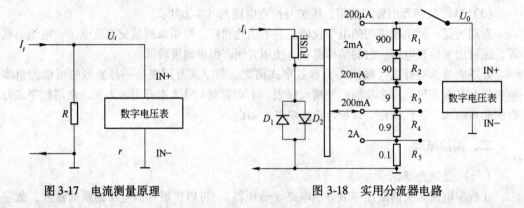

图 3-17　电流测量原理　　　　　　　　　图 3-18　实用分流器电路

图 3-18 中各挡分流电阻的计算：先计算最大电流挡（2A）的分流电阻 R_5（数字电压表最大输入为 200mV），

$$R_5 = \frac{U_0}{I_{m5}} = \frac{0.2V}{2A} = 0.1\Omega$$

再计算 200mA 挡的 R_4：

$$R_4 = \frac{U_0}{I_{m4}} - R_5 = \frac{0.2}{0.2} - 0.1 = 0.9\Omega$$

依次可以计算出 R_3、R_2 和 R_1（请同学们自己练习）。

图中的 FUSE 是 2A 的保险丝，电流很大时会快速熔断，起过流保护作用。两只反向连接且与分流电阻并联的二极管为塑封硅整流二极管，正常测量时，输入电压小于硅整流二极管的正向导通压降，二极管截止，对测量毫无影响。一旦输入电压大于 0.7V，二极管立即导通，双向限幅，电压嵌位在 0.7V，起过压保护作用。保护仪表不被损坏。用 2A 测量时，若发现电流大于 0.5A 时，应使测量时间小于 20s，仪器在面板上提供了待测电流接口，测量时可直接在本接口串入电流表进行测量。

（三）交流电压、电流的测量电路

数字万用表中交流电压、电流测量电路是在分压器或分流器之后串入了一级交流—直流（AC-DC）变换器，如图 3-19 所示。

该 AC-DC 变换器主要由集成运算放大器、整流二极管、RC 滤波电容等组成，还包含一个能调整输出电压高低的电位器：AC-DC 校准电位器，用来对交流电压挡进行校准之用，调整该电位器可使数字电压表头的显示值等于被测交流电压的有效值。

（四）电阻测量电路

数字万用表中的电阻挡采用的是比例测量方法，其原理电路见图 3-20。

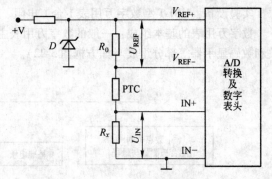

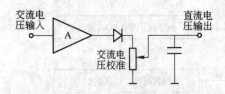

图 3-19　（AC-DC）变换器示意图　　　　　图 3-20　电阻测量原理

由稳压管 DZ 提供测量基准电压，流过标准电阻 R_0 和被测电阻 R_x 的电流基本相等（数字表头的输入阻抗很高，其取用的电流可忽略不计）。所以 A/D 转换器的参考电压 U_{REF} 和输入电压 U_{IN} 有如下关系：

$$\frac{U_{REF}}{U_{IN}} = \frac{R_0}{R_x} \quad 即 \quad R_x = \frac{U_{IN}}{U_{REF}} R_0$$

根据所用 A/D 转换器的特性可知，数字表显示的是 U_{IN} 与 U_{REF} 的比值，当 $U_{IN} = U_{REF}$ 时显示"1000"，$U_{IN} = 0.5 U_{REF}$ 时显示"500"，以此类推。当 $R_x = R_0$ 时，数字表头将显示"1000"，当 $R_x = 0.5 R_0$ 时，显示"500"，这称为比例读数特性。因此，我们只需要选取不同的标准电阻并适当对小数点进行定位，就能得到不同的电阻测量挡。

对 200Ω 挡，取 $R_{05} = 100Ω$，小数点定在十位上。当 $R_x = 100Ω$ 时，表头就会显示出 100.0（Ω）。当 R_x 变化时，显示值相应变化，可以从 0.1Ω 测到 199.9Ω（其余各挡请学生自己进行推导）。

数字万用表多量程电阻挡电路如图 3-21 所示，由上分析可知，

$$R_5 = R_{05} = 100Ω$$

$$R_4 = R_{04} - R_{05} = 1000 - 100 = 900Ω$$

$$R_3 = R_{03} - R_{04} = 10 - 1 = 9kΩ$$

$$\vdots$$

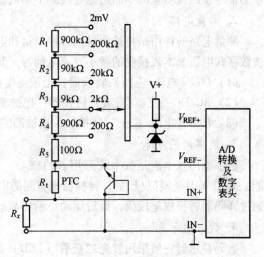

图 3-21 中由正温度系数（PTC）热敏电阻 R_t 与晶体管组成了过压保护电路，以防止误用电阻去测高电压时损坏集成电路。当误

图 3-21　电阻测量电路

测量高电压时，晶体管发射极将击穿，从而限制了输入电压的升高。同时 R_t 随着电流的增加而发热，其阻值迅速增大，从而限制了电流的增加，使晶体管击穿电流不超过允许范围。即晶体管只是处于软击穿状态，不会损坏，一旦解除误操作，R_t 和晶体管均能恢复正常。

三、实验设备及材料

实验设备：UNI-T 型数字万用表1台，电阻、交直流电源等。

数字万用表的基本组成：一般的数字万用表主要由数字式电压基本表、测量电路、转换开关和数码显示器等部分组成（如方框图 3-22）。

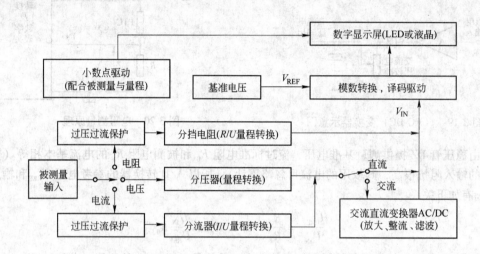

图 3-22　数字万用表的基本组成方框图

1. 转换开关

转换开关的作用是当其置于不同位置时，并配合不同的插座，可接通不同的测量电路，把被测信号按照被测量的不同用途连接到不同的测量电路中。

2. 测量电路

测量电路的作用是将被测量的各种电量和电参量都转换为微小的直流电压，进而转换为能被数字式电压基本表接受的微小直流电信号。其转换器主要包括：

（1）I/U（电流/电压）转换器：把被测电流信号转换为直流电压信号；

（2）AC/DC（交流/直流）转换器：把被测的交流信号转换为直流电压信号；

（3）R/U（电阻/电压）转换器：把被测的电阻转换为直流电压信号。

3. 数字电压基本表

数字电压基本表是数字式万用表的核心，它相当于指示类仪表的测量机构，其任务（功能）是用 A/D（模拟/数字）转换器把被测的电压模拟量转换成数字量，并送入计数器中，再通过译码器转换成笔段码，最后驱动显示器显示出相应的数值。

4. 数码显示器

数码显示器一般采用发光二极管（LED）和液晶显示器（LCD）。UNI-T 型万用表采用三位半 LCD 显示器，即最高位只能显示"0"或"1"，最大显示值为 1999。

四、实验步骤

（一）实验准备

（1）将 POWER 开关按下，检查 9V 电池，如果电池电压不足，将显示在显示器上，这时需要更换电池。

（2）测试笔插孔旁边的"△"符号，表示输入电压或电流不应超过显示值，这是为了保护内部线路免受损坏。

（3）测试之前，功能开关置于你所需要的量程。

（二）直流电压测量

（1）将黑表笔插入 COM 插孔，红表笔插入 V 插孔。

（2）将功能开关置于 V═量程范围，并将测试表笔并接到待测电源或负载上，红表笔所接端的极性同时显示。

（三）交流电压测量

（1）将黑表笔插入 COM 插孔，红表笔插入 V 插孔。

（2）将功能开关置于 V～量程范围，并将测试表笔并接到待测电源或负载上。

（四）直流电流测量

（1）将黑表笔插入 COM 插孔，当测量最大值为 200mA（UT51 为 2A）以下的电流时，红表笔插入 A 插孔。当测量最大值 10A 的电流时，红表笔插入 10A 插孔。

（2）将功能开关置 A═量程，并将测试表笔串联接入到待测负载回路里，电流值显示的同时，将显示红笔的极性。

（五）交流电流的测量

（1）将黑表笔插入 COM 插孔。当测量最大值为 200mA（UT51 为 2A）以下的电流时，红表笔插入 A 插孔。当测量最大值为 10A 的电流时，红表笔插入 10A 插孔。

（2）将功能开关置于 A～量程，并将测试表笔串联接入到待测负载回路里。

（六）电阻测量

（1）将黑表笔插入 COM 插孔。红表笔插入 VΩ 插孔。

（2）将功能开关置于量程，将测试表笔并接到待测电阻上。

（七）二极管测试及蜂鸣通断测试

（1）将黑色表笔插入 COM 插孔，红表笔插入 VΩ 插孔（红表笔极性为"＋"）将功能开关置于"▷⊦.)))"挡，并将表笔连接到待测二极管上，读数为二极管正向压降的近似值。

（2）将表笔连接到待测线路的两端，如果两端之间电阻值低于约 70Ω，内置蜂鸣器发声。

（八）晶体管 hFE 测试

（1）功能开关置 hFE 量程。

（2）确定晶体管是 NPN 或 PNP 型，将基极、发射极和集电极分别插入面板上相应的插孔。

（3）显示器上将显示 hFE 的近似值，测试条件：

$$I_b \approx 10\mu A, V_{ce} \approx 2.8V$$

五、实验结果及数据处理

实验结果及数据填入表 3-14 中。

表 3-14　实验记录表

测量项目		电表插孔		功能挡位		表笔位置		测量值	误　差
		红	黑	功能	挡位	红	黑		
交流电压									
交流电流									
直流电压									
直流电流									
电阻	TK-2 保护开关电阻	粗							
		中							
	待测电阻	R_{x1}							
		R_{x2}							
		R_{x3}							
蜂鸣通断测试(待测电阻低于 70Ω)									

六、实验注意事项

1. 直流电压测量

(1)如果不知被测电压范围。将功能开关置于最大量程并逐渐下调。

(2)如果显示器只显示"1",表示过量程,功能开关应置于更高量程。

(3)"⚠"表示不要输入高于 1000V 的电压,显示更高的电压值是可能的,但有损坏内部线路的危险。

(4)当测量高电压时要格外注意避免触电。

2. 交流电压测量

(1)参看直流电压"注意内容"。

(2)"⚠"表示不要输入高于 750V 有效值的电压,显示更高的电压值是可能的,但是有损坏内部线路的危险。

3. 直流电流测量

(1)如果使用前不知道被测量电流范围,将功能开关置于最大的量程并逐渐下调。

(2)如果显示器只显示"1",表示过量程,功能开关应置于更高量程。

(3)表示最大输入电流为 200mA(UT51 为 2A),过量的电流将烧坏保险丝,应即时更换,10A 量程有保险丝保护。

4. 交流电流的测量

参看直流电流测量"注意内容"。

5. 电阻测量

(1)如果被测电阻值超出所选择量程的最大值,将显示过量程"1",应选择更高的量程,对于大于 1MΩ 或更高的电阻,要几秒钟后读数才能稳定,对于高阻值读数这是正常的。

(2)当无输入时,例如开路情况,仪表显示"1"。

(3)当检查内部线路阻抗时,被测线路必须将所有电源断开,电容电荷放尽。

6. 二极管测试及蜂鸣通断测试(二极管导通电压检测方法)

在这一挡位,红表笔接万用表内部正电源,黑表笔接万用表内部负电源。两表笔与二极管的接法如图 3-23 所示。

若按图 3-23a 接法测量，则被测二极管正向导通，万用表显示二极管的正向导通电压，单位是 mV。通常好的硅二极管正向导通电压应为 500～800mV，好的锗二极管正向导通电压应为 200～300mV。假若显示"000"，则说明二极管击穿短路，假若显示"1"，则说明二极管正向不通。若按图 3-23b 接法测量，应显示"1"，说明该二极管反向截止，若显示"000"或其他值，则说明二极管已反向击穿。

此挡也可以用来判断三极管的好坏以及管脚的识别。测量时，先将一枝表笔接在某一认定的管脚上，另外一枝表笔则先后接到其余两个管脚上，如果这样测得两次均导通或均不导通，然后对换两枝表笔再测，两次均不导通或均导通，则可以确定该三极管是好的，而且可以确定该认定的管脚就是三极管的基极。若是用红表笔接在基极，黑表笔分别接在另外两极均导通，则说明该三极管是 NPN 型，反之，则为 PNP 型。最后比较两个 PN 结正向导通电压的大小，读数较大的是 be 结，读数较小的是 bc 结，由此集电极和发射极都识别出来了。

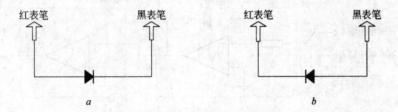

图 3-23 测量二极管
a—二极管正向导通；b—二极管反向截止

7. 晶体管 hFE 测试（三极管值 β 测试方法）

首先要确定待测三极管是 NPN 型还是 PNP 型，然后将其管脚正确地插入对应类型的测试插座中，功能量程开关转到 hFE 挡，即可以直接从显示屏上读取 β 值，若显示"000"，则说明三极管已坏。

七、思考题

3-5-1 在线测量会产生什么问题？电路带电时测量又会产生什么问题？

3-5-2 如何把万用表所测电压或电流的数值的正负与参考方向（正方向）联系起来？

3-5-3 数字万用表最高位显示"1"（电压、电流或电阻挡）表示什么意思？

3-5-4 使用万用表和直流稳压电源应注意什么事项？

实验 6 数字电表改装与校准

一、实验目的

（1）指针式电子测量仪器是建立在指针电流计基础上，数字式仪器是建立在模数转换器（模拟电压量到数字量的转换，也称 AD 转换器）基础上的。因此本实验仪，以模数转换器工作原理为起点，通过具体实验操作，了解并掌握 3 位半 AD 转换器（ICL7107 芯片）使用方法，在此基础上完成数字电压表、数字电流表及欧姆表的改装。

（2）着重围绕 AD 转换器工作原理、输入动态范围与基准电压的关系、分压法扩展电压测量范围原理，电流-电压变换法测量电流原理、及电阻-电压法测量电阻方法等展开实验，让同学们了解、掌握工业中实际使用的测量方法。

二、实验原理

（一）模数转换器种类与双斜积分式模数转换器工作原理

（1）常见的模数转换器种类有逐次比较式、Σ-Δ式（sigma-deta *ADC*）、积分式（包括单斜积分、多斜积分）及电压-频率变换式等多种。其中逐次比较方式多用于高速采样上，积分式多用于采样速度要求不高，但需要有较强的抗工频干扰的运用上，Σ-Δ式是近年来发展起来的一种既有积分式 AD 抗干扰能力强优点，又有采样率较积分式快等优点的 AD 转换器。像 AD7711、AD7714 芯片，采用的是 Σ-Δ 式转换，它们的无丢码位数达到 24 位，并保证 0.0015% 非线性误差。

（2）双斜积分式模数转换器的工作原理如图 3-24、图 3-25 所示。

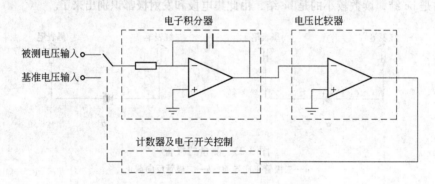

图 3-24　双斜积分 AD 转换器原理图

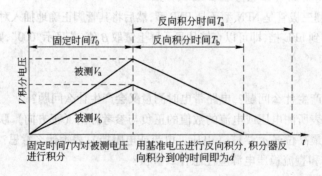

图 3-25　双斜积分 AD 转换器时序图

双斜积分式模数转换器原理如下：电子开关先打到被测端，电子积分器对未知的输入电压 V_a 在固定的 T_0 时间内积分，到达时间 T_0 后，电子开关打到基准电压输入端，由基准电压进行反向积分，直至积分器输出为 0，计数器记录整个反向积分的时间 d。

可以推导出，积分器的反向积分时间 d 与被测的模拟电压输入 V_a 成正比，并且有

$$d = (V_a/V_{ref}) \times A \tag{3-17}$$

式中　V_a——被测电压；

V_{ref}——基准电压；

A——AD 转换器的比例系数。

对于积分式 3 位半模数转换器，系数 $A = 1000$。若显示码为 d，不考虑极性时显示值如下

$$显示值 =（输入电压／基准电压）\times 1000 \qquad (3-18)$$

（3）本实验仪中使用的 3 片 AD 转换芯片，都是基于积分式的 ICL7107。两片是在标准电压表和电流表中，1 片用于数字电压改装（裸装在实验仪面板的中上部）。

采用这种芯片的原因是这个芯片性能稳定、使用广泛。目前，市场上现有的三位半数显电压表、电流表及三位半万用表几乎都采用 ICL7107，是工业上使用最多、应用最广的一种 *AD* 转换器芯片。

ICL7107 电路图如图 3-26 所示。ICL7107 的转换结果可用下式表示。

$$输出显示值 =（输入电压／基准电压）\times 1000$$

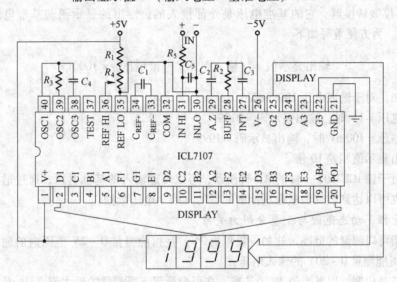

图 3-26　ICL7107 三位半积分式 AD 电路图

比如，基准电压为 1V，输入电压范围为 $-2 \sim +2V$，对应的显示值为 $-1999 \sim +1999$；基准电压为 0.1V 时，输入电压范围为 $-0.2 \sim +0.2V$，对应的显示值为 $-1999 \sim +1999$；也就是，它的输出值在 $-1999 \sim +1999$ 之间，低 3 位的数值可以是 $0 \sim 9$ 之间任意数，而最高位只能是 0 或者 ± 1，因此称它为 3 位半显示 AD 转换器。

（二）大电压输入下的输入保护及模数转换器超量程指示

当输入电压超出 AD 转换器 2 倍基准电压时（即超量程），显示 1 ---，表明输入的电压值超出能够测量的范围了。

同时，当输入电压值超过某个电压，若不加以保护，让此电压直接加到 ICL7107 三位半 AD 转换芯片上时，会烧毁这个芯片。所以实际使用时，都会采取措施在输入端加上保护装置，对输入到 AD 转换器的电压进行限幅保护（限制最高电压幅度）。本实验仪中采用的是二极管钳位限幅进行输入保护，图 3-27 为保护电路示意图。

输入保护原理如下：在输入回路中串接一个限流电阻，并使这个电阻对测量的影响足够小。当输入电压大于过压保护管的正保护电压 $V_{保+}$ 时，保护管反向击穿，使加在保护管上的电压不再升高；同样当输入电压小于负保护电压 $V_{保-}$ 时，保护管也将反向击穿，使加在保护管两端的负电压

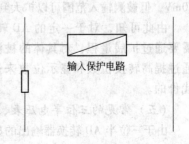

图 3-27　AD 转换器输入保护示意图

不再小于 $V_{保-}$。由此，通过保护电路后加在 AD 转换器输入端的电压限制在 $V_{保-}$ ~ $V_{保+}$ 之间。实验仪采用的是 -3.3 ~ $+3.3V$ 限压保护。

以下数字电表改装实验，都是基于上述的 ICL7107 三位半模数转换器（以下将它称之为"基本数字电压表"）。为了让学生能得到对 AD 转换器的感性认识，实验仪中将它单独装配在一块印制板上，并裸放在实验仪的面板上。

（三）ICL7107 模数转换器输入范围与基准电压关系

AD 转换器的输出是数字量，它的大小不仅与输入的模拟电压大小有关，还与 AD 转换器的基准电压有关。

ICL7107 模数转换器，它的基准电压是外部接入的，输出的显示码与基准电压关系如式 (3-18) 所示。为方便重写如下

$$输出显示值 =（输入电压 ／ 基准电压）\times 1000$$

由此可知，对于输入电压 199.9mV，

当基准电压 $=1V$ 时，输出显示码 $=0199$

当基准电压 $=100mV$ 时，输出显示码 $=1999$

二者输出显示值相差 10 倍。

因此，对于像 ICL7107 一样的 AD 转换器，可以外部输入的基准电压，通过适当改变这个基准电压，也可以达到改变测量电压范围的目的（缩小电压量程）。

（四）量程、动态范围与测量分辨力关系

量程是指可以测量的范围。比如，量程为 2V，是指能测量 0 ~ 2V 范围内的输入电压，量程为 20V 是指能测量 0 ~ 20V 的输入电压；

动态范围是说明：以某个值 V_a 为基准，在那个量程下可测量的最大值 V_{max} 的比较，并常用对数表示，或者 $20\log（V_{max}/V_a）$。可见量程越大，动态范围也越大。

测量分辨力（率）是指：对于某被测量值，测量结果的最后位所代表的单位是多少。比如，被测电压值为 1.5V，用 2V 量程挡进行测量时测量结果为 1.500V，最后位的单位为 1mV，所以 2V 量程的测量分辨力为 1mV；同理可以推出，用 20V 量程挡来测量 1.5V 电压时测量结果为 01.50V，测量分辨力为 10mV。

或者说，对于 1.5V 输入电压，电压表有 3 个量程：200mV、2V、20V。显然，用 200mV 挡测量将显示"超量程"；

用 2V 挡测量时，显示值为"1.500"V，最后位的单位是 1mV，此时的测量分辨力为 1mV，不过被测输入值只能在 0 ~ 2V 之间，超过 2V 时显示"超量程"；

用 20V 挡测量时，显示值为"01.50"V，最后位的单位是 10mV，此时的测量分辨力为 10mV，但被测输入范围可以扩大到 0 ~ 20V。

由此可知，对于一定的 AD 转换器，可测量的动态范围与测量分辨力是矛盾的，所以需要通过扩展量程，对具体的被测值选择合适的量程来提高测量的分辨力。当然也可以通过提高转换位数和显示位数来达到大的动态范围和分辨力，这是以成倍地增加成本为代价的。

（五）常见的三位半电压表、电流表、电阻表的数值表示方法

由于三位半 AD 转换器输出的显示值只能在 -1999 ~ $+1999$ 范围之间。常见的三位半电压表、电流表、电阻表的量程表见表 3-15。

表 3-15　常见电压表、电流表、电阻表的量程

小数点位置	1.999	19.99	199.9	1999
电压量程	±1.999mV 或 V	±19.99mV 或 V	±199.9mV 或 V	±1999V
电流量程	±1.999mA 或 A	±19.99mA 或 A	±199.9mA	
电阻量程	1.999Ω 或 kΩ 或 MΩ	19.99Ω 或 kΩ 或 MΩ	199.9Ω 或 kΩ	

注：ICL7107 模数转换器，本身不提供小数点位置，只显示 0～1999。小数点驱动是人为的，根据不同量程显示需要而加上的。

（六）数字电压表改装及扩展测量范围（200mV、2V、20V 三量程）

实验仪使用的是 ICL7107 模数转换器，由 ICL7107 模数转换器输入范围与基准电压关系可知，通过改变基准电压，可以得到 200mV 和 2V 两个量程。用于测量 0～2V 的被测电压，并且它们的输出值如式（3-17）所示。

若要测量大于 2V 的电压量，就需要扩大它的输入量程。扩展测量电压的输入范围采用分压法，它的电原理如图 3-28 所示。流过输入回路的电流为 I_{in}，由欧姆定律可知

$$I_{in} = V_{in}/(9 + 1) \tag{3-19}$$

I_{in} 在分压电阻 1MΩ 上产生的电压降为 V，由欧姆定律可知

$$V = I_{in} \times 1 = V_{in}/10 \tag{3-20}$$

即通过分压电路对输入的电压进行了分压，且分压比为 10∶1。所以当输入为 20V 时，经过电阻分压后，实际电压输入到 ICL7107 中的是 2V。因此通过 10∶1 分压后，输入电压的动态范围扩展到 0～20V；同理，可以用 100∶1 分压电路将测量的输入电压的动态范围扩展到 0～200V。

需要说明的是，(1)分压电阻的大小不一定是 1MΩ 和 9MΩ 电阻，也可以是其他数值，这取决于所设计的分压电路输入阻抗要求和分压比要求；(2)为保证分压比精度，分压电路的输出阻抗应远小于 AD 转换器的输入阻抗，使 AD 转换器输入阻抗对所要求的分压比精度几乎不产生影响。

实验仪中，提供了 10∶1 分压电阻，因此电压测量范围可扩展到 0～20V，所以针对输入电压的大小，数字电压表可改装成 200mV、2V、20V 三挡量程。

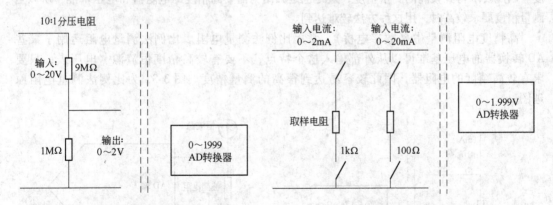

图 3-28　扩展测量电压范围的分压法原理　　　　图 3-29　电流量-电压量变换原理

（七）电流-电压变换与数字电流表改装（200μA、2mA、20mA 三量程）

通常，AD 转换器都只能测量电压量，需要测量其他量值时需要经过变换电路转换到电压量来测量。

将电流量变换成电压量是基于欧姆定律原理，具体如下：

根据欧姆定律，当未知电流经过标准电阻器时，在标准电阻器两端产生电压降 V_R，且

$$V_R = I \times R \tag{3-21}$$

又因为对于某个电流量程，电阻值 R 是固定的，并且都是 10^n 次方，所以式（3-21）可以写为

$$V_R = 10^n \times I \tag{3-22}$$

实际应用中，一般设计好标准电阻器的数值，使 $V_R = 0 \sim 2V$ 之间。由此，将测量电流量变成了测量电压量。

实验仪中用 ICL7107 模数转换器测量 $0 \sim 2V$ 电压，并根据式（3-22）推出显示值所对应的电流单位。本实验仪提供了两个标准电阻器作电流标准电阻器如图 3-31 所示，它们为 100Ω、$1k\Omega$。当用 $2V$ 挡对取样电压进行测量时，对应于 $2mA$、$20mA$ 两个量程，当用 $0.2V$ 挡对流过 $1k\Omega$ 标准电阻器进行测量时，对应于 $200\mu A$ 量程。

（八）电阻-电压变换与数字欧姆表改装（20Ω、200Ω、$2k\Omega$ 三量程）

将电阻量变换成电压量同样是基于欧姆定律原理，如图 3-32 所示。由式（3-21）可知，当 I 一定且为 10^n 次方时，有以下等式

$$V_R = 10^n \times R \tag{3-23}$$

实际应用中，一般设计好恒流源的大小，使 $V_R = 0 \sim 2V$ 之间。由此，将测量电阻量变成了测量电压量。

实验仪提供了两挡恒流源，为 $1mA$、$10mA$。当用 $2V$ 挡对取样电压进行测量时，对应于 $2k\Omega$、200Ω 两个量程，当用 $0.2V$ 电压挡及 $10mA$ 恒流源时，对应于 20Ω 量程。

（九）用比例法提高测量电阻的精度

从"电流-电压变换与数字电流表改装（$200\mu A$、$2mA$、$20mA$ 三量程）"中看到，按图 3-30 所示测量方式，测量电阻的精度取决于两方面因素：（1）恒流源的精度，（2）电压表的精度。因此要求得到较高的测量精度，最终也是归结为需要高精度的电阻器和电压基准，所以当测量精度要求较高时，用这种方法较难达到。

高精度电阻测量中（数字电桥），常用比例法测量电阻。比例法测量电阻运用了某些 AD 转换器的电压基准可以从外部输入这个特点，不要有较高精度恒流源、电压表，只要求有较高精度的电阻器，因此较容易达到很高的测量精度。图 3-31 为比例法测量电阻原理图。

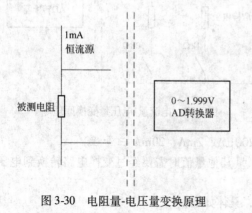

图 3-30　电阻量-电压量变换原理　　　　　　图 3-31　比例法测量

图 3-31 中，流过被测电阻和标准电阻器上的电流都是 I_0，所以有以下等式

$$V_{R被测} = I_0 \times R_{被测}$$

$$V_{基准} = I_0 \times R_{标准}$$

将上述等式代入式（3-18），简化后，有

$$AD 输出 = （输入电压／基准电压）\times 1000$$
$$= （I_0 \times R_{被测}）／（I_0 \times R_{标准}）\times 1000$$
$$= （R_{被测}／R_{标准}）\times 1000 \tag{3-24}$$

由此可知，AD 转换器的输出正比于被测电阻，反比于标准电阻器，与恒流 I_0 无关，也与基准电压的精度无关，测量精度只取决于标准电阻器的精度。因此使用比例法测量电阻，免除了对高精度恒流源、电压表的要求的同时，能达到很高的精度。

实验仪中，配备了 100Ω、1000Ω 两个标准电阻器，对应的电阻表量程为 200Ω、2000Ω 两个量程。

（十）改装的数字电表的校准

改装后的数字电表需要校准。实验仪上配置的标准电压表、标准电流表和标准电阻器，通过比对方式或者直接对标准进行测量方法进行校准。

三、实验设备及材料

实验设备：FH3209 型数字电表、校准实验仪。

1. 实验仪器主要技术参数

FH3209 型数字电表（万用表）改装与校准实验仪（改进型），是在原型号基础上增加了比例法测量电阻的方法。它们的主要技术指标如下：

（1）讲解模数转换器原理用 AD 芯片：ICL7107 芯片，输入的电压基准可调；

（2）改装表自带输入保护电路；

（3）标准电阻器 1：$1M\Omega$、$9M\Omega$ 精度 0.2%；

（4）标准电阻器 2：100Ω、1000Ω 精度 0.2%；

（5）恒流源：1mA、10mA；

（6）直流稳压电源：0 ~ 2V、0 ~ 20V 两挡，带过流保护装置。电流大于 250mA 将作限流保护；

（7）校准用标准电压表：2V、20V 两挡精度 0.2%；

（8）校准用标准电压表：20mA、200mA 两挡精度 0.2%；

（9）十进制电阻箱：0 ~ 110kΩ，调节细度 1Ω；

（10）供电电源：交流 220V ± 10%，50Hz，功耗 20W。

2. 面板各区域功能说明

实验仪面板布局如图 3-32 所示。图中序号说明如下：

1—1mA、10mA 恒流源，改装数字欧姆表时使用；

2—0 ~ 2V、0 ~ 20V 两挡直流稳压电源；

3—2V、20V 二量程标准电压表，校验改装数字电压表时使用；

4—由 ICL7107 模数转换芯片构成的基本数字电压表（带输入过压保护）；

5—2mA、20mA 二量程标准电流表，校验改装数字电流表时使用；

6—分压电阻，扩展电压表量程时使用；

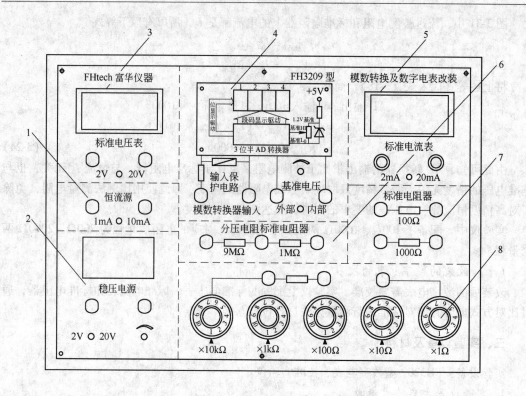

图 3-32　面板各区域功能

7—标准电阻器，改装数字电流表时使用；
8—五个十进制盘构成电阻箱。

四、实验步骤

（一）模数转换器工作原理及 2V 量程基本数字电压表的设计

积分式模数转换器的工作原理如（模数转换器种类与双斜积分式模数转换器工作原理）所述。2V 基本量程三位半数字电压表采用的芯片及外围元件如图 3-26 所示。其中 R_3、C_4 和芯片内反向器组成振荡电路产生 46kHz 振荡信号，作为 ICL7107 工作时钟；R_1、R_4 组成分压电路，提供给 ICL7107 基准电压；C_1、C_2、C_3 是基准电容、自动调零电容和积分电容。R_5 和 C_5 是输入阻容耦合低通滤波器。这些元件及数值都由元件制造商决定。

为了实验方便，实验仪中已经将这 8 个外围元件焊接在一块印制板上，并且将印制板裸装在实验仪面板上。

为得到较稳定的基准电压，将 R_1、R_4 部分电路改成图 3-33 所示电路。开机加电后，用标准电压表监测，调节基准电压（电位器）到 1V。调节基准电位器，使基准电压为 1V。此时在 AD 输入端接上 1.999V 电压，AD 转换器的 LED 显示器上显示 1999。至此完成一个 2V 量程的数字电压表设计。当然也可调节基准电位器，使基准电压为 0.2V，此时输入端接入 1999mV，显示器

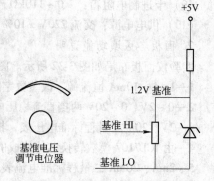

图 3-33　ICL7107 基准电压输入电路

上显示 1999。

（二）用改变基准电压法扩展 200mV 量程数字电压表

用标准电压表监测，将稳压电源输出调节到 0.200V，输入到基本数字电压表输入端，慢慢调节面板中间位置的基准电压电位器，使基本电压表显示 1999。此时基本电压表改装为 200mV 量程电压表了。

（三）用分压法扩展基本电压表到 20V 量程数字电压表

用稳压电源的输出作为被测电压。将被检测电压连接到分压电路的输入端，如图 3-34 所示。再将分压电路的中间抽头连接到 0～2V 基本数字电压表的输入端。用 20V 标准电压表监测稳压电源的输出，调节稳压电源的输出，可以看到标准电压表上显示值与改装后的基本电压表显示值基本是一样的。

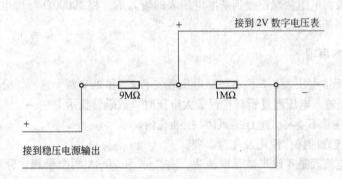

图 3-34　用 10:1 分压电阻扩展电压测量量程

（四）用电流-电压变换法改装基本电压表为三量程数字电流表

被测电流的产生：实验仪中，没有电流源，只有稳压电源，因此被测电流需要由稳压电源和实验仪右下部的电阻箱组合成简易的可调电流来作为被测电流。比如，将稳压电源输出调节到 10V，电阻箱调节到 10kΩ，将电阻箱串接到稳压电源输出端，此时在回路中产生 1mA 的电流。

改装成 2mA 数字电流表：用连接线将基本电压表的输入端与面板上的 1000Ω 标准电阻器两端连接，同时将被测电流连接到 1000Ω 两端，并调节基本电压表在 2V 量程下。

改装成 20mA 数字电流表：用连接线将基本电压表的输入端与面板上的 100Ω 标准电阻器两端连接，同时将被测电流连接到 100Ω 两端，并调节基本电压表在 2V 量程下。

改装成 200μA 数字电流表：用连接线将基本电压表的输入端与面板上的 1000Ω 标准电阻器两端连接，同时将被测电流连接到 1000Ω 两端，并调节基本电压表在 0.2V 量程下。

（五）用电阻-电压变换法改装基本电压表为数字欧姆表

被测电阻的产生：实验仪中，配备了 0～110kΩ 电阻箱，调节十进制旋转开关得到所需要的电阻值。

改装成 20Ω 量程数字欧姆表：将 10mA 恒流源两端连接到被测电阻（电阻箱）两端，同时将基本数字电压表连接到电阻箱两端，并调节基本电压表在 0.2V 量程下。

改装成 200Ω 量程数字欧姆表：将 10mA 恒流源两端连接到被测电阻（电阻箱）两端，同时将基本数字电压表连接到电阻箱两端，并调节基本电压表在 2V 量程下。

改装成 2000Ω 量程数字欧姆表：将 1mA 恒流源两端连接到被测电阻（电阻箱）两端，同时将基本数字电压表连接到电阻箱两端，并调节基本电压表在 2V 量程下。

（六）用比例法改装基本电压表为数字欧姆表

被测电阻的产生如（五）（用电阻-电压变换法改装基本电压表为数字欧姆表）所述。

改装成 200Ω 量程欧姆表：将 10mA 恒流源（＋）端连接被测电阻端，再将被测的另一端连接到 100Ω 标准电阻器的一端，将 100Ω 标准电阻器的另一端连接到回恒流源的（－）端。同时用连接线将被测电阻两端连接到基本电压表的输入端，将 100Ω 标准电阻器两端连接到基本电压表的外部基准电压输入端，如图 3-31 所示。

改装成 2000Ω 量程欧姆表：将 1mA 恒流源（＋）端连接被测电阻端，再将被测的另一端连接到 1000Ω 标准电阻器的一端，将 1000Ω 标准电阻器的另一端连接到回恒流源的（－）端。同时用连接线将被测电阻两端连接到基本电压表的输入端，将 10000Ω 标准电阻器两端连接到基本电压表的外部基准电压输入端。

五、实验注意事项

（1）配备的标准电压表是 3 位半数显电压表，有 2V 和 20V 两个量程，分别通过 2V 插孔、20V 插孔接入。当输入电压超过所属量程最大电压时，数码管显示 1 ----- 。

（2）操作时注意不要将大电压插入 2V 挡插孔内。

（3）标准电流表的操作使用及注意事项。

配备的标准电流表是 3 位半数显电流表，有 2mA 和 20mA 两个量程，分别通过 2mA 插孔和 20mA 插孔接入。

操作时应避免将稳压电压输出直接插到电流表内，否则长时间这样操作极易引起仪器的损坏。

（4）稳压电源的操作使用及注意事项。

配备的稳压电源含二挡，0～2V 挡和 0～20V 挡。

操作时应避免不正确的使用方法而将稳压电源的输出端直接短接，否则极易引起仪器的损坏。稳压电源内部设有 250mA 过流保护。

（5）电阻箱的操作使用及注意事项。

电阻箱是由两个十进制盘组成，5 个盘分别是 ×1Ω、×10Ω、×100Ω、×1kΩ、×10kΩ。电阻箱的阻值范围 0～110kΩ。

操作时，应避免将电阻箱的电阻值调到零，因为此时若不小心直接连接到稳压电源，引起稳压电源输出短路，并使电阻箱的电阻开关上加上较大电流而引起仪器的损坏。电阻上被施加的功率为 $W = V^2/R$，当 $R \to 0$ 时，$W \to \infty$。

实验仪中已经增加了限流保护措施，不过操作时请提醒学生尽量避免出现这种情况。

（6）分压电阻和标准电阻器的使用。

实验仪配备了一对分压电压，用于将 2V 电压表通过分压法扩展成 20V 电压表。实验仪配备了两个标准电阻器，用于将 2V 基本电压表改装成 2mA 和 20mA 的数字电流表。

六、思考题

3-6-1　为什么校准电表时需要把电流（或电压）从小到大做一遍，又从大到小做一遍？

3-6-2　校正电流表时，如果发现改装表的读数偏高，应如何调整？

3-6-3　一量程为 500μA，内阻 1kΩ 的微安表，它可以测量的最大电压是多少，如果将它的量

程扩大为原来的 N 倍，应如何选择扩程电阻？

3-6-4　是否还有别的办法来测定电流计内阻，能否用欧姆定律来进行测定，能否用电桥来进行测定而又保证通过电流计的电流不超过 I_g？

3-6-5　设计 $R_{中} = 1500\Omega$ 的欧姆表，现有两块量程 1mA 的电流表，其内阻分别为 250Ω 和 100Ω，你认为选哪块较好？

实验7　霍尔效应测量磁场

一、实验目的

（1）了解霍尔效应的物理意义。

（2）学会用霍尔元件测量磁场的方法。

二、实验原理

如图 3-35 所示，设霍尔元件是由均匀的 N 型（即载流子是电子）半导体材料做成的，其长为 L，宽为 b，厚为 d。如果在 4、3 两端按图所示加一稳定电压，则有恒定电流 I 沿 x 轴方向通过霍尔元件。若在 z 方向加上恒定磁场 B，沿负 x 轴上以速度 v 运动的电子就受到洛伦兹力 f_B 的作用。则洛伦兹力 f_B 的大小为

$$f_B = evB \tag{3-25}$$

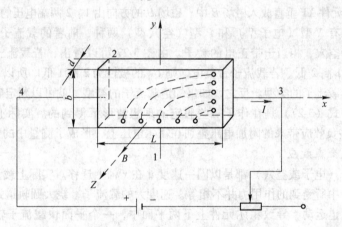

图 3-35　产生霍尔电压的示意图

式中，f_B 的方向指向负 y 轴。于是，霍尔元件内部的电子沿着虚曲线运动并聚积在下方平面，随着电子向下偏移，上方平面剩余正电荷，结果形成一个上正下负的电场 E，上下两个平面间具有电位差 U_H，这个现象是霍尔1879年发现的，故称为霍尔效应，U_H 被称为霍尔电压。电场 E 对载流子产生一方向和 f_B 相反的静电力 f_E，其大小为

$$f_E = eE = e\frac{U_H}{b} \tag{3-26}$$

当上下两个平面聚积的电荷产生电场对电子的静电作用力 f_E 与洛伦兹力 F_B 相等时，电子就能无偏离地从右向左通过半导体。此时有如下关系

$$f_E = f_B$$

即
$$e \frac{U_H}{b} = evB$$

于是 1、2 两点间的电位差为
$$U_H = vbB$$

我们知道，工作电流 I 与载流子电荷 e、载流子浓度 n、迁移速率 v 及霍尔元件的截面积 bd 之间的关系为 $I = nevbd$，则

$$U_H = \frac{IB}{ned} = KIB \tag{3-27}$$

式中，$K = 1/(end)$，称作该霍尔元件的灵敏度。同理，如果霍尔元件是 P 型（即载流子是空穴）半导体材料制成的，则 $K = 1/(epd)$，其中 p 为空穴浓度。式（3-27）中各量的单位是：U_H 用毫伏（mV），I 用毫安（mA），B 用特斯拉（T），则 K 的单位为毫伏/（毫安·特斯拉）[mV/(mA·T)]。

由式（3-27）可知，霍尔电压 U_H 正比于工作电流 I 和外加磁场 B。显然，U_H 的方向既随着电流 I 的换向而换向，也随着磁场 B 的换向而换向。同时还可看出，霍尔电压 U_H 与 n、d 有关，由于半导体内载流子浓度远比金属的载流子浓度小，故采用半导体作霍尔元件，并且将此元件做得很薄（一般 $d \approx 0.2$ mm），以便获得易于观测的霍尔电压 U_H。

如果霍尔元件的灵敏度 K 已经测定，就可以利用式（3-27）来测量未知磁场 B，即有

$$B = \frac{U_H}{KI} \tag{3-28}$$

式中，I 和 U_H 需用仪表分别测量。为了准确测定磁场 B 的大小和方向，流经霍尔元件的工作电流要稳定，使霍尔元件 XY 垂直放入磁场 B 中。磁场 B 的方向由 1、2 两端电压的高低来决定。

半导体材料有 N 型（电子型）和 P 型（空穴型）两种，前者的载流子为电子，带负电；后者的载流子为空穴，相当于带正电的粒子。由图 3-27 可以看出，若载流子带正电，则所测出的 U_H 极性为 1 高 2 低。若载流子带负电，则 U_H 的极性为 2 高 1 低。所以，如果知道磁场方向，就可以确定载流子的类型。反之，如果知道载流子的类型，就可以判定磁场的方向。

应当指出：式（3-27）是在作了一些假定的理想情形下得到的。实际上测得的并不只是 U_H，还包括一些负效应带来的附加电压叠加在霍尔电压上，形成了测量中的系统误差。

（一）爱廷豪森效应

假定载流子（电子或空穴）都是以同一速度 u 在 x 轴上迁移。实际上载流子的速度有大有小，它们在磁场中所受到的作用力并不相等。速度大的载流子，绕大圆轨道运动；速度小的载流子，绕小圆轨道运动，导致霍尔元件上下两平面中，一个平面快载流子较多，因而温度较高；另一个平面慢载流子较多，温度也就较低。上下两平面之间的温度差引起 2、1 两端出现温差电压 U_{t0}，不难看出，U_t 既随 B 也随 I 的换向而换向。

（二）能斯特效应

由于两个电流引线 3、4 焊点处的电阻不同，通电后在两电极处发热程度不同，因而在 3、4 间形成温度差，从而产生热扩散电流，这个电流在磁场作用下，也会在 U_H 方向产生电势差 U_n，U_n 随 B 换向而换向，而与 I 换向无关。

（三）里纪—勒杜克效应

与能斯特效应类似，在 1、2 电极两端直接产生一温差电动势。

（四）不等位电势差

由于霍尔元件材料本身的不均匀，霍尔电极位置的不对称，即使不存在磁场，当 I 通过霍尔片时，1、2 两极也会处在不同的等位面上。因此，霍尔元件存在着由于 1、2 电位不相等而

产生附加电压 U_0，U_0 随 I 的换向而换向，与 B 的换向无关。

为了减小和消除这些附加电势，常利用这些电势差与电流 I、磁场 B 方向的关系，通过改变 I、B 方向，将所测结果求和并取平均值，基本上可消除能斯特、里纪—勒杜克效应及不等位电势差带来的误差，爱廷豪森效应带来的附加电势差虽不能消除，但由于其影响很小，可以忽略。由于不等位电势差 U_0 的影响大，本实验将着重考虑如何消除 U_0 的影响。

为了消除不等位电压 U_0，取电流和磁场的四种工作状态，测出结果，求其平均值。如图 3-35，设所示的电流和磁场的方向为正方向，此时不等位电压 U_0 也为正。下面讨论凡与图示方向相反的均为负方向。

四种工作状态测量的情况表示如下：

(1) $+I$、$+B$、$+U_0$，测得 1、2 端电压为 $U_1 = U_H + U_0$；

(2) $-I$、$-B$、$-U_0$，测得 1、2 端电压为 $U_2 = U_H - U_0$；

(3) $-I$、$+B$、$-U_0$，测得 1、2 端电压为 $U_3 = -U_H - U_0$；

(4) $+I$、$-B$、$+U_0$，测得 1、2 端电压为 $U_4 = -U_H + U_0$。

由上面四个式子，可得霍尔电压为

$$U_H = \frac{1}{4}(U_1 + U_2 + |U_3| + |U_4|) \tag{3-29}$$

可见，通过四种工作状态的换算，不等位电压被消除了，同时温差引起的附加电压也可以消除。

三、实验设备及材料

实验设备：霍尔效应实验仪 HL-4、霍尔效应测试仪 HL-5。

HL-5 霍尔效应测试仪由两大部分组成。第一部分为实验仪：由电磁铁、霍尔元件、三只换向开关组成；第二部分为测试仪：有两路直流稳流源可分别为电磁铁提供 0 ~ 1000mA 的稳定电流和为霍尔元件提供 0 ~ 10.0mA 的稳定电流，200mV 高精度数字电压表测量霍尔电压。

实验接线示意图如图 3-36 所示。

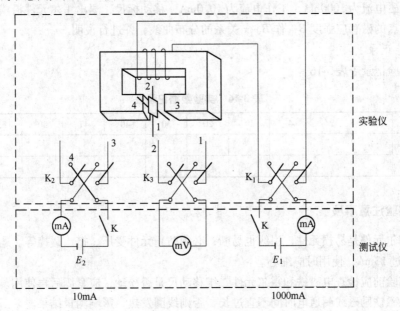

图 3-36　实验接线示意图

四、实验步骤

1. 判断半导体元件的导电类型

（1）按图 2 连接好电路，将霍尔元件移动到电磁铁气隙中。

（2）合上 K，电源接通。

（3）合上 K_1，调节励磁电流为 500mA，根据励磁电流的方向确定电磁铁中磁场方向。

（4）合上 K_2，调节霍尔元件的工作电流为 5.0mA，并确定工作电流 4、3 的方向。

（5）合上 K_3，用 200mV 数字电压表测出霍尔电压，并确定霍尔元件 2、1 的极性，从而判断出半导体元件的导电类型。

2. 测量电磁铁的磁感应强度

将 K_1 向上合，调节励磁电流至 1000mA，K_2 向上合，调节工作电流至 10.0mA，移动标尺使霍尔元件至电磁铁气隙中部，K_3 向上合，用数字毫伏表测出霍尔电压 U_1，依次将 K_1、K_2 换向，用数字毫伏表测出相应的霍尔电压 U_2、U_3 和 U_4，由式（3-29）计算出 U_H，再由给出的霍尔灵敏度 K_H 和公式 $B = U_H/(K_H \cdot I)$，计算出磁感应强度 B（若霍尔电压输出显示超量程时，可将工作电流或励磁电流调小）。

3. 研究工作电流 I 与霍尔电压 U_H 的关系

保持电磁铁的励磁电流为 1000mA 不变，将霍尔元件的工作电流依次调节为 1.0mA，2.0mA，3.0mA，…，10.0mA，测量相应的霍尔电压 U_H。以横坐标取工作电流 I，纵坐标取霍尔电压 U_H，绘出 $I \sim U_H$ 的关系曲线，理论上得到一条通过坐标原点 "0" 的倾斜直线。

4. 保持霍尔元件的工作电流 I 为 10.0mA，将电磁铁的励磁电流 I_B 依次调为 100mA，200mA，300mA，…，900mA 和 1000mA，测出相应的霍尔电压 U_H 值，计算出相应的 B 值。以 I_B 为横坐标，B 为纵坐标，作 $I_B \sim B$ 曲线，并对该曲线进行分析。

5. 测量磁感应强度 B 沿 x 方向的分布曲线

调节励磁电流为 1000mA，工作电流为 10.0mA，移动标尺，测出霍尔元件沿横标尺水平移动方向上各点的磁感应强度 B，作 $B \sim x$ 关系的分布曲线，并进行说明。

6. 实验记录

填写试验记录于表 3-16 中。

表 3-16　实验数据记录表

x/mm	0	2	4	10	20	30	40	47	50	53	56
U_H/mV											
B/T											

五、实验注意事项

（1）霍尔元件是易损元件，引线也易断，必须防止元件受压、挤、碰撞等。通过的工作电流 I 不能超过 13mA，使用时应细心。

（2）实验前应检查电磁铁和霍尔元件二维移动尺是否松动，应紧固后再使用。

（3）电磁铁励磁线圈通电时间不宜过长，否则线圈发热，影响测量结果。

（4）仪器不宜在强光照射下、高温或有腐蚀性气体场合中使用，不宜在强磁场中存放。

六、思考题

3-7-1　产生霍尔效应的机理？

3-7-2　消除霍尔效应负效应的方法？

3-7-3　若磁场的法线不是恰好与霍尔元件的法线一致，对测量结果会有何影响，如何用实验的方法判断 B 与元件法线是否一致？

3-7-4　能否用霍尔元件片测量交变磁场？

3-7-5　根据磁场 B 的方向、工作电流 I 的方向及霍尔电压 V_H 的正负，如何判断所用霍尔元件是 N 型（载流子为电子）还是 P 型（载流子为空穴）半导体？

实验 8　气体相对压力系数的测量

一、实验目的

（1）测出空气的相对压力系数 α，并与标准值比较。

（2）了解差压传感器的工作原理，并掌握其使用方法。

（3）学习用逐差法等处理数据。

二、实验原理

将一定质量的干燥空气，在测出其初压强 p_1 值以后密封于一玻璃泡内，玻璃随温度变化的（线）膨胀系数很小（$9.5 \times 10^{-6}\,℃^{-1}$）可近似认为 0，即体积 V 不随温度 T 而变化。则玻璃泡内气体的压强 p 随温度的变化遵从查理定律：

$$p = p_0(1 + \alpha T) \tag{3-30}$$

式中，p_0 为该气体在 0℃时的压强值。显然

$$\frac{p - p_0}{p_0} = \alpha$$

故称 α 为气体相对压力系数。

为了简化实验条件，令其从任一点（T_1，p_1）态开始，至（T_2，p_2）态结束。则有：$p_1 = p_0(1 + \alpha T_1)$、$p_2 = p_0(1 + \alpha T_2)$

$$\alpha = \frac{\dfrac{p_2 - p_1}{p_1}}{T_2 - \dfrac{p_2}{p_1}T_1} \quad \left(\alpha = \frac{p_2 - p_1}{p_1 T_2 - p_2 T_1} \right) \tag{3-31}$$

在固定 T 值不变的情况下，$p \propto (1/V)$，$V = V_0(1 + \alpha T)$。

当 $T = (-1/\alpha)℃$ 时，对于理想气体有 $p = V = 0$，或者说在绝对温标 0K 时（即 $-273.15℃$ 时）气体将凝结为 $p = 0$。空气中含有水汽，在 0℃虽然凝结为冰，但仍有部分不凝结，存有部分水汽的分压强。且水汽分压强在常温段的变化规律复杂，故实验须用干燥空气在所有的气体中氦气（单原子，体积小）最近似于理想气体，而空气虽不如氦，但也比较接近理想气体，其 α 值与理想的标准值差别不大。

对于理想气体，$\alpha = 3.661 \times 10^{-3} \mathrm{K}^{-1}[(\text{℃})^{-1}]$。

根据查理定律制作定容气体温度计是复现热力学温标的重要仪器，用于温度测量。

三、实验设备及材料

实验设备：差压传感装置、数显恒温水浴锅、PT-1 气体相对压力系数仪、真空泵。

1. 差压传感器装置

半导体材料（如单晶硅）因受力而产生应变时，由于载流子的浓度和迁移率的变化而导致电阻率发生变化的现象称为压阻效应。压阻式差压传感器就是用压阻效应制成的。本实验中所使用的差压传感器的结构示意如图 3-27。图 3-37a 中，1、3 为工作电压线（3 为正），2、4 为输出电压线（2 为正），5 为硅膜片，6 为固定片，7 为参考压力腔，8 为正压力腔，C、D 为接口。它的核心是硅膜片，这种膜片是利用制作集成电路的方法，在单晶体基片上通过硼的扩散形成的，如图 3-38 所示的十字形四端应变片。

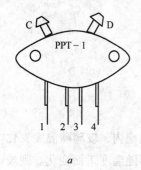
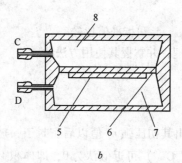
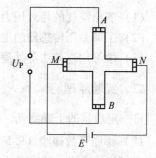

图 3-37　差压传感器的结构　　　　　　　图 3-38　十字形四端应变片

当膜片受压力时，将一恒定电压 E 加在 M 和 N 两端上，从 A 和 B 两端上输出电压 U_P 与压差 Δp 呈线性关系：

$$U_P = U_0 + K_P^{-1} \Delta p \tag{3-32}$$

式中，U_0 为压差等于零的输出电压；系数 K_P 为一常数。由式（3-31）可知，在测 α 的实验中，K_P 值终将被消去。

当接口 C（正压力腔）与三通 B、玻璃泡 A 相通，D 腔（参考压力腔）被抽空时，则此时 p_{AB} 值即为大气的，也就是玻璃泡内的压强 p_1 值，即：

$$P_1 = K_P(U_1 - U_0) \tag{3-33}$$

水浴锅所示的温度值即为玻璃泡内气体的 T_1 值。

然后，将三通活塞转动 180°，将一定质量的干燥空气密封于体积不变的玻璃泡中。为简化实验条件和节省电力，此时停止真空泵抽气，让 D 端通大气。

当玻璃泡 A 内温度变至 T_2 时，A、C 与 D 间的压差即为：

$$p_2 - p_1 = K_P(U_2 - U_1) \tag{3-34}$$

因此有

$$p_2 = p_1 + (p_2 - p_1) = K_P(U_2 - U_0) \tag{3-35}$$

由此可见 U 值与 p 值是相应的。

注意：式（3-30）、式（3-31）、式（3-33）、式（3-35）中 T、p 一般取正值。而差值可正、可负，但须注意增、减的方向不能弄错。

此传感器可用于非腐蚀性气体和液体的压力或压差的测量。测量范围为 0～100kPa，综合精度为0.3%。此传感器具有体积小，灵敏度高，稳定性好等优点。

为了简易实现空气的干燥化，可以从 $T_1 \approx 90℃$ 时，将与 B 相通的泡内空气烘干5min后，测出 p_1（即记下 u_1、u_0），再将玻璃泡 A(C) 密封，降温测 T_2，p_2。

为了减小 α 的实验测量误差，可以从两方面考虑，一方面增大 T_1，T_2 间的差值，另一方面，在 T_1，T_2 内插入多个测量值 (T_i, p_i)，$(i = 1, 2, 3, 4, \cdots, N)$。

装置主要部分的示意图如图3-39所示。被测介质是封装在玻璃泡 A 内的空气，A 泡浸没在恒温水浴锅内的蒸馏水中，恒温水浴锅可自动控制水温。差压传感器的接口 D 通大气，接口 C 经过玻璃细管和真空三通活塞与玻璃泡 A 相连。

2. 数显恒温水浴锅

将玻璃泡 A 与毛细玻璃管相连。在管的中段设置三通活塞，如图3-39所示，当丁字形通孔正（丁字）放置，则玻璃泡 A 仅与 C 相通，C 端接压差传感器。

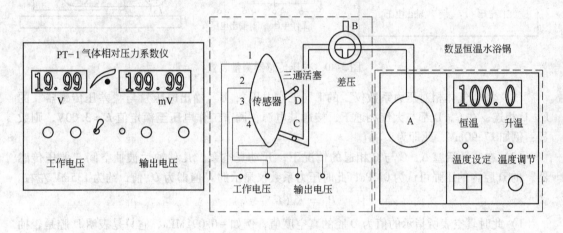

图3-39 差压传感器装置

当丁字形通孔倒（丁字）放置，则玻璃泡 A 与 C、B 皆通。B 端直通于大气。玻璃泡浸没于可变温、控温的水浴锅内。组成温度 T 的测控装置。

因金属铜丝的电阻随温度作线性变化，所以经校正后，可用电阻值以表示其温度（℃）值和作为测控值。于是所组成的数显恒温水浴锅。

当水浴锅内充满蒸馏水以后，将选择开关拨至"测温"挡时，则数字表显示出的温度值即蒸馏水底部的温度值，当选择开关拨至"设置"挡时，轻轻旋转"温度调节"电位器旋钮，则水浴锅温度即定于所设值，当水温低于所"设置"值时，则加热器自动通电"升温"，达到后即自动停止。于是"恒温"。当水温高于"设置"温度时，它可以被认为仅是一"数显测温装置"。

3. 气体相对压力系数仪

PT-1 气体相对压力系数仪提供差压传感器的工作电压 $E = 3.00V$（3 位半的数字直流电源）和测量差压传感器的输出电压的 $\pm 199.99mV$（4 位半数字电压表），组成气体相对压力系数的测试部分。

四、实验步骤

（1）整个装置安装如图3-39和图3-40后，在 A、C、B 相通下，将水浴锅内徐徐充满蒸馏水，然后接通水浴锅电源。将选择开关拨至"测温"挡，则数字表显示的温度即为水温，再将选择开关拨至设定挡，转动"调温"旋钮，当数至：例如92.0℃时停止，再拨至"测温"挡，则水浴锅水温至92.0℃，即自动恒定于该值。

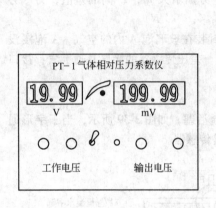
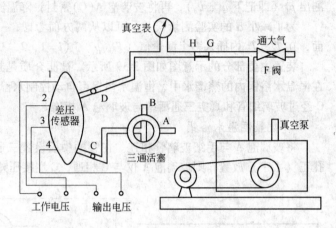

图3-40　差压传感器测量装置

（2）将"气体相对压力系数仪"的 E（工作电压），U（输出电压）与"差压传感器"的 E，U 相连，在 C，D 都与大气相通下，接通其电源，调节工作电压至额定值 $E = 3.00\text{V}$，则数显：例如17.90mV，此即为 U_0 值。

（3）在三通活塞 A、C 与 B 相通的情况下，开动真空泵。几秒钟后被抽空间"差压传感器"的 D 腔内的压强可认为0MPa，此时压力系数仪显示的 U 值即为 U_1 值，约为135mV 左右。

$$P_1 = K_P(U_1 - U_0)$$

1）此时真空表所指示的值为 D 腔的真空度值，例如 -0.091MPa，它只是表明 D 腔是否抽空，而不作其与大气相差的压强值。（单位为 MPa）一个标准大气压为 0.101325MPa。

2）当压力系数仪显示的输出电压值稳定后，才读取 U_1 值。因为 D 腔系统有可能漏气，在测出 U_1 后立即关掉真空泵，则 D 腔随即通大气（真空表复指于0MPa）。再转动三通活塞180°使 AC 相通而与大气口 B 隔绝。

（4）将水浴锅"设定"温度调至环境温度例如室温15℃以下，再将"选择开关"拨至"测温"挡。然后每降低1℃记录下相应的 U 值，即得 (T_i, p_i) $i = 1, 2, 3, 4, \cdots, 2N$ 组，包括 (T_1, p_1) 在内共 $(2N+1)$ 组实验值。

（5）为检测实验系统的漏气情况，以及大气压强是否变化，测完 (T_i, p_i) 后可让其复升温至 T_1，再抽空 D 看 $U_1(p_1)$ 值是否变化，并记录下 U_1'，若 $U_1' \approx U_1$，则实验近乎完备。

（6）建议每变化温度5℃，记一次 T_j 和 U_j。

（7）实验完后，关掉电源，从水浴锅上附设的橡皮管是否放掉蒸馏水由实验室决定。

五、实验注意事项

1. 实验内容

（1）差压传感器和玻璃制品易损坏，操作要小心。转动三通活塞时一定要缓慢，另一只手一定要扶住活塞。需要更换蒸馏水时，用恒温水浴锅的橡胶管放水，不要倾倒水浴锅，以防损坏仪器。

（2）使用恒温水浴锅时，为了确保安全，请接上地线。注意向锅内加蒸馏水不能使电热管露出水面，以免烧坏电热管，造成漏水。严禁在不加蒸馏水时，通电干烧，损坏水浴锅。

（3）升温到达"设定"值，断电以后，水温还将上升 $1 \sim 2℃$ 后方下降，降过设定值后再通电加热。使用时须考虑此"热惯性"对实验的影响，及时采取相应的消除办法。例如每次实验记录都选取温度降至"设定"值时读取数据（"热惯性"是加热系统的温度断电后，高于水温所引起的）。

（4）不工作时，应切断电源，以防发生意外。

2. 数据处理

（1）将 (T_1, p_1) 与 (T_{N+1}, p_{N+1}) 逐差组合，共组合出 N 组代入式（3-31），则：

$$\bar{\alpha} = \frac{1}{N} \sum_{j=1}^{N} \alpha_j \tag{3-36}$$

$$\pm \Delta \bar{\alpha} = \frac{1}{\sqrt{N(N-1)}} \sqrt{\sum_{j=1}^{N} (\bar{\alpha} - \alpha_j)^2} \tag{3-37}$$

标准值 $\alpha = 3.661 \times 10^{-3} ℃^{-1}$，若超出误差范围，试分析原因。

（2）将 $[(U_i - U_0), T_i]$ 作直角坐标图，若近乎线性关系，则用直尺连线，让实验点均匀分布于直线左右，求得其截距为 $(U - U_0)$。斜率为 ω，则由式（3-30）等可知：

$$p_0 = K_P (U - U_0) \tag{3-38}$$

$$\alpha = \omega / p_0 \tag{3-39}$$

或者将 $(U_i - U_0)$，T_i 代入"线性拟合"程序，用电子计算机将一切值都计算和打印出结果来。

六、思考题

3-8-1　试计算球形玻璃泡随温度 T 的变化而胀缩对测量的影响。

3-8-2　环境室温的变化对测量有无影响，为什么？

3-8-3　设毛细管的内直径为 $1mm$，长 $300mm$，而玻璃泡 A 的内直径为 $80mm$，试计算其对测量的影响。

实验9　金属线胀系数的测定

一、实验目的

（1）掌握测定金属杆线胀系数的方法。

（2）掌握用光杠杆测量微小伸长量的原理。

二、实验原理

固体受热后发生体积膨胀，分别在 x、y、z 方向的膨胀称线膨胀。对于杆状物体，只研究在杆长方向的膨胀，当原长为 L 的杆状物，在一定温度范围内，受热后其伸长量 ΔL 与原长 L 成正比，与所加温度增量 Δt 近似成正比，即

$$\Delta L = \alpha L \Delta t \tag{3-40}$$

式中，比例系数 α 称线膨胀系数，在温度变化不太大的情况下，对一定的物质材料，α 是一个常量，材料不同，α 值不同，如塑料 α 值很大，金属次之，熔凝石英 α 值很小。

对杆状待测物，测出温度为 t_1 时的杆长 L，受热后温度到达 t_2 时，伸长量为 ΔL，则该固体材料在 t_1，t_2 温度范围内的线胀系数

$$\alpha = \frac{\Delta L}{L}\frac{1}{t_2 - t_1} \qquad (3\text{-}41)$$

式中，α 的物理意义：固体材料在 t_1，t_2 温度范围内，温度每升高 1℃ 时，固体材料的相对伸长量，其单位为：℃$^{-1}$。

式（3-41）中只有 ΔL 是微小变化量，是眼睛看不见的，通常采用光杠杆放大原理来测量。光杠杆放大原理参看图 3-41。

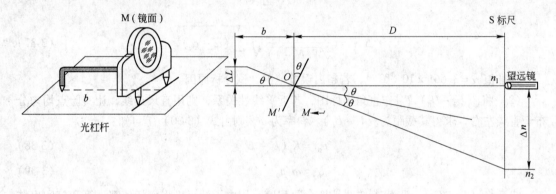

图 3-41　光杠杆放大原理

当杆状物伸长 ΔL 时，光杠杆的单足尖抬高 θ 角，反射镜面向前倾 θ 角，从望远镜到光杠杆镜面的光线和其反射到标尺的光线之间的夹角为 2θ。

由图可得：

$$\tan\theta = \frac{\Delta L}{b} \qquad \tan2\theta = \frac{n_2 - n_1}{D}$$

由于角 θ 很小 $\qquad\qquad \tan\theta \approx \theta \qquad \tan2\theta \approx 2\theta$

因此 $\qquad\qquad\qquad\qquad \Delta L = \frac{b}{2D}(n_2 - n_1) \qquad (3\text{-}42)$

放大倍数： $\qquad\qquad\qquad A = \frac{n_2 - n_1}{\Delta L} = \frac{2D}{b}$

将式（3-42）代入式（3-41）得

$$\alpha = \frac{b}{2DL}\frac{n_2 - n_1}{t_2 - t_1} \qquad (3\text{-}43)$$

此式为光杠杆法测量 α 的公式，式中，n_1，n_2 为 t_1 与 t_2 温度时，读数望远镜中标尺照明器像上的对应读数；D 为光杠杆镜面到标尺照明器的距离；b 为光杠杆前后足的垂直距离。

三、实验设备及材料

实验设备：金属线胀系数仪、光杠杆、温度计、米尺、望远镜、游标卡尺。

GXZ-1 金属线胀系数仪结构如图 3-42 所示。

其性能指标：

加热采用加热带。

（1）输入电源：AC 220±10%，50Hz；

（2）加热带功率：130W；

（3）加热电压：AC50～220V 可调；

（4）水银温度计：0～100℃；

（5）伸长量测量范围：0～5mm；

伸长量测量最小分辨率：0.001mm。

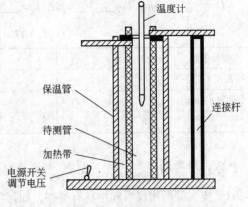

四、实验步骤

图 3-42　GXZ-1 金属线胀系数仪结构

（1）如图 3-43 所示，将待测管装入加热管内，在待测管的小孔中插一支量程为 0～100℃ 的水银温度计。

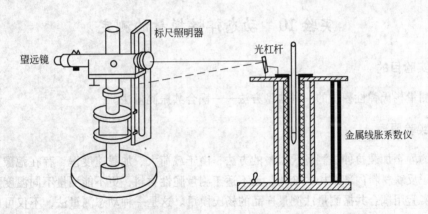

图 3-43　测量金属线膨胀系数的装置

（2）实验前把被测铜管取出，用钢卷尺测出室温 t_1 时的棒长 L，然后把铜管慢慢放入加热管中，直到铜管底端接触到金属线胀系数测定仪的底部，然后把光杠杆单尖足放在铜管顶端，双尖足放在仪器平台上的凹槽内，尽量使小镜的镜面、望远镜的镜面和标尺照明器同时垂直于水平平面。

（3）用眼睛从望远镜的上方观察光杠杆小镜中是否有标尺照明器的标尺像。如果没有，左右移动标尺照明器，直到能看到标尺的像，然后再从望远镜中看，调节物镜使小镜中的像清晰可辨，再调节目镜，使望远镜中的十字叉丝清晰，同时读出水平叉丝在标尺上的位置 n_1。

（4）接通电源，开始加热，升温的快慢通过调节金属线胀系数仪底座上的旋钮，观察温度计及望远镜读数的变化。每隔一段时间同时测 t 与 n 所对应的读数，共测 8 个数据。

（5）关闭电源，用米尺量出小反射镜到标尺的距离 D，用游标卡尺测出光杠杆后足尖到前足线的垂直距离 b。

（6）由式（3-43）求出铜杆的线膨胀系数 α，并与标准值比较。

（7）按同样的方法，求出铁管的线膨胀系数 α，并与标准值比较。

五、实验结果及报告

将实验结果（数据）填入表 3-17 中。

$D =$ _____ mm, $b =$ _____ mm, $t_1 =$ _____ ℃, $L =$ _____ mm, $n_1 =$ _____ mm

表 3-17　实验数据记录表

测量次数	1	2	3	4	5	6	7	8
温度 t_2/℃								
读数 n_2/mm								
α/℃$^{-1}$								

六、思考题

3-9-1　本实验所用仪器和用具有哪些，如何将仪器安装好，操作时应注意哪些问题？

3-9-2　调节光杠杆的程序是什么，在调节中要特别注意哪些问题？

3-9-3　分析本实验中各物理量的测量结果，哪一个对实验误差影响较大？

3-9-4　根据实验室条件你还能设计一种测量 ΔL 的方案吗？

实验 10　动态弹性模量的测定

一、实验目的

学习测量杨氏弹性模量的一种典型方法——耦合共振测量法。

二、实验原理

传统的静态加载拉伸法测杨氏模量的方法，由于载荷大、加载速度慢，存在弛豫过程，不仅不能真正反映材料内部结构的变化，且不适于测量脆性材料，更不能测量不同温度下的杨氏模量。本实验用耦合共振测量法测量样品的杨氏模量。这是一种动态测量法，不仅可以克服上述缺点，而且简便准确。本方法是将一根试样（圆杆或矩形杆）放在支撑换能器上或用两根漆包线悬挂在悬挂换能器上并激发它做横振动。在一定条件下试样产生共振，其共振频率（接近固有频率）取决于样品的几何形状和尺寸、质量及杨氏模量，如果在实验中测出了试样在不同温度下的固有频率，就可以计算出该试样材料在不同温度下的杨氏模量。

一个长为 l 的杆，中间用悬线吊起来悬挂在悬挂换能器上，或直接放在支撑换能器上（图3-44），不考虑外力的情况下，x 处沿垂直方向（y 方向）的位移满足如下横振动方程：

$$\frac{\partial^4 y}{\partial x^4} + \frac{\rho S}{EJ}\frac{\partial^2 y}{\partial t^2} = 0 \tag{3-44}$$

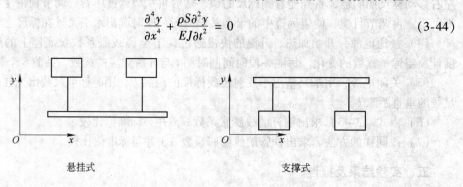

悬挂式　　　　　　　　　　　支撑式

图 3-44　实验支撑方式

式中 ρ——杆的密度；

   S——杆的横截面积；

   J——杆对中心轴的惯性矩；

   E——沿轴向的杨氏模量。

由力学理论可以计算，圆形截面试样杆的惯性矩

$$J = S(d/4)^2$$

式中 d——圆棒的直径；

   J——矩形截面杆的惯性矩

$$J = S(h^2/12)$$

其中，h——矩形截面的高。

采用分离变量法，可以求出式（3-44）的通解：

$$y(x,t) = A(K,x)\cos(\omega_0 t + \varphi) \qquad (3-45)$$

这是一个振动方程，其中

$$\omega_0 = \left(\frac{K^4 EJ}{\rho S}\right)^{\frac{1}{2}} \qquad (3-46)$$

式中，ω_0 为杆的固有角频率；K 为常数。如果知道 K 和 ω_0 的值，很容易算出杨氏模量 E。

边界条件决定方程式（3-44）有解的条件是

$$\cos Kl \cdot ch Kl = 1 \qquad (3-47)$$

用数值法解出：

$$Kl = 0, 4.730, 7.853, 10.996, 14.137, \cdots$$

$Kl = 0$ 是基态，对应于静止情况；$Kl = 4.730$ 对应频率最低的固有频率（基频率），$Kl = 4.730$ 和 7.853 分别是对称型基频率振动和反对称型振动的条件，波形如图 3-45 所示。

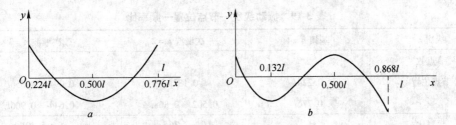

图 3-45 试样振动的模型

a—对称型振动；b—反对称型振动

当试样做对称型基频率振动时，存在两个节点，它们分别位于距左端面为 0.224l 和 0.776l 处，此时圆棒的固有频率为

$$\omega_0 = \left[\frac{4.730^4 EJ}{\rho l^4 s}\right]^{1/2}$$

由此得杨氏模量 E 为

$$E = 1.6067 \frac{l^3 m}{d^4} f_0^2 \qquad (3-48)$$

式中，m 为试样的质量。实际上，E 还与试样直径 d 与长度 l 之比的大小有关，考虑到这一点，应在上式右端乘一修正因子 R，从而变为

$$E = 1.6067R \frac{l^3 m}{d^4} f_0^2 \tag{3-49}$$

圆杆试样 R 的大小见表3-18。

表 3-18　不同形式圆杆试样修正因子

d/l	0.02	0.04	0.06	0.08	0.10
R	1.002	1.008	1.019	1.033	1.051

该表适用于泊松比在 0.25 ~ 0.35 范围的材料。

当两根悬线拴在节点附近将杆吊起来或用支撑换能器将杆支撑起来，让其中一端接振动源，杆就产生受迫振动。当悬挂点或支撑点较接近时，只要边界条件与自由振动时相同，式（3-49）仍然有效。

当外力频率达到共振频率 $\omega_{共}$ 时，另一悬线处会接收到最大振幅。而固有频率与共振频率的关系为

$$f_{共} = \frac{\omega_{共}}{2\pi} = \frac{1}{2\pi} \sqrt{\omega_0^2 - 2\delta^2}$$

式中，δ 为阻尼因数。对于一般的金属材料，δ 的最大值只有 ω_0 的 1/100 左右，所以可以用 $f_{共}$ 代替 f_0，代入到式（3-49）进行计算。

理论推导表明，杆的横振动节点与振动级次有关，H_n 值第 1，3，5，…数值对应于对称形振动。第 2，4，6，…对应于反对称形振动。最低级次的对称振动波形如图 3-46 所示。

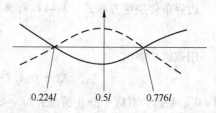

图 3-46　两端自由杆基频弯曲振动波形

表 3-19　振动级次—节点位置—频率比

级次 n	基频 $n=1$	一次谐波 $n=2$	二次谐波 $n=3$
节点数	2	3	4
节点位置	0.224l	0.132l	0.094l　0.356l
	0.776l	0.502l　0.868l	0.644l　0.906l
频率比	f_1	$f_2 = 2.76f_1$	$f_3 = 5.40f_1$

注：l—杆的长度，当 $d=8mm$，$l=180mm$ 时，$f_2 = 2.74f_1$（修正值）。

由表 3-19 可见，基频振动的理论节点位置为 0.224l（另一端为 0.776l）。理论上吊扎（支撑）点应在节点，但节点处试样激发接收均困难。为此可在试样节点和端点之间选不同吊扎（支撑）点，用外推法找出节点的共振频率。推荐采用在两端附近进行激发和接收，这非常有利于室温及高温下的测定。

三、实验设备及材料

实验设备：DCY-1 动态弹性模量测量仪、示波器、XH-2 功率信号发生器、听诊器、尖嘴镊子全套装置如图 3-47、图 3-48 所示。

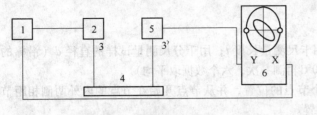
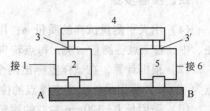

图 3-47　悬挂式测定装置

1—信号发生器；2，5—换能器；3，3′—悬丝
（或支撑物）；4—试棒；6—示波器

图 3-48　支撑式测定支架

当信号发生器 1 本身带 5 位数字显示频率发出声频信号，经换能器 2 转换为机械振动信号，该振动通过悬丝（或支撑物）3 传入试棒引起试棒 4 振动，试棒的振动情况通过悬丝（或支撑物）3′传到接受换能器 5 转变为电信号进入示波器 6 显示。调节信号发生器 1 的输出频率，如试样共振则能在示波器 6 上看到最大值，如将信号发生器的输出同时接入示波器的 x 轴，则当输出信号频率在共振频率附近扫描时，可在显示屏上看到李萨如图形（椭圆）的主轴会在 y 轴左右偏摆。

当信号发生器的频率不等于试样的共振频率时，试样不共振，输送给示波器 y 轴输入端的信号幅度为零，示波器光屏上出现的图形如图 3-49a 所示；当信号发生器的频率接近试样的共振频率时，所出现的图形如图 3-49b 所示；当信号发生器的频率刚好等于试样的共振频率时，出现的图形如图 3-49c 或 d 所示。以上即是测试样共振频率 $f_{共}$ 的原理。

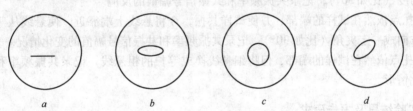

图 3-49　示波器上观察到的图形

判断是否处于对称型基频振动的方法是：用小螺丝刀或小镊子轻轻与试样中点接触，如果手有微颤的感觉，且示波器的图形闭合成一条线，说明试样的中点是波腹，试样处于对称型基频振动方式。用该方法还可以大致判断试样上节点的位置。

1. 悬挂式测定装置（见图 3-47）

两个换能器能在柱状空间任意位置停留，悬线室温下采用 ϕ0.05 ~ 0.15mm 铜线、高温下采用铜线（450℃）或 Ni-Gr（1000℃）丝，粗硬的悬线会引入较大误差。

2. 支撑式测定支架（见图 3-40）

试棒 4 通过特殊材料搭放在两个换能器上，无需捆绑即能准确、方便测出基频和一次谐波共振频率，支架横杆 AB 上有 2 和 5 两个换能器、间距可调节。

3. XH-1 功率信号发生器

石英稳频，5 位数显，频率 20Hz ~ 100kHz，6W 输出，有频率粗调和微调两种。

4. 试样几何尺寸及质量测量

试样一般为 ϕ5 ~ 10mm、长 140 ~ 200mm，其他矩形、正方、圆筒状（均匀试样），金属或非金属均可。用卡尺测量长度。用螺旋测微计测出直径的平均值、质量用天平测定。

四、实验步骤

（1）用天平测量试样的质量 m；用卡尺测量长度 l；用千分尺测量试样的直径 d（沿棒的左、中、右三点各测量一次，每点转 90℃ 再测一次，六个数据取平均）。

（2）根据计算，在试样上标出两个节点的位置，并从节点开始在节点的内外两侧相距节点为 10mm 处标出吊扎点或支撑点的位置。

（3）采用长 $L = 120$mm 左右的漆包线按照图 3-47 的方式将试样悬起，悬点可以先选在内吊扎点或支撑点上；按该图接好电路。

（4）打开仪器的电源开关调节信号发生器的输出强度和输出信号的频率，测一次共振频率，将试样原地转过 90° 后再测一次共振频率，以其平均值作为吊扎点在该点的共振频率。按同样方法测出悬点在外吊扎点上时的共振频率。按照内插法的思想，试样的固有频率等于所测的这两个共振频率的算术平均值。

（5）按照 d/l 的大小查出 R 值，由式（3-41）算出试样在室温下的杨氏模量，并与室温下的公认值做百分差比较。

（6）现象观察。

1）将吊扎点从节点附近移到试样的端部，记录共振频率和共振信号（即示波器的 y 轴输入信号）的幅值的变化情况。

2）吊扎点依然在试样的端部，并使试样共振，今将其中某端的悬线提起，使试样与水平成一显著角度（比如 30°），记录共振频率和共振信号幅值的反应。

3）吊扎点依然在试样的端部，并使试样共振，今将悬线上端靠近，使悬线从竖直状态变为与竖直方向成一定夹角（比如 30°），记录共振频率和共振信号幅值的变化情况。

4）吊扎点依然在试样的端部，但将细悬线换成等长的粗悬线，记录共振频率和共振信号幅值的变化情形。

五、实验结果及报告要求

将实验结果及数据填入表 3-20 中。

表 3-20　实验记录表

试样种类 ＼ 实验方法	悬挂式	支撑式	备　注
铜			1. 由于不同试样直径和长度的微小差异，可引发测得值由几周到几十周的变化
钢			2. 此数据的悬线或支撑点距试样两端 10mm
不锈钢			

六、实验注意事项

测定中，激发接收换能器、悬丝、支架等部件都有自己共振频率，都可能以其本身的基频或高次谐波频率发生共振。因此，正确地判断示波器上显示的信号是否为试样真正共振信号成为关键，可用下述判据判断：

（1）测试前根据试样的材质、尺寸、质量通过式（3-46）或式（3-47）估算出共振频率的数值，先放在支撑支架上，在上述频率附近进行寻找。

（2）换能器或悬丝发生共振时可通过对上述部件施加负荷（例如用力夹紧），可使此共振信号变化或消失。

（3）发生共振时，迅速切断信号源，除试样共振会逐渐衰减外，其余假共振很快消失。

（4）试样发生共振需要一孕育过程，切断信号源后信号亦会逐渐衰减，它的共振峰有一定频宽，信号亦较强。试样共振时，可用尖嘴镊沿纵向轻碰试样，这时会按图 3-44 的规律可发现波腹、波节。或用细硅胶粉撒在试样上，可在波节处发生明显聚集。也可用听诊器沿试样纵向移动，能明显按图 3-46 规律听出波腹处声大，波节处声小。对一些细长杆状试样，有时能直接看到波腹和波节。

（5）用打火机烧悬丝或试样处，属于悬丝共振能很快消失，属于试样共振频率会发生偏移。

（6）在共振频率附近进行频率扫描时，共振频率两侧信号相位会有突然变化导致李萨如图形在 y 轴左右明显摆动。不同谐波频率比服从表 3-20 规律。

（7）如试样材质不均匀或呈椭圆形，就会有多个共振频率出现，只能通过更换合格试样解决。

（8）测试时尽可能采用较弱的信号激发，这样发生虚假信号的可能性较小。

（9）用悬挂法吊扎必须牢靠，两根悬丝必须在通过试样直径的铅垂面上。悬挂或支撑不能在节点上。

七、思考题

3-10-1　在实验中是否发现假共振峰，是何原因，如何消除？

3-10-2　悬挂时捆绑的松紧，悬丝的长短、粗细、材质、刚性都对实验结果有影响，是何原因，可否消除？

3-10-3　如何用外推法算出试样棒真正的节点共基频振频率？

3-10-4　试样的固有频率和共振频率有何不同，有何关系，可否不测量质量而引入材料密度 ρ，这时杨氏模量计算公式应作何变动？

3-10-5　实验时发现用悬挂方式很难测出一次谐波频率，而用支撑法测却很易测量；同时发现悬挂和支撑的位置和基频关系密切，但用支撑法测出的一次谐波频率和支撑位置关系不大，你能分析出其中原因吗？

3-10-6　在实验过程中如何判别是否有假共振信号的出现？

实验 11　磁化曲线和磁滞回线

一、实验目的

（1）通过实验研究铁质材料性质并掌握用示波器观察磁化曲线和磁滞回线的基本测绘方法。

（2）从理论到实际应用上加深对材料磁特性的认识。

二、实验原理

（一）铁材料的磁滞现象

铁磁材料的磁滞现象是反复磁化过程中磁场强度 H 与磁感应强度 B 之间的关系的特征。

将一块未被磁化的铁磁材料放在磁场中进行磁化，当磁场强度 H 由零增加时，磁感应强度 B 由零开始增加。H 继续增加，B 增加缓慢，这个过程的 B-H 曲线称为起始磁化曲线，如图 3-50 中的 oa 段所示。

当磁场强度 H 减小，B 也跟着减小，但不按起始磁化曲线原路返回，而是沿另一条曲线（图 3-50 中）ab 段下降，当 H 返回到零时，B 不为零，而保留一定的值 B_r，即铁磁材料仍处于磁化状态，通常 B_r 称为磁材料的剩磁。

将磁化场反向，使磁场强度负向增加，当 H 达到某一值 H_c 时，铁磁材料中的磁感应强度才为零，这个磁场强度 H_c 称为磁材料的矫顽力。继续增加反向磁场强度，磁感应强度 B 反向增加。如图 3-50cd 段所示。当磁场强度由 $-H_m$ 增加到 H_m 时，其过程与磁场强度从 H_m 减小到 $-H_m$ 过程类似。这样形成一个闭合的磁滞回线。

逐渐增加 H 的值，可以得到一系列的逐渐增大的磁滞回线，如图 3-51 所示。把原点与每个磁滞回线的顶端，a_1，a_2，a_3，…连接起来即得到基本磁化曲线。

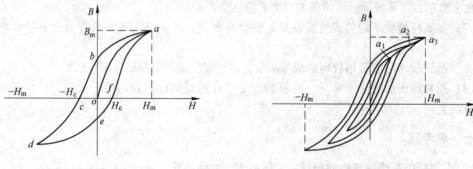

图 3-50　基本磁化回线　　　　　　　　　图 3-51　H 增大时磁滞回线

如图 3-51 中 oa 段所示，当 H_m 增加到一定程度时，磁滞回线两端较平，即 H 增加，B 增加很小，在此时附近铁磁材料处于饱和状态。基本磁化曲线上的点与原点连线的斜率称为磁导率 μ，在给定磁场强度条件下表征单位 H 所激励出的磁感应强度。

铁磁材料处于饱和状态时，磁导率减小较快。曲线起始点对应的磁导率称为初始磁导率。磁导率的最大值称为最大磁导率。这两者反映 μ-H 曲线的特点，如图 3-52 所示。

（二）示波器显示样品磁滞回线的实验原理及电路

只要设法使示波器 X 轴输入正比于被测样品中的 H，使 Y 轴输入正比于样品的 B，保持 H 和 B 为样品中的原有关系就可在示波器荧光屏上如实地显示出样品的磁滞回线。怎样才能使示波器的 X 轴输入正比于 H，Y 轴输入正比于 B 呢？图 3-53 为测试磁滞回线的原理图。L 为被测

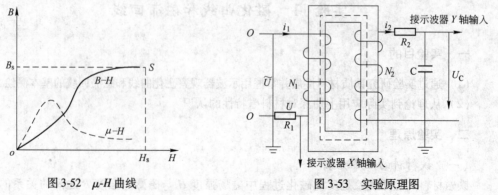

图 3-52　μ-H 曲线　　　　　　　　　　图 3-53　实验原理图

样品的平均长度（虚线框）R_1，R_2 为电阻，C 为电容。N_1、N_2 分别为原、副边匝数，由输入交变电压 U_1 和安培环路定理得到磁场强度：

$$H = \left(\frac{N_1}{L}\right) \cdot \frac{U_1}{R_1} = \frac{N_1}{LR_1} \cdot U_1 \tag{3-50}$$

由式（3-50）知道 $H \propto U_1$ 加到示波器 X 轴的电压 U_1 能够反映 H。交变的 H 样品中产生交变的磁感应强度 B。假设被测样品的截面积是 S，穿过该截面的磁通

$$\phi = BS \tag{3-51}$$

由法拉第电磁感应定律可知，在副线圈中将产生感应电动势

$$\varepsilon = N_2 \frac{\mathrm{d}\phi}{\mathrm{d}t} = -N_2 S \frac{\mathrm{d}B}{\mathrm{d}t} \tag{3-52}$$

我们选取足够的 RC，根据电磁感应定律，我们最后得到：

$$B = \frac{RC}{N_2 S} \cdot U_c \tag{3-53}$$

表明电容器上的电压 $U_c \propto B_1$ 能反映 B。

三、实验设备及材料

实验设备：磁滞回线组合实验仪。

（一）磁滞回线组合实验仪面板

磁滞回线组合实验仪面板示意图见图 3-54。

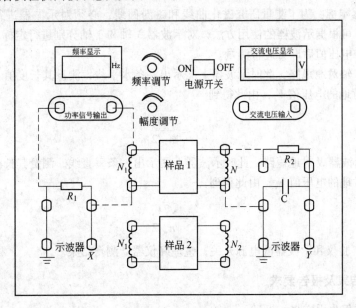

图 3-54　磁滞回线组合实验仪面板示意图

（二）磁滞回线组合实验仪使用方法

（1）将电源线插入电源插座内（在机箱的右侧），保险在电源插座内。

（2）按上图的虚线用实验连接线连接好。

（3）打开实验仪和示波器的电源开关，将示波器的状态打向 X-Y，预热 5min，调节信号源

的频率调节旋钮和幅度调节旋钮使磁滞回线的图形为最佳。

（4）右上角为 2V 交流电压表，根据实验需要去测量。

（5）按实验要求做实验。

（6）先做样品 2 后，将样品 1 接入电路中，实验同上。

（7）实验完毕后，将实验连接线拆去，关闭实验仪和示波器的电源开关。

四、实验步骤

（1）将磁滞回线组合实验仪与示波器按实验原理图（参考面板示意图）连接，打开实验仪和示波器电源开关，注意此时不要调动示波器的任何一处。

（2）将实验仪交流电压幅度调节旋钮调到中间某个位置，此时示波器将展示出一磁滞回线的曲线。

（3）调节实验仪的交流电压幅度调节旋钮，观察示波器上磁滞回线形状的大小随之改变的现象。

（4）调节实验仪的交流电压幅度调节旋钮，使示波器上的磁滞回线形状为最大（即饱和磁滞回线），然后再调节实验仪的交流电压幅度调节旋钮，使输入到试样上的电压为最小值（0V），此时，示波器上的磁滞回线形状仅为一个光点（此步骤的作用是使被测样品退磁）。

（5）调节示波器的 X、Y 位移，使光点呈现在坐标网格中心（以保证曲线的对称性）。

（6）调节实验仪的交流电压幅度调节旋钮，逐渐增加输出电压幅度，确定磁滞回线顶点的坐标，并记录。

（7）测绘饱和磁滞回线上的特殊坐标，并记录。

（8）示波器定标：为了测量研究磁化曲线和磁滞回线，必须对示波器进行定标。示波器具有比较信号，可根据示波器的使用方法，对示波器 X 轴和 Y 轴分别进行定标，校正 X 轴和 Y 轴上每格表示的电压值后即可进行测量。

将示波器 Y 轴对地短路，此时示波器上展示出一条水平线，测量其长度值 n_x，并用交流电压表测量出 X 对地的电压值 V_x，由此得到

$$S_x = \frac{\sqrt{2}V_x}{n_x/2} \tag{3-54}$$

同理，将示波器 X 对地短路，此时示波器上展示出一条垂直线，测量其长度 n_y，并用交流电压表测出 Y 对地的电压值 V_y，由此得到

$$S_y = \frac{\sqrt{2}V_y}{n_y/2} \tag{3-55}$$

（9）关掉实验仪和示波器的电源开关，整理好仪器，测量结束。

五、实验结果及报告要求

记录表格与报告内容自行设计。

六、思考题

3-11-1　解释"磁滞"、"矫顽力"、"剩磁"三个名词。

3-11-2　试述铁磁材料的基本磁化曲线和磁滞回线各有什么意义？

3-11-3　说明磁滞回线图中 H_s、H_c、B_r、B_s 分别所代表的物理意义。

3-11-4　磁滞回线包围面积的大小有何意义？

3-11-5　用示波器测量磁参量时误差的主要来源是什么？

3-11-6　在测磁化曲线之前，为什么要将铁磁材料退磁，怎样进行交流退磁？

3-11-7　做过这个实验后，你能否说明铁磁材料的退磁道理？

3-11-8　全部完成 B-H 曲线的测量以前，为什么不能变动示波器面板上的 x，y 轴的增幅旋钮？

实验 12　非线性电路混沌现象研究

一、实验目的

（1）观察混沌现象，了解非线性系统的一些特征。

（2）测量非线性电阻器件的特性曲线。学会用最小二乘法拟合线性方程和参数估计。

（3）测量混沌因子（费根鲍姆常数）。

二、实验原理

（一）混沌的含义

用非线性微分方程所描述的运动系统本身所存在的自发无序性在一些环境下所表现出的混乱状态，从而导致可科学预测性的消失。例如统计物理的热骚动、气象学的暴风骤雨、医学上的癫痫、社会学的经济危机等等。

为了对混沌现象的直观易懂，兹介绍一种非线性的例子来说明由 P. A. Bender 得出的实验结果。如图 3-55 所示，在弹簧振子的平衡位置设置一质量较大的刚性砧，使物体撞击它以后，以同样速率反跳。物体所受的撞击力显然不再与位移成正比，因此是非线性的。物体的位置随时间的变化由附在物体上的笔在卷过的纸带上画出来，成为振动图线。下面介绍这种反跳振子在策动力 F 力幅不变而改变其频率 ν 时各次实验的结果。

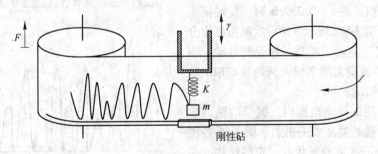

图 3-55　反跳振子

图 3-55 中各图画出的实验结果是这样记录的：在任一频率 ν 的策动力驱动下，都先让此反跳振子振动若干次，以便使它达到稳定状态。然后连续记录 100 次物体反跳的最大高度（振幅）。其结果是在某些 ν 值时，这 100 次的振幅都一样，图上相应于这些 ν 值的振幅就各自具有一个值。这就是图 3-56a 中由一条细曲线表示的情况，这条细曲线有几个极大值，表示多次出现共振情况。出人意料的是，在某些 ν 值时出现了两个、四个、…、不同的振幅，在某些频率区域甚至出现了振幅完全不确定，即 100 次中几乎每次高度都不一样的情况。这种完全不确定的情况由图 3-56a 中"撒胡椒面"的区域表示。为了更清楚地显示这种不确定性，两个"撒胡椒面"区域附近的情况在图 3-56b，c 中做了放大。下面依次说明这种情况。

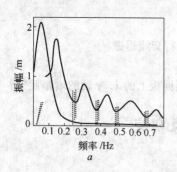
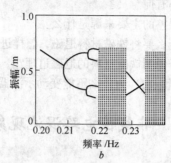
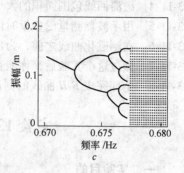

图 3-56　反跳振子的反跳振幅和策动力频率关系图

　　如图 3-56b 所示，在 $\nu=0.205\,\text{Hz}$ 时，每次反跳高度还是一样的，相应的振动图线如图3-57a 所示。策动力频率增大到约 $0.2111\,\text{Hz}$ 时，单一曲线开始分岔。这时物体这次反跳高一些，下次低一些，再下次又高一些，再下次又低一些……这样高低交替地反复下去。作为例子，图 3-57b 示出在 $\nu=0.215\,\text{Hz}$ 时这种分岔运动的振动图线。这时的运动还是周期性的，不过频率已减为原来的一半，或周期已延长为原来的两倍了。这是一种分频现象，也称作倍周期分岔。

　　当策动力频率再增大时，会产生进一步的倍周期分岔。例如当 $\nu=0.217\,\text{Hz}$ 时物体振幅变为 4 个不同的值。这时运动还是周期性的，但周期已变为原来的 4 倍。更细的观察显示，随着频率的增大，分岔越来越多，而先后两次分岔出现的频率间隔越来越小，运动的周期也越来越长，以至于频率到达约 $0.218\,\text{Hz}$ 时，分岔变成无穷多，而周期变为无穷大，即运动不再是周期性的了。这时物体反跳的振幅变得十分混乱，貌似随机。在 $\nu=0.239\,\text{Hz}$ 时，反跳振子的振动图线如图 3-57c 所示。这种反跳振幅十分混乱的"稳定"运动，就是一种混沌运动。图 3-56c 画上了当策动力频率增大到约 $0.678\,\text{Hz}$ 时又出现混沌的情况。

　　在出现混沌的频率范围内，振子的跳动也并不是完全彻底的混乱或随机的。图 3-56 各图中"撒胡椒面"区域的形状有一定的结构，显示它只有某种整体上的规律性。另外，也可以看到，当策动力的频率达到某些值时，反跳振子又会从混沌状态中走出来，回到简单的周期性运动。图 3-56a 中几个共振峰的出现就是这种情况，即使在混沌区域，也有一些简单运动的"窗口"，如图 3-56b 中频率在 $0.23\,\text{Hz}$ 的情况。

　　反跳振子的混沌运动，除了每一次实验表现得振幅变化无常，十分混乱外，在同一频率

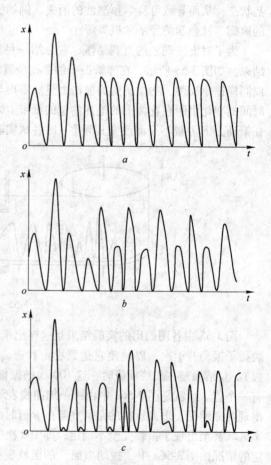

图 3-57　反跳振子振动图线

的策动力驱动下的几次混沌运动，由于起始条件的不同，其混乱情况也各不相同。图 3-58 所示为频率为 0.239Hz 的策动力的驱动下，五次初值 x_0 稍有不同（其差别在实验误差范围之内）的混沌振动曲线。最初的几次反跳基本上是一样的。但是，随着时间的推移，它们的差别越来越大。这显示反跳振子的混沌运动对初值的极端敏感性——最初的差别会随时间逐渐放大而导致明显的巨大差别。这样，本来任何一次混沌运动由于其混乱复杂，就很难对其过程进行预测，再加上这种初值敏感性，而初值在任何一次实际的实验中都不可能精确地给定，所以对任何一次混沌运动，其进程就更加不能预测了。

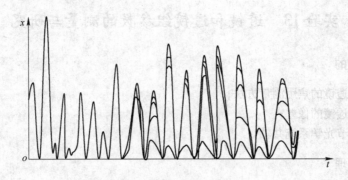

图 3-58 反跳振子的混沌运动

（二）费根鲍姆常数 F 的初步测量

一个非线性系统，并非在任何条件下都做混沌运动，只有当某个参量 V 到达某一阈值时，系统才进入混沌状态；在此之前，系统的运动会出现周期性分岔，相继分岔时 V 值的间隔越来越小。1978 年费根鲍姆发现：相继出现分岔的 V 值的间隔之比趋于一常数 F，以 V_k 代表第 K 次分岔的 V 值，则

$$F = \lim_{k \to \infty} \frac{V_k - V_{k-1}}{V_{k+1} - V_k} = 4.669\ 201\ 609\ 102\ 990\ 9\cdots \tag{3-56}$$

这一常数现在就叫费根鲍姆常数，它显示了倍周期分岔的一种通性。

实例如下：1→2 分岔开始时 $V_0 = 5.121\text{V}$

2→4 分岔开始时 $V_1 = 4.952\text{V}$

4→8 分岔开始时 $V_2 = 4.896\text{V}$

$$F_1 = \frac{4.952 - 5.121}{4.896 - 4.952} = 3.02$$

三、实验设备及材料

实验设备：NCE—2 非线性混沌仪；
　　　　　双踪示波器。

四、实验步骤

（1）按原理第 4 步测量出非线性有源电阻的伏安特性，并进行分析，计算。

（2）按第 5 步进行混沌实验中各种现象的观测并给以解释。若有条件，还可画出各种相图所对应的 CH_1、CH_2 的波形。

（3）测量费根鲍姆常数。

五、思考题

3-12-1　"混沌"与"混乱"有何异、同？

3-12-2　试述你所理解的混沌的含义。

实验 13　透镜和透镜组参数的测量与研究

一、实验目的

（1）掌握薄透镜的焦距测量方法；

（2）观察单透镜的像差；

（3）学会调节光学系统共轴。

二、实验原理

透镜是光学仪器中最基本的元件，焦距是反映透镜特性的一个重要参数。透镜的厚度比两球面中任一曲面的曲率半径小得多，因此比透镜的焦距小得多的那种透镜称为薄透镜。

（一）薄透镜成像公式

在近轴光线条件下，薄透镜成像公式为

$$\frac{1}{U} + \frac{1}{V} = \frac{1}{f} \tag{3-57}$$

式中　f——透镜焦距；

　　　U——物距；

　　　V——像距。

（二）用物距—像距法测定透镜焦距

（1）凸透镜：光线由物发出，经凸透镜折射后成像在透镜另一侧，如图 3-59 所示。把测出的物距 U 和像距 V 代入式（3-57）中即计算出焦距 f。

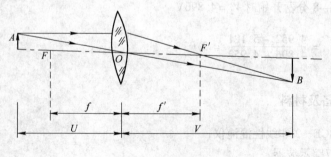

图 3-59　薄透镜成像

（2）凹透镜：物体 AB 由经凸透镜成像于 $A'B'$。$A'B'$ 和 L_1 之间放入待测凹透镜 L_2，调节 L_1 与 L_2 的距离，由于凹透镜的发散作用，虚物 $A'B'$ 又成像 $A''B''$，如图 3-60 所示。

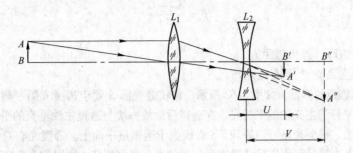

图 3-60　二次成像

由于凹透镜 f 和 V 都是负值，式（3-57）改写成

$$\frac{1}{U} - \frac{1}{V} = -\frac{1}{f} \tag{3-58}$$

测出 U 和 V，算出 f。

（三）用位移法测凸透镜的焦距

使物与像之间距离大于 4 倍焦距 f 时，移动透镜，则在屏上有两次成像，如图 3-61 所示。当物距为 U_1 时，像屏上出现一个放大实像，像距 V_1；当物距为 U_2 时，像屏上出现一缩小实像，像距 V_2，两次透镜位移为 L。

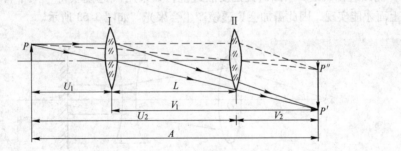

图 3-61　位移成像法

根据式（3-57）可以得出

$$\frac{1}{U_1} + \frac{1}{V_1} = \frac{1}{f} \tag{3-59}$$

$$\frac{1}{U_2} + \frac{1}{V_2} = \frac{1}{f} \tag{3-60}$$

由图得

$$U_2 = U_1 + L \qquad V_2 = V_1 - L$$

且

$$V_1 = A - U_1$$

所以

$$U_1 = \frac{A - L}{2} \tag{3-61}$$

$$V_1 = \frac{A + L}{2} \tag{3-62}$$

将式（3-61）和式（3-62）代入式（3-59）得出

$$f = \frac{A_2 - L_2}{4A} \qquad\qquad (3\text{-}63)$$

测出 A 和 L 值即可算出焦距 f。

（四）自准直法测量薄透镜焦距

（1）凸透镜焦距的测量。如图 3-62 所示。将狭缝光源 S 置于透镜 L 第一焦面上时，光线经透镜 L 后成一束平行于主光轴的平行光。在透镜后面放一块与透镜主轴垂直的平面反射镜 M，将平行光束反射回去，根据光路可逆原理，S 必成像于透镜焦平面上。透镜光心 O 至光源 S 的距离则为透镜焦距。此办法是利用实验装置本身产生的平行光束调焦，所以称为自准直法。

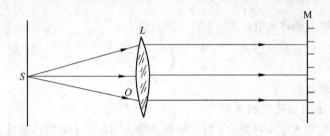

图 3-62　自准直法测凸透镜焦距

（2）测凹透镜焦距。因凹透镜是发散透镜，如果用凹透镜获得一束平行光，则应会有聚光射在上面才能实现，因此需加会聚透镜产生会聚光。如图 3-63 所示。

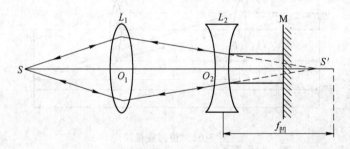

图 3-63　自准直法测凹透镜焦距

当 $2f > SO_1 > f$ 时，S 经 L_1 成像于 S'；在 S' 和 L_1 之间放入凹透镜 L_2，使它与 L_1 共轴。当 L_2 光心 O_2 到 S' 的距离 $O_2S' = f_凹$ 时，则由 L_2 射出的是一束平行光，此时若用一平面镜将这束光线反射回去，则光源 S 处成一清晰的实像，确定了 L_2 和 S' 的位置就可计算出凹透镜 L_2 的焦距 $f_凹$。

（五）透镜的像差

要得到一个完全与物相似的像，必须满足光是近轴单色光这一条件。实际上光学系统不能满足这个条件，所以实际像和理想预期的像存在着偏差，透镜这种性质称为像差。像差有许多种，下面介绍两种常见的像差。

（1）球面差。由透镜主轴上一点光源 P 发出的近轴光线束通过透镜中心部分后相交于 P_2，其他张角较大的光线则分别会聚于 P_1 与 P_2 之间各点，如图 3-64 所示。投射到透镜的大孔径

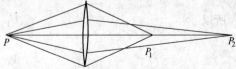

图 3-64　凸透镜球面像差

光束，经透镜后出射光束不相交于一点，这种像差为球面像差。

（2）色差。放在空气中的薄透镜，其焦距由下式决定

$$\frac{1}{f} = (n-1)\left(\frac{1}{R_1} - \frac{1}{R_2}\right) \tag{3-64}$$

式中，n 为制造透镜的材料的折射率，R_1 和 R_2
分别为透镜两球面的曲率半径。因为透镜材料对
不同波长的光折射率不同。所以它们的焦距也不
同，如果光源不是单色，那么，经透镜折射后，
会在不同位置形成若干个带色的大小不同的像，
如图 3-65 所示。光源不是单色，则从发光点的光线经透镜折射后就不会相交于一点。

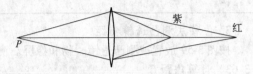

图 3-65　凸透镜的色差

三、实验设备及材料

实验设备：光具座、会聚透镜、发散透镜、狭缝光源、光阑、读数小灯、米尺。

四、实验步骤

1. 光具座上各元件共轴调节

物距、像距、透镜移动的距离都是沿它的光轴计算长度的，其长度由光具座的刻度来读数。为准确测量，透镜主轴应与光具座导轨平行，如果用几个透镜做实验，应调节各透镜主光轴同轴且与导轨平行，这一步称为共轴调节，方法如下。

（1）粗调。把透镜、物屏、像屏等用光具夹夹好后，先把它们靠拢，调节高低、左右，使光源、物屏中心、透镜中心、像屏中心大致平行在轨道直线上，使物屏、像屏、透镜的平面相互平行，且垂直于导轨。

（2）细调。利用透镜成像规律来判断。按图 3-58 放置物、透镜和像屏，使物与像屏距离 $A > 4f$，如果透镜中心偏离光轴，则移动透镜两次成像中，像的中心位置发生改变，调节透镜中心高低，使系统达到同轴高度。

2. 用物距-像距法测透镜焦距

（1）凸透镜焦距的测量；将待测凸透镜置于 $U > 2f$ 处，移动像屏，找到清晰像，记录像距 V 和物距 U。

把透镜放置在使 $f < U < 2f$ 处，重复上述测量。

画出实验光路图；测量数据填入表 3-21。

表 3-21　凸透镜焦距测量数据记录　　　　　　　　　　　　　　（mm）

次　　数	物屏位置	凸透镜位置	像屏位置	物距 U	像距 V	焦距 f	Δf
1							
2							

（2）凹透镜焦距测量。按图 3-58 使凸透镜 L_1 成像于 $A'B'$，在 $A'B'$ 与 L_1 之间放入待测凹透镜 L_2，调节 L_2 的位置使虚物 $A'B'$ 又成像于 $A''B''$，$A'B'$ 与 L_2 的距离为物距 U；$A''B''$ 与 L_2 的距离为像距 V。按式（3-61）算出焦距 f，将数据填入表 3-22，画出光路图。

表 3-22　凹透镜焦距测量数据记录　　　　　　　　　（mm）

次　数	L_1 成像位置 B'	加 L_2 成像位置 B''	L_2 位置	$U = \overline{B'L_2}$	$V = \overline{B''L_2}$	$f = \dfrac{UV}{U-V}$	Δf
1							
2							

3. 位移法测凸透镜焦距

按图 3-59 放置被测凸透镜、物和像屏。测出物像间距 A 和两次成像时透镜的位移 L，按式（3-63）计算焦距 f。

改变物和像屏之间距离，重复上述步骤，将数据填入表 3-23。

表 3-23　凸透镜焦距记录表　　　　　　　　　　（mm）

次　数	物位置	像屏位置	透镜位置（第一次成像时）	透镜位置（第二次成像时）	A	L	f	Δf
1								
2								

4. 观察透镜成像像差

（1）球面差。在透镜前分别放置不同半径圆环形光环，使光束通过透镜不同部位，测出对应像距。

实验中还观察到不同光阑观察成像清晰范围不同，光阑越小，成像清晰范围越大。在照相技术中，我们所获得清晰像的最远和最近物体之间轴向距离称为景深，即光阑越小，景深越大。

（2）色差。在透镜前放置一小孔光阑，再把光源附近加上红光或蓝光滤色片，测出对应红光和蓝光的像的位置。两位置读数差即是透镜对红光和蓝光的色差。

五、思考题

3-13-1　你还能提出某种更简单的粗测凸透镜焦距的方法吗？

3-13-2　测凹透镜焦距时其物与像有什么特点？

3-13-3　设想区别凸、凹透镜的简单方法。

实验14　迈克尔逊干涉仪的调节和使用

一、实验目的

（1）了解迈克尔逊干涉仪的结构、原理和调节使用方法；

（2）了解光的干涉现象；观察、认识、区别等倾干涉和等厚干涉；

（3）干涉图样的调节；

（4）掌握用迈氏干涉仪测 He-Ne 激光的波长的方法。

二、实验原理

迈克尔逊干涉仪光路如图 3-66 所示，从光源 S 发出的光束射向分光板 G_1，被 G_1 底面的半

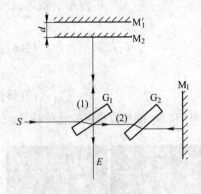

图 3-66　迈克尔逊干涉仪光路示意图

透半反膜分成振幅大致相等的反射光 1 和透射光 2，光束 1 被动镜 M₂ 再次反射回并穿过 G₁ 到达 E；光束 2 穿过补偿片 G₂ 后被定镜 M₁ 反射回，二次穿过 G₂ 到达 G₁ 并被底层膜反射到达 E；最后两束光是频率相同、振动方向相同，光程差恒定即位相差恒定的相干光，它们在相遇空间 E 产生干涉条纹。

由 M₁ 反射回来的光波在分光板 G₁ 的第二面上反射时，如同平面镜反射一样，使 M₁ 在 M₂ 附近形成 M₁ 的虚像 M₁′，因而光在迈克尔逊干涉仪中自 M₂ 和 M₁ 的反射相当于自 M₂ 和 M₁′ 的反射。由此可见，在迈克尔逊干涉仪中所产生的干涉与空气薄膜（M₂ 和 M₁′ 之间所夹）所产生的干涉是等效的。

当 M₂ 和 M₁′ 平行时（此时 M₁ 和 M₂ 严格互相垂直），将观察到环形的等倾干涉条纹。一般情况下，M₂ 和 M₁′ 形成一空气劈尖，因此将观察到近似平行的等厚干涉条纹。

（一）单色光的等倾干涉

激光器发出的光波长为 λ，经凸透镜 L 后会聚 S 点。S 点可看做一点光源，经 G₁、M₁、M₂′ 的反射，也等效于沿轴向分布的两个虚光源 S₁′、S₂′ 所产生的干涉。因 S₁′、S₂′ 发出的球面波在相遇空间处处相干，所以观察屏 E 放在不同位置上，均可看到干涉条纹，故称为非定域干涉。当 E 垂直于轴线时（见图 3-67），调整 M₁ 和 M₂ 的方位使相互严格垂直，则可观察到等倾干涉圆条纹。

迈克尔逊干涉仪所产生的环形等倾干涉圆条纹的位置取决于相干光束间的光程差，而由 M₂ 和 M₁ 反射的两列相干光波的光程差为

$$\delta = 2d\cos\theta \qquad (3\text{-}65)$$

其中，$\theta(\theta$ 较小)为反射光 1 在平面镜 M₂ 上的入射角。

由干涉明纹条件有

$$2d\cos\theta_k = k\lambda \qquad (3\text{-}66)$$

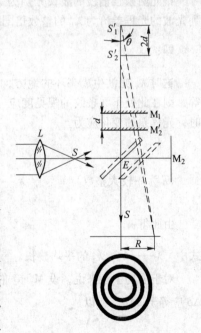

图 3-67　点光源非定域干涉

（1）d、λ 一定时，若 θ=0，光程差 δ=2d 最大，即圆心所对应的干涉级次最高，从圆心向外的干涉级次依次降低；

（2）k、λ 一定时，若 d 增大，θ 随之增大，可观察到干涉环纹从中心向外"涌出"，干涉环纹逐渐变细，环纹半径逐渐变小；当 d 增大至光源相干长度一半时，干涉环纹越来越细，图样越来越小，直至消失。反之，当 d 减小时，可观察到干涉环纹向中心"缩入"。当 d 逐渐减小至零时，干涉环纹逐渐变粗，干涉环纹直径逐渐变大，至光屏上观察到明暗相同的视场。

（3）对 θ=0 的明条纹，有：$\delta=2d=k\lambda$ 可见每"涌出"或"缩入"一个圆环，相当于 S₁S₂ 的光程差改变了一个波长 $\Delta\delta=\lambda$。

当 d 变化了 Δd 时，相应的"涌出"（或"缩入"）的环数为 Δk，从迈克尔逊干涉仪的读

数系统上测出动镜移动的距离 Δd，及干涉环中相应的"涌出"或"缩入"环数 Δk，就可以求出光的波长 λ 为：

$$\lambda = 2\Delta d / \Delta k \qquad (3\text{-}67)$$

或已知激光波长，由式（3-67）可测微小长度变化为：

$$\Delta d = \Delta k \lambda / 2 \qquad (3\text{-}68)$$

图 3-68 所示为迈克尔逊干涉仪产生的等倾干涉条纹随 M_1 和 M_2 的相应位置变化的特征。

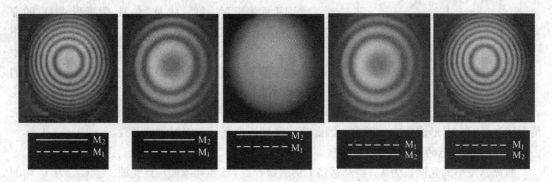

图 3-68　d 变化时，等倾干涉条纹的变化特征

（二）测量钠光的双线波长差 $\Delta\lambda$

钠光两条强谱线的波长分别为 $\lambda_1 = 589.0\text{nm}$ 和 $\lambda_2 = 589.6\text{nm}$。移动 M_2，当光程差满足两列光波的光程差恰为 λ_1 的整数倍同时又为 λ_2 的半整数倍，

即：

$$\Delta k_1 \lambda_1 = \left(k_2 + \frac{1}{2}\right)\lambda_2$$

这时 λ_1 光波生成亮环的地方，恰好是 λ_2 光波生成暗环的地方。如果两列光波的强度相等，则在此处干涉条纹的视见度应为零（即条纹消失）。那么干涉场中相邻的两次视见度为零时，光程差的变化应为

$$\Delta\delta = k\lambda_1 = (k+1)\lambda_2$$

（k 为一较大整数）

$$\lambda_1 - \lambda_2 = \frac{\lambda_2}{k} = \frac{\lambda_1 \lambda_2}{k \lambda_1} = \frac{\lambda_1 \lambda_2}{\Delta\delta}$$

由此得：

$$\Delta\lambda = \lambda_1 - \lambda_2 = \frac{\lambda_1 \lambda_2}{\Delta\delta} = \frac{\overline{\lambda}^2}{\Delta\delta} \qquad (3\text{-}69)$$

式中　$\overline{\lambda}$——λ_1、λ_2 的平均波长。

对于视场中心来说，设 M_2 镜在相继两次视见度为零时移动距离为 Δd，则光程差的变化 $\Delta\delta$ 应等于 $2\Delta d$，所以

$$\Delta\lambda = \frac{\overline{\lambda}^2}{2\Delta d} \qquad (3\text{-}70)$$

对钠光 $\overline{\lambda} = 589.3\text{nm}$，如果测出在相继两次视见度最小时，$M_2$ 镜移动的距离 Δd，就可以由式（3-70）求得钠光 D 双线的波长差。

（三）等厚干涉和白光干涉条纹（图 3-69）

一般情况下，M_1 和 M_2 不严格垂直时，M_2 和 M_1' 间形成一空气劈尖，当 M_1 和 M_2' 之间的夹

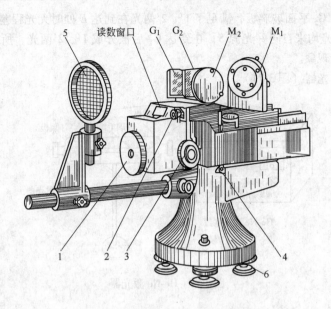

图 3-69　迈克尔逊干涉仪实物图

1—粗调鼓轮；2—水平调节螺丝；3—细调鼓轮；4—垂直调节螺丝；

5—观察屏；6—调整螺钉

角很小时，两光束的光程差仍然可以近似地用式 $\delta = 2d\cos\theta$ 表示，其中 d 是观察点处空气层的厚度，θ 仍为入射角。当入射角 θ 不大时，$\cos\theta \approx 1$，光程差 $\delta = 2d$。光程差 δ 的变化主要决定于厚度 d 的变化。在楔形上厚度相同的地方（为直线）光程差相同，属同一级次条纹，因而这种干涉条纹称为等厚干涉条纹。当入射光为白光时，就可观察到彩色的等厚干涉条纹。

三、实验仪器及材料

实验仪器：迈氏干涉仪、He-Ne 激光器（图 3-70）。

（1）迈氏干涉仪。

M_1、M_2 为两垂直放置的平面反射镜，分别固定在两个垂直的臂上。两相同的玻璃片 G_1、G_2 平行放置，与 M_2 固定在同一臂上，且与 M_1 和 M_2 的夹角均为 45°。M_1 由精密螺杆控制，可以沿臂轴前后移动。G_1 的第二面上涂有半透半反射膜，能够将入射光分成振幅几乎相等的反射光 1′ 和透射光 2′，所以 G_1 称为分光板（又称为分光镜）。1′ 光经 M_1 反射后由原路返回再次穿过分光板 G_1 后到达观察点 E 处；2′ 光到达 M_2 后被 M_2 反射后按原路返回，在 G_1 的第二面上被反射到观察点 E 处。由于 1′ 光在到达 E 处之前穿过 G_1 三次，而 2′ 光在到达 E 处之前穿过 G_1 一次，为了补偿 1′、2′ 两光的光程差，便在 M_2 所在的臂上再放一个与 G_1 的厚度、

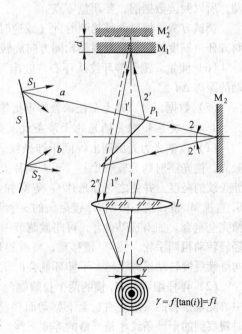

图 3-70　干涉现象

折射率严格相同的 G_2 平面玻璃板，满足了 1′、2′ 两光在到达 E 处时无光程差，所以称 G_2 为补偿板。由于 1′、2′ 光均来自同一光源 S，在到达 G_1 后被分成 1′、2′ 两光，所以两光是相干光，相遇时就产生干涉现象。

（2）He-Ne 激光器（图 3-71）。

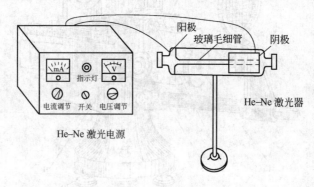

图 3-71　He-Ne 激光器

四、实验步骤

（一）测 He-Ne 激光的波长

（1）目测粗调使凸透镜中心，激光管中心轴线，分光镜中心大致垂直定镜 M_2，并打开激光光源。

（2）（暂时拿走凸透镜）调激光光束垂直定镜。（标准：定镜反射回的光束，返回激光发射孔。）

（3）调 M_1 与 M_2 垂直。（标准：观测屏中两平面镜反射回的亮点完全重合。）

（4）在光路中加进凸透镜并调整之，使屏上出现干涉环。

（5）调零。因转动微调鼓轮时，粗调鼓轮随之转动；而转动粗调鼓轮时，微调鼓轮则不动，所以测读数据前，要调整零点。

调试方法：将微调鼓轮顺时针（或逆时针）转至零点，然后以同样的方向转动粗调鼓轮，对齐任一刻度线。再将微调鼓轮同方向旋转一周再至零点。

（6）测量。测干涉环纹从环心"吐出"或"吞进"环数 Δk（每 50 环）和对应的动镜移动的距离 Δd_i。

（7）数据记录，并上交任课教师审批签字。

（二）观察和测量钠光的干涉条纹及钠双线的波长差（选做）

（1）以钠光为光源调出等倾干涉条纹。在激光点光源等倾干涉的基础上，以钠光灯取代激光，钠光照射到毛玻璃片上（毛玻璃片上画有一条标记线），形成均匀的扩展光源，加强干涉条纹的亮度。并使之与分光片 G_1 等高并且位于沿分光片和 M_1 镜的中心线上，用眼睛透过 G_1 直视 M_2 镜，细心微调 M_1 镜后面的 3 个调节螺钉，使钠光灯毛玻璃片上的直线所成的两个像完全重合。如果难以重合，可略微调节一下 M_2 镜后的 3 个螺钉。当两个像完全重合时，可轻轻转动粗调手轮，使 M_2 镜移动，将看到有明暗相间的干涉圆环。若干涉环模糊，可沿同方向继续缓慢转动粗调手轮，干涉环就会出现。

（2）再仔细调节 M_1 镜的两个拉簧螺丝，直到把干涉环中心调到视场中央，并且使干涉环中心随观察者的眼睛左右、上下移动而移动，但干涉环不发生"涌出"或"缩入"现象，这时观察到的干涉条纹才是严格的等倾干涉。

（3）测钠光 D 双线的平均波长 $\bar{\lambda}$（选做）：

1）先调仪器零点，方法如上（略）。

2）移动 M_2 镜，使视场中心的视见度最小，记录 M_2 镜的位置；沿原方向继续移动 M_2 镜，使视场中心的视见度由最小到最大直至又为最小，再记录 M_2 镜位置，连续测出 5 个视见度最小时 M_2 镜位置。

3）用逐差法求 Δd 的平均值，计算 D 双线的波长差：

$$\Delta\lambda = \frac{\overline{\lambda}^2}{2\Delta d}$$

4）与标准值进行比较。

（4）观察白光的等厚干涉条纹。将钠光灯换成日光灯，在等倾干涉基础上，移动 M_2 镜，使干涉环由细密变粗疏，直到整个视场条纹变成等轴双曲线形状时，说明 M_2 与 M_1' 接近重合。当 M_2 与 M_1' 达到"零程"时，在 M_2 与 M_1' 的交线附近就会出现彩色条纹。再极小心地旋转微调手轮找到中央条纹，其两侧对称分布着红、橙、黄、绿、青、蓝、紫的彩色条纹。记录观察到的条纹形状和颜色分布。细心调节水平及垂直拉簧螺丝，使 M_2 与 M_1' 有一很小夹角（形成楔形空气膜层），视场中便出现等厚干涉的直条纹，观察和记录条纹的形状、特点，如图 3-72 所示。

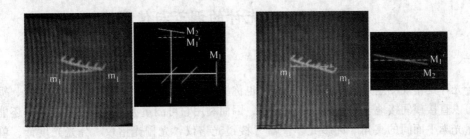

图 3-72　迈克尔逊干涉仪产生的等厚干涉条纹及 M_1 和 M_2 的相应位置

五、实验结果及报告要求

将实验结果及数据记录表格 3-24 中（ $\lambda = 6.328 \times 10^{-7}$ m）。

表 3-24　实验数据记录表

干涉环变化数 K_1					
位置读数 $d_1/$mm					
干涉环变化数 K_2					
位置读数 $d_2/$mm					
环数差 $\Delta K = K_2 - K_1$					
$\Delta d_i = d_2 - d_1/$mm					

六、实验注意事项

（1）迈克尔逊干涉仪系精密光学仪器，使用时应注意防尘、防震；不要对着仪器说话、咳嗽等；测量时动作要轻、缓，尽量使身体部位离开实验台面，以防震动；不能触摸光学元件光学表面。

（2）激光管两端的高压引线头是裸露的，且激光电源空载输出电压高达数千伏，要警惕误触。

（3）测量过程中要防止回程误差。测量时，微调鼓轮只能沿一个方向转动（必须和大手轮转动方向一致），否则全部测量数据无效，应重新测量。

（4）激光束光强极高，切勿用眼睛对视，防止视网膜遭受永久性损伤。

（5）实验完成后，不可调动仪器，要等老师检查完数据并认可后才能关机。关机时，应先将高压输出电流调整为最小，再关电源。

七、思考题

3-14-1　迈氏干涉仪的结构主要由哪几部分构成？

3-14-2　单色点光源等倾干涉条纹是怎样形成的？

3-14-3　白光等厚等倾干涉时的同一级条纹中，各色光的排列顺序怎样，为什么？

3-14-4　在观察等厚干涉时，干涉条纹怎样随空气楔角的变化而变化，为什么？

3-14-5　举例说明迈氏干涉仪还有什么其他用途？

实验15　分光计的调节与使用

一、实验目的

分光计是精确测定光线偏转角的仪器，也称测角仪，光学中的许多基本量如波长、折射率等都可以直接或间接地表现为光线的偏转角，因而利用它可测量波长、折射率，此外还能精确的测量光学平面间的夹角。许多光学仪器（棱镜光谱仪、光栅光谱仪、分光光度计、单色仪等）的基本结构也是以它为基础的，因此，分光计是光学实验中的基本仪器之一。使用分光计时必须经过一系列的精细的调整才能得到准确的结果，它的调整技术是光学实验中的基本技术之一，必须正确掌握。本实验的目的就在于着重训练分光计的调整技术和技巧，并用它来测量三棱镜的偏向角。

二、实验原理

（一）分光计的调整原理和方法

调整分光计，最后要达到下列要求：

（1）平行光管发出平行光；

（2）望远镜对平行光聚焦（即接收平行光）；

（3）望远镜、平行光管的光轴垂直仪器公共轴。

分光计调整的关键是调好望远镜，其他的调整可以以望远镜为标准。

（1）调整望远镜：

1）目镜调焦。这是为了使眼睛通过目镜能清楚地看到图 3-73 所示分划板上的刻线。调焦方法是把目镜调焦手轮轻轻旋出，或旋进，从目镜中观看，直到分划板刻线清晰为止。

2）调望远镜对平行光聚焦。这是要将分划板调到物镜焦平面上，调整方法是：

①把目镜照明，将双面平面镜放到载物台上。为了便于调节，平面镜与载物台下三个调节螺钉的相对位置如图 3-74 所示。

②粗调望远镜光轴与镜面垂直——用眼睛估测一下，把望远镜调成水平，再调载物台螺

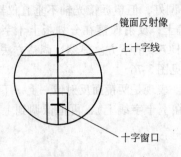

图 3-73　从目镜中看到的分划板

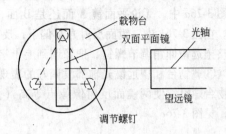

图 3-74　载物台上双面镜放置的俯视图

钉，使镜面大致与望远镜垂直。

③观察与调节镜面反射像——固定望远镜，双手转动游标盘，于是载物台跟着一起转动。

转到平面镜正好对着望远镜时，在目镜中应看到一个绿色亮十字随着镜面转动而动，这就是镜面反射像。如果像有些模糊，只要沿轴向移动目镜筒，直到像清晰，再旋紧螺钉，则望远镜已对平行光聚焦。

3）调整望远镜光轴垂直仪器主轴。当镜面与望远镜光轴垂直时，它的反射像应落在目镜分划板上与下方十字窗对称的上十字线中心，见图 3-74 平面镜绕轴转 180° 后，如果另一镜面的反射像也落在此处，这表明镜面平行仪器主轴。当然，此时与镜面垂直的望远镜光轴也垂直仪器主轴。

在调整过程中出现的某些现象是何原因，应如何调整，这是要分析清楚的。例如，是调载物台还是调望远镜，调到什么程度合适，下面简述之。

①载物台倾角没调好的表现及调整。假设望远镜光轴已垂直仪器主轴，但载物台倾角没调好，图 3-75 中平面镜 A 面反射光偏上，载物台转 180° 后，B 面反射光偏下，在目镜中看到的现象是 A 面反射像在 B 面反射像的上方。显然，调整方法是把 B 面像（或 A 面像）向上（向下）调到两像点距离的一半，使镜面 A 和 B 的像落在分划板上同一高度。

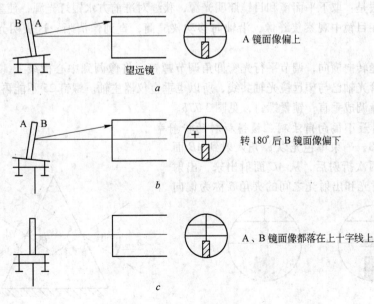

图 3-75　载物台倾角没调好

②望远镜光轴没调好的表现及调整。假设载物台已调好，但望远镜光轴不垂直仪器主轴，见图3-76a中，无论平面镜 A 面还是 B 面，反射光都偏上，反射像落在分划板上十字线的上方。在图3-76b中，镜面反射光都偏下，反射像落在上十字线的下方。显然，调整方法是只要调整望远镜仰角调节螺钉，把像调到上十字线上即可，见图3-76c。

③载物台和望远镜光轴都没调好的表现和调整方法。表现是两镜面反射像一上一下。先调载物台螺钉，使两镜面反射像像点等高（但像点没落在上十字线上），再把像调到上十字线上，见图3-76c。

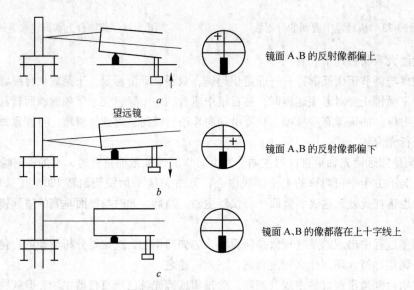

镜面 A、B 的反射像都偏上

望远镜

镜面 A、B 的反射像都偏下

镜面 A、B 的像都落在上十字线上

图 3-76　望远镜光轴没调好的表现及调整原理

（2）调整平行光管发出平行光并垂直仪器主轴。将被照明的狭缝调到平行光管物镜焦平面上，物镜将出射平行光。

调整方法是：取下平面镜和目镜照明光源，狭缝对准前方水银灯光源，使望远镜转向平行光管方向，在目镜中观察狭缝像，沿轴向移动狭缝筒，直到像清晰。这表明光管已发出平行光，为什么？

再将狭缝转向横向，调节平行光管仰角调节螺钉，将像调到中心横线上，见图3-77a。这表明平行光管光轴已与望远镜光轴共线，所以也垂直仪器主轴。螺钉25不能再动，为什么？

再将狭缝调成垂直，锁紧螺钉，见图3-77b。

（二）用最小偏向角法测三棱镜材料的折射率

见图3-78，一束单色光以 i_1 角入射到 AB 面上，经棱镜两次折射后，从 AC 面射出来，出射角为 i_2'。入射光和出射光之间的夹角 δ 称为偏向

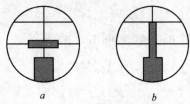

图 3-77　平行光管光轴与望远镜光轴共线图

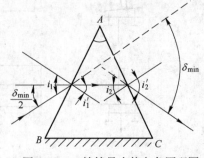

图 3-78　三棱镜最小偏向角原理图

角。当棱镜顶角 A 一定时，偏向角 δ 的大小随入射角 i_1 的变化而变化。而当 $i_1 = i_2'$ 时，δ 为最小（证明略）。这时的偏向角称为最小偏向角，记为 δ_{min}。

由图 3-78 中可以看出，这时

$$i_1' = \frac{A}{2}$$

$$\frac{\delta_{min}}{2} = i_1 - i_1' = i_1 - \frac{A}{2} \tag{3-71}$$

$$i_1 = \frac{1}{2}(\delta_{min} + A)$$

设棱镜材料折射率为 n，则

$$\sin i_1 = n\sin i_1' = n\sin\frac{A}{2}$$

故

$$n = \frac{\sin i_1}{\sin\frac{A}{2}} = \frac{\sin\dfrac{\delta_{min} + A}{2}}{\sin\dfrac{A}{2}} \tag{3-72}$$

由此可知，要求得棱镜材料的折射率 n，必须测出其顶角 A 和最小偏向角 δ_{min}。

三、实验设备及材料

实验设备：分光计。

分光计的结构：分光计主要由底座、平行光管、望远镜、载物台和读数圆盘五部分组成，外形如图 3-79 所示。

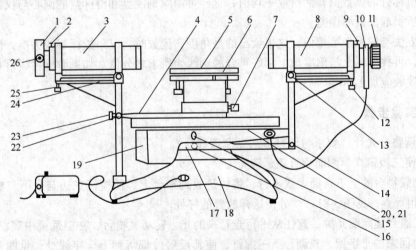

图 3-79　分光计外形图

1—狭缝装置；2—狭缝装置锁紧螺钉；3—平行光管；4—制动架（二）；5—载物台；6—载物台调节螺钉（3 只）；7—载物台锁紧螺钉；8—望远镜；9—目镜锁紧螺钉；10—阿贝式自准直目镜；11—目镜调节手轮；12—望远镜仰角调节螺钉；13—望远镜水平调节螺钉；14—望远镜微调螺钉；15—转座与刻度盘止动螺钉；16—望远镜止动螺钉；17—制动架（一）；18—底座；19—转座；20—刻度盘；21—游标盘；22—游标盘微调螺钉；23—游标盘止动螺钉；24—平行光管水平调节螺钉；25—平行光管仰角调节螺钉；26—狭缝宽度调节手轮

（1）底座——中心有一竖轴，望远镜和读数圆盘可绕该轴转动，该轴也称为仪器的公共轴或主轴。

（2）平行光管——是产生平行光的装置，管的一端装一会聚透镜，另一端是带有狭缝的圆筒，狭缝宽度可以根据需要调节。

（3）望远镜——观测用，由目镜系统和物镜组成，为了调节和测量，物镜和目镜之间还装有分划板，它们分别置于内管、外管和中管内，三个管彼此可以相互移动，也可以用螺钉固定。参看图3-80，在中管的分划板下方紧贴一块45°全反射小棱镜，棱镜与分划板的粘贴部分涂成黑色，仅留一个绿色的小十字窗口。光线从小棱镜的另一直角边入射，从45°反射面反射到分划板上，透光部分便形成一个在分划板上的明亮的十字窗。

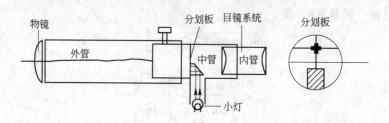

图 3-80　望远镜结构

（4）载物台——放平面镜、棱镜等光学元件用。台面下三个螺钉可调节台面的倾斜角度，平台的高度可旋松螺钉7升降，调到合适位置再锁紧螺钉。

（5）读数圆盘——是读数装置。由可绕仪器公共轴转动的刻度盘和游标盘组成。度盘上刻有720等分刻线，格值为30分。在游标盘对称方向设有两个角游标。这是因为读数时，要读出两个游标处的读数值，然后取平均值，这样可消除刻度盘和游标盘的圆心与仪器主轴的轴心不重合所引起的偏心误差。

读数方法与游标卡尺相似，这里读出的是角度。读数时，以角游标零线为准，读出刻度盘上的度值，再找游标上与刻度盘上刚好重合的刻线为所求之分值。如果游标零线落在半度刻线之外，则读数应加上30′。

四、实验步骤

（1）调整分光计（要求与调整方法见原理部分）。

（2）使三棱镜光学侧面垂直望远镜光轴。

1）调载物台的上下台面大致平行，将棱镜放到平台上，使棱镜三边与台下三螺钉的连线成三连互相垂直，见图3-81。试分析这样放置的好处。

2）接通目镜照明光源，遮住从平行光管来的光。转动载物台，在望远镜中观察从侧面 AC 和 AB 反射回来的十字像，只调台下三螺钉，使其反射像都落到上十字线处，见图3-82。调节

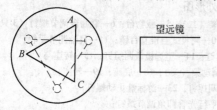

图 3-81　三棱镜在载物台上的正确放法

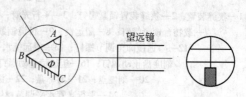

图 3-82　测棱镜顶角 A

时，切莫动仰角调节螺钉，为什么？

注意：每个螺钉的调节要轻微，要同时观察它对各侧面反射像的影响。调好后的棱镜，其位置不能再动。

（3）测棱镜顶角 A。对两游标作一适当标记，分别称游标 1 和游标 2，切记勿颠倒。旋紧刻度盘下螺钉 15、16，望远镜和刻度盘固定不动。转动游标盘，使棱镜 AC 面正对望远镜，见图 3-82，记下游标 1 的读数 θ_1 和游标 2 的读数 θ_2。再转动游标盘，再使 AB 面正对望远镜，记下游标 1 的读数 θ_1 和游标 2 的读数 θ_2。同一游标两次读数之差 $|\theta_1 - \theta_1'|$ 或 $|\theta_2 - \theta_2'|$，即是载物台转过的角度 Φ，而 Φ 是 A 角的补角。

$$A = \pi - \Phi \tag{3-73}$$

（4）测三棱镜的最小偏向角。

1）平行光管狭缝对准前方水银灯光源。

2）旋松图 3-79 中望远镜止动螺钉 16 和游标盘止动螺钉 23，把载物台及望远镜转至如图 3-83 中所示的位置（1）处，再左右微微转动望远镜，找出棱镜出射的各种颜色的水银灯光谱线（各种波长的狭缝像）。

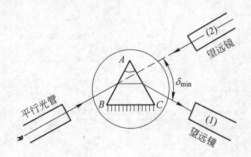

图 3-83 测最小偏向角方法

3）轻轻转动载物台（改变入射角 i_1），在望远镜中将看到谱线跟着动。改变 i_1，应使谱线往 δ 减小的方向移动（向顶角 A 方向移动）。望远镜要跟踪光谱线转动，直到棱镜继续转动，而谱线开始要反向移动（即偏向角反而变大）为止。这个反向移动的转折位置，就是光线以最小偏向角射出的方向。固定载物台，锁紧游标盘止动螺钉（见图 3-77），再使望远镜微动，使其分划板上的中心竖线对准其中的那条绿谱线（546.1mm）。

4）测量。记下此时两游标处的读数 θ_1 和 θ_2，取下三棱镜（载物台保持不动），转动望远镜对准平行光管，即图 3-83 中（2）的位置，以确定入射光的方向，再记下两游标处的读数 θ_1' 和 θ_2'。此时绿谱线的最小偏向角

$$\delta_{\min} = \frac{1}{2}\left[\, |\theta_1 - \theta_1'| + |\theta_2 - \theta_2'| \,\right] \tag{3-74}$$

将 $\delta_{\min}$ 值和测得的棱镜 A 角平均值代入式（3-77）计算 n。

五、实验注意事项

（1）转动载物台，都是指转动游标盘带动载物台一起转动。

（2）狭缝宽度 1mm 左右为宜，宽了测量误差大，窄了光通量小。狭缝易损坏，尽量少调，调节时要边看边调，动作要轻，切忌两缝太近。

（3）光学仪器螺钉的调节动作要轻柔，锁紧螺钉也是指锁住即可，不可用力过大，以免

损坏器件。

六、思考题

3-15-1 已调好望远镜光轴垂直主轴，若将平面镜取下后，又放到载物台上（放的位置与拿下前的位置不同），发现两镜面又不垂直望远镜光轴了，这是为什么，是否说明望远镜光轴还没有调好？

3-15-2 当平行光管的狭缝很宽时，对测量有什么影响？

3-15-3 如果光栅缝与分光计转轴不平行，是否会导致误差，为什么，如何避免？

3-15-4 为何在进行自准调节时，要以视场中的上十字叉丝为准，而调节平行光管时，却要以中间的大十字叉丝为准？

3-15-5 光栅光谱与棱镜光谱相比有什么特点？

第 4 章　电工电子实验

实验 1　直流电路实验

一、实验目的

（1）初步熟悉实验台的布局和使用。
（2）学习直流电压表、直流电流表和直流稳压电源的使用和量程选择。
（3）学习电路的接线方法。
（4）学习验证基尔霍夫定律和叠加定理的方法。

二、实验原理

（1）基尔霍夫电流定律：流入任一节点电流的代数和为零。
（2）基尔霍夫电压定律：在电路的任一回路中，沿同一环行方向电压的代数和为零。
（3）叠加定理：任一支路的电流和电压等于电路中各个电源分别单独作用时在该支路中产生的电流和电压的代数和。

三、实验设备及材料

实验设备：电工电子实验台、万用表等。

四、实验步骤

（1）学习实验室的规章制度和安全操作规程。
（2）了解实验台的布局和使用。
（3）了解实验所需电路元件或实验电路板、直流电压表、直流电流表和直流稳压电源的使用方法和量程选择。
（4）学习电流表插头和插座以及电压表测试笔的使用，它们的示意图如图 4-1 所示。

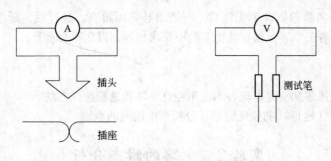

图 4-1　电流表、电压表接线图

（5）熟悉电路元件和仪器设备，将它们的名称、型号、主要技术规格和设备编号填入表4-1 中。

表 4-1　仪器设备明细

仪器设备名称	型　　号	主要技术规格	设备编号

（6）实验原理图见图 4-2，按图 4-2 接好电路。假设各部分电压和电流的参考方向如图 4-2 所示。在后面测量时，凡实际方向与参考方向一致的电压和电流取正值，不一致的取负值。

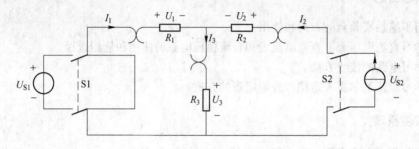

图 4-2　实验电路图

（7）将开关 S1 和 S2 合向电源端，在两电源共同作用时，测量各部分电压和电流，记录在表 4-2 中。由实验数据验证基尔霍夫电流定律 $\Sigma I = 0$。由实验数据从三个回路验证基尔霍夫电压定律 $\Sigma U = 0$。

（8）分别测出一个电源单独作用时各部分的电压和电流，记录在表 4-2 中。

根据表 4-2 中的数据，由三个电流和三个电阻电压验证叠加定理。

表 4-2　实验记录表

测量项目 实验内容	U_{S1}/V	U_{S2}/V	U_1/V	U_2/V	U_3/V	I_1/A	I_2/A	I_3/A
两电源共同作用时								
电源 1 单独作用时								
电源 2 单独作用时								

（9）自己检查实验数据认为无误后。再请指导教师检查，通过后，断电拆线，整理仪器设备，做好环境清洁工作（此项在其他实验中要求相同，以后不再重复）。

五、思考题

4-1-1　简述直流电压表和直流电流表的使用注意事项和量程选择方法。

4-1-2　分析两定律（定理）的验证结果，分析产生误差的原因。

实验 2　电路的瞬态分析

一、实验目的

（1）学习函数信号发生器的使用。

（2）学习用示波器测绘信号波形和测定电路时间常数的方法。

（3）加深对电容充放电规律的认识。

二、实验原理

电容器中的磁场能不能突变，换路瞬间，电容上的电压不能突变，电容电压的换路后的初始值应等于换路前的终了值。

三、实验设备及材料

实验设备：电工电子实验台、示波器、万用表、电阻、电容器、电感器等。

四、实验步骤

（1）学习函数信号发生器的使用以及在周期性矩形脉冲信号（方渡信号）的周期远大于电路时间常数时，电容充放电情况（即微分电路）。

（2）学习利用双踪示波器测绘信号波形和测定电路时间常数的方法。

利用双踪示波器的 Y_1 和 Y_2 通道同时观察输入信号 u_1（方波信号）和输出信号 $u_0 = u_c$（指数波信号）的波形。调节示波器，使 u_1 和 u_0 的基线一致、幅值 U 相同，形成如图4-3所示波形。

在充电曲线上找到 $0.632U$ 处的 Q_1 点，或者在放电曲线上找到 $0.368U$ 处的 Q_2 点，则 Q_1 或者 Q_2 在水平方向对应的距离 O_1P_1 或者 O_2P_2 乘以示波器的时基标尺（t/cm），即为电路的时间常数 τ。

（3）实验所需电路元件的认识了解。

（4）实验原理图见图4-4，按图4-4接好电路，图中 R_1、R_2 和 C_1、C_2 数值由实验室提供。将函数信号发生器调节至输出大小和频率一定（由实验室提供）的方波信号，并接至 R_c 电路的输入端。

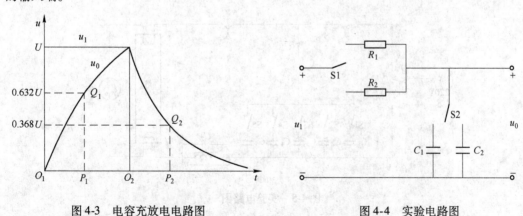

图4-3　电容充放电电路图　　　　　　　　图4-4　实验电路图

（5）选择不同的 R 和 C 值，利用示波器同时观测 u_1 和 u_0 波形，测出时间常数 τ，将结果记录在表4-3中。

（6）将4种不同参数时的输出电压 u_0 的波形按同一比例描绘在同一坐标纸上。

（7）求出时间常数的计算值。填入表4-3中，并与测量值进行比较，分析误差大小和原因。

表 4-3　实验记录

电路类型	电阻值/kΩ	电容值/μF	示波器 x 轴和 y 轴标尺挡位			时间常数/s	
			x	y_1	y_2	测量值	计算值
R_1　C_1							
R_1　C_2							
R_2　C_1							
R_2　C_2							

五、思考题

4-2-1　结合测绘到的 u_0 波形，分析 R_C 电路的零状态响应和零输入响应。

4-2-2　根据实验结果分析时间常数的大小对电容充、放电快慢的影响。

实验3　交流电路实验

一、实验目的

（1）学习交流电压表、交流电流表与功率表的使用和量程选择方法。

（2）掌握日光灯电路的工作原理和接线方法。

（3）理解正弦交流电路中电压、电流的相量关系。

（4）学习在感性电路中利用电容器提高功率因数的方法。

（5）验证在 R、L、C 串并联电路中，电流、电压、阻抗之间相位关系和功率关系。

二、实验原理

实验电路图见图 4-5。

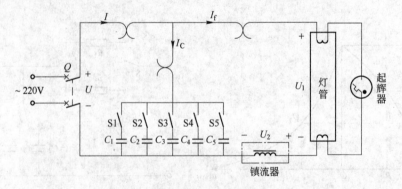

图 4-5　实验电路图

三、实验设备及材料

电工电子实验台、日光灯管、万用表、电容器等。

四、实验步骤

1. 串联交流电路实验

（1）首先按图 4-5 接好电路，经指导教师检查同意后，将电容开关 S1～S5 全部断开，合上断路器 Q，点亮日光灯。

（2）测量电路的总电压 U、灯管电压 U_1 和镇流器电压 U_2、电流 I、总有功功率 P、灯管功率 P_1 和镇流器功率 P_2，记录在表4-4 中。

（3）讨论串联交流电路中总电压 U 与各部分电压 U_1 和 U_2 的关系与直流电路有何不同？

（4）分析串联交流电路中总有功功率 P 与各部分功率 P_1 和 P_2 的关系。

（5）计算出电路的视在功率 S 和无功功率 Q，填入表4-4 中。

表4-4　串联交流电路实验记录表

实验名称	测量值							计算值	
串联交流 电路实验	U/V	U_1/V	U_2/V	I/A	P/W	P_1/W	P_2/W	$S/V \cdot A$	Q/var

2. 并联交流电路实验

（1）合上电容开关 S_1，接通电容 C_1，测量 U、I、I_f、I_C 总有功功率 P、日光灯支路功率 P_f、电容支路功率 P_C，记录在表4-5 中。

表4-5　并联交流电路实验记录表

实验名称	测量值							计算值	
并联交流 电路实验	U/V	I/A	I_f/A	I_C/A	P/W	P_f/W	P_C/W	$S/V \cdot A$	Q/var

（2）讨论并联交流电路中总电流，与各部分电流 I_f 和 I_C 的关系与直流电路有何不同？

（3）分析并联交流电路中总有功功率 P 与各部分功率 P_f 和 P_C 之间的关系，说明 P_C 为什么近似等于零？

（4）计算出 S 和 Q，填入表4-5 中。

3. 提高电路功率因数实验

（1）逐个合上电容开关 $S_1 \sim S_5$，调节电容值，观察电路总电流 I 的变化。选择 I 最小时的电容值，测量这时的 U、I、I_f、I_C 和 P 记录在表4-6 中。

（2）测取大于和小于上述电容值的各一组数据记录于表4-6 中（其中一组数据可以用表4-5 中的数据，同时将表4-4 中的数据也填入 $C=0$ 一栏中）。

表4-6　功率因数实验记录

电容值	测量值					计算值
	U/V	I/A	I_f/A	I_C/A	P/W	λ
$C=0$ μF						
$C=$ μF						
$C=$ μF(I 最小时)						
$C=$ μF						

（3）计算出功率因数 λ，填入表 4-6 中。分析电感负载提高功率因数的方法和原因，并说明是否并联的电容越大，电路的功率因数越高。

（4）分析 C 值不同时，各部分电流 I、I_f、I_C 和功率 P 是否变化，怎样变化？

五、思考题

4-3-1　交流电压表和交流电流表的使用注意事项和量程选择。

4-3-2　功率表的使用注意事项和量程选择。

实验 4　三相电路实验

一、实验目的

（1）学习三相负载的星形和三角形连接方法。

（2）学习三相电路有功功率的测量方法。

（3）理解对称三相电路中负载为星形和三角形连接时，电压和电流的线值与相值的关系。

（4）理解对称三相电路中有功功率与电压、电流的关系。

（5）了解不对称三相四线制电路中中性线的作用。

二、实验原理

实验电路图分别见图 4-6 和图 4-7。

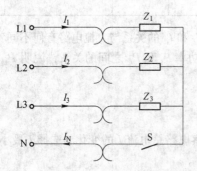
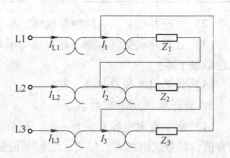

图 4-6　星形连接三相负载实验原理图　　　　图 4-7　角形连接三相负载实验原理图

三、实验设备及材料

实验设备：电工电子实验台、功率表、电压表、电流表、万用表。

四、实验步骤

（一）星形连接对称三相负载实验

（1）按图 4-6 接好电路，经指导教师检查同意后，接通电源。

（2）合上开关 S，测量有中性线时的负载线电压、相电压、线（相）电流和中性线电流，记录在表 4-7 中。

（3）利用二表法和三表法测量三相负载的功率，记录在表 4-8 中。

表 4-7　星形连接实验记录表

星形连接		线电压/V			相电压/V			线（相）电流/A			中性线电流
		U_{12}	U_{23}	U_{31}	U_1	U_2	U_3	I_1	I_2	I_3	I_N/A
对　称											
不对称	有中性线										
	无中性线										

表 4-8　负载对称时的三相功率

负载对称时的三相功率	三表法			二表法	
	P_1	P_2	P_3	P_{12}	P_{32}
星形连接					
三角形连接					

（4）断开开关 S，观察无中性线时，对对称三相负载的工作是否有影响（负载为白炽灯时，可观察白炽灯的亮度，负载为其他元器件时，可观察电流的大小有无明显的变化）。

（5）求出线电压和相电压的平均值 U_L 和 U_P，即

$$U_L = \frac{U_{12} + U_{23} + U_{31}}{3}$$

$$U_P = \frac{U_1 + U_2 + U_3}{3}$$

验证两者的关系。

（6）分析星形连接的对称三相负载中，中性线可以省去的原因。

（7）比较由二表法和三表法测出的三相有功功率。

（二）星形连接的不对称三相负载实验

（1）电路不变，将负载改为不对称。

（2）合上开关 S，接通电源，测量有中性线时的负载线电压、相电压、线（相电流和中性线电流），记录于表 4-7 中。

（3）断开开关 S，测量无中性线时的上述各量，记录于表 4-7 中。

（4）比较测量结果．分析中性线的作用。

（三）对称三相负载实验

（1）按图 4-7 接好电路，经指导教师检查同意后，接通电源。

（2）测量负载对称时的线（相）电压、线电流和相电流，记录于表 4-9 中。

（3）利用二表法和三表法测量三相负载功率，记录于表 4-8 中。

（4）求出线电流和相电流的平均值 I_L 和 I_P，即

$$I_L = \frac{I_{L1} + I_{L2} + I_{L3}}{3}$$

$$I_P = \frac{I_1 + I_2 + I_3}{3}$$

验证两者的关系。

（5）比较由二表法和三表法测出的三相有功功率。

（四）三角形连接的不对称三相负载实验

（1）电路不变，将负载改为不对称，测量负载的线（相）电压、线电流和相电流，将数据记录于表4-9中。

表4-9　三角形连接实验记录表

三角形连接	线（相）电压/V			线电流/A			相电流/A		
	U_1	U_2	U_3	I_{L1}	I_{L2}	I_{L3}	I_1	I_2	I_3
负载对称									
负载不对称									

（2）比较负载对称和不对称时的相电压和线电压是否相同，分析负载不对称对负载工作是否有影响？

五、实验注意事项

（1）按图接线，经指导教师检查无误后，方可通电进行实验。
（2）在接线时请注意电压表、电流表量程，严禁通电转换量程和接线。

六、思考题

4-4-1　总结用二表法和三表法测量三相功率的特点。
4-4-2　二表法和三表法是否可用来测量负载不对称时的三相功率。

实验5　变压器实验

一、实验目的

（1）了解变压器的基本结构和铭牌数据。
（2）学习判断变压器绕组极性的方法。
（3）学习变压器的负载实验方法，测取变压器的外特性。
（4）学习自耦变压器的使用。

二、实验原理

利用电磁感应原理将某一电压的交流电变换成频率相同的另一电压的交流电。

三、实验设备及材料

实验设备：电工电子实验台、自耦变压器、万用表、滑线变阻器等。

四、实验步骤

（一）变压器绕组相对极性的判断

（1）按图4-8接好电路，图中Tr1为被测变压器，Tr2为自耦变压器（调压器）。
（2）将调压器调到起始位置后合上断路器Q，调节调压器输出电压，使$U_1 \sim 0.5U_{1N}$左右。
（3）将变压器Tr1的2端与4端相连，测出高压绕组和低压绕组的电压U_1和U_2以及U_{13}。若$U_{13} = U_1 - U_2$，则1与3，2与4为同极性端。

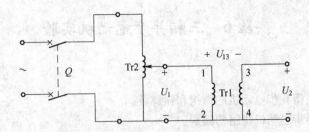

图 4-8　变压器绕组相对极性的判断实验电路图

若 $U_{13} = U_1 + U_2$，则 1 与 4，2 与 3 为同极性端。

（4）将调压器调至起始位置，断开断路器 Q，准备下一项实验。

（二）变压器的负载试验

（1）按图 4-9 接好电路，图中 R_L 为可变负载电阻。

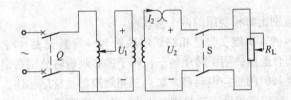

图 4-9　变压器的负载试验实验电路图

（2）将开关 S 断开，R_L 置于电阻值最大位置，调压器置于起始位置。

（3）经教师检查同意后，合上断路器 Q，调节调压器使一次绕组（高压绕组）的电压 $U_1 = U_{1N}$。

（4）合上负载开关 S，逐渐减小 R_L 值，增大负载电流，测量变压器的输出电压 U_2 和输出电流 I_2。在输出电流 I_2 从零到 $1.2I_{2N}$ 的范围内，测取 6 组左右数据，记录在自拟表格中。注意在每次读取数据前，先要检查并调节 U_1 使其保持为 $U_1 = U_{1N}$，其次在所读取的数据中必须包括 $I_2 = 0$ 和 $I_2 = I_{2N}$ 两组数据。

（5）实验完毕后，将 R_L 重新调至最大位置，将调压器恢复到起始位置，断开开关 S，再断开断路器 Q。

（6）由 $I_2 = 0$ 时的 U_1 和 U_2 求出变压器的电压比 k。

（7）用坐标纸画出变压器在负载功率因数 $\lambda = 1$ 时的外特性 $U_2 = f(I_2)$。

（8）求出 $I_2 = I_{2N}$ 时的电压调整率。

五、实验注意事项

（1）按图接线，经指导教师检查无误后，方可通电进行实验。

（2）在接线时请注意电压表、电流表量程，严禁通电转换量程和接线。

（3）在调节 R_L 时，严禁负载电阻 R_L 调至最小，以免造成变压器低压侧短路。

六、思考题

4-5-1　为什么在做绕组极性判断和变压器负载实验时，都要强调将调压器恢复到起始位置后才可合上断路器 Q？

4-5-2　变压器的外特性与功率因数有没有关系？

实验6　三相异步电动机实验

一、实验目的

（1）了解三相笼型异步电动机的结构和铭牌数据。

（2）学习三相异步电动机绕组的鉴别。

（3）学习三相异步电动机绝缘情况的检测。

（4）学习三相异步电动机的直接启动方法。

（5）观察三相异步电动机的单相运行和启动。

（6）学习三相异步电动机的反转方法。

（7）测取三相异步电动机的机械特性。

二、实验步骤

（1）利用万用表鉴别出每相绕组的两个接线端。

（2）鉴别三相绕组的首末端。将三相绕组串联后与一只毫安表（将万用表的选择旋钮旋至毫安挡位置）接成闭合通路，用手转动转子，转子铁芯剩磁将分别在定子三相绕组中产生三个大小相等．相位互差120°的感应电动势。如果三相绕组都是首尾相连，则三相感应电动势的相量和为零或接近零，毫安表指针不动或摆动很小。否则说明其中有一相绕组的首末端假设有误，应将该相绕组反接再试，直到毫安表不动或微动为止。

（3）测量电机的绝缘电阻。利用500V以上的兆欧表检测三相异步电动机的绝缘电阻值，将结果记录在表4-10中。测得结果应大于0.5MΩ，否则该电机不宜进行实验。

表4-10　实测三相异步电动机绝缘电阻值

U、V 绕组间的绝缘电阻	V、W 绕组间的绝缘电阻	W、U 绕组间的绝缘电阻	U 相绕组与机壳间的绝缘电阻	V 相绕组与机壳间的绝缘电阻	W 相绕组与机壳间的绝缘电阻

（4）电动机的直接启动：

1）根据电动机铭牌上给出的额定电压和连接方式以及实验室的电源电压确定电动机应采用何种连接方式。

2）将电动机的定子三相绕组按确定的连接方式接好后，按图4-10所示接至三相电源。

3）合上单刀开关S，经检查无误后，合上断路器Q，电动机启动。注意观察启动瞬间电流表（该电流表的量程应远大于电动机额定电流）指针摆动的幅度，将读数记录在表4-11中。由于仪表指针的惯性，实际的启动电流值比读数大。

4）电动机运行稳定后．观察电动机的转向，读取空载电流的大小，填入表4-11中。

（5）三相异步电动机的单相运行：

1）断开开关S，倾听三相异步电动机单相运行时声音的变化，读取电流值记录于表4-11中。

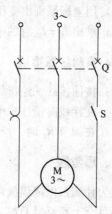

图4-10　实验原理图

2）断开断路器 Q，待电机停机后，合上断路器 Q，观察在单相状态下电动机能否启动，并倾听其声音是否异常，这项实验时间要短，观察后立即断开断路器。

表 4-11 三相异步电机不同启动方式启动电流

直接启动电流/A	空载电流/A	单相运行电流/A

（6）电动机的反转。将电动机接至电源的三根导线中的任意两根对调一下位置，并除去开关 S，重新启动电动机，观察电动机的转向是否改变，然后，断开断路器 Q。

（7）电动机机械特性测试实验：

1）按图 4-11 接好电路。图中电动机的负载选用转矩仪，Tr 为三相交流调压器（三相自耦变压器）。

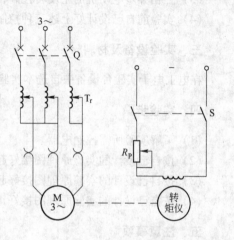

图 4-11　实验原理图

2）将调压器 Tr 置于起始位置（输出电压为零位置），转矩仪电源开关 S 置于断开位置，调节 R_P，至电阻最大位置，然后合上断路器 Q。

3）调节调压器 Tr，使其输出电压逐渐增加至电动机的额定电压。测出此时电动机的线电压 U_1、线电流 I_1、转矩 T_2（等于零）和转速 n，记录于自拟表格中。

4）合上转矩仪电源开关 S，逐渐减小 R_P 使电动机输出转矩 T_2 增加。从电动机空载到电动机电流等于 $1.2I_N$ 之间读取 6 组左右数据（包括前面已记录的空载数据），记录于自拟表格中。实验过程中要注意时刻微调调压器，保持电动机端电压为额定电压不变。

5）实验结束后。应首先将 R_P 调至电阻最大位置，再断开转矩仪电源开关 S，将调压器电压减小至零，最后断开断路器 Q。

三、实验注意事项

（1）按图接线，经指导教师检查无误后，方可通电进行实验。

（2）在接线时请注意电压表、电流表量程，严禁通电转换量程和接线。

四、思考题

4-6-1 三相异步电动机直接启动的条件是什么？

4-6-2 三相异步电动机为什么在单相状态下不能启动？

4-6-3 三相异步电动机在运行中断了一根电源线为什么能继续运行？

4-6-4 三相笼型异步电动机有哪些调速方法？

实验 7　继电器—接触器控制实验

一、实验目的

（1）熟悉常用控制电器。

（2）学习电动机的起停点动控制。

（3）学习电动机的起停长动控制。

（4）学习电动机的正反转控制。

二、实验原理

（1）三相异步电动机的起停点动控制；

（2）三相异步电动机的起停长动控制；

（3）三相异步电动机的正反转控制；

（4）实验前自己设计好上述三种控制电路。

三、实验设备及材料

在电工电子实验台设备中自选本实验材料。

四、实验步骤

（1）了解实验所需控制电器。

（2）按自己设计的实验原理图接好起停点动控制电路，并进行操作。

（3）按自己设计的实验原理图接好起停长动控制电路，并进行操作。

（4）按自己设计的实验原理图接好正反转控制电路，并进行操作。

五、注意事项

（1）按设计图接线，经指导教师检查无误后，方可通电进行实验。

（2）在接线时请注意各接线点接线是否牢固，正反转接线必须先断电，待电机完全停转后方可进行。

六、思考题

4-7-1　分析在上述控制电路中有哪些保护功能？

4-7-2　在正反转控制电路中，若无自锁和互锁环节，会出现什么后果？

实验 8　基本放大电路实验

一、实验目的

（1）加深对晶体管放大电路工作原理的理解。

（2）观察静态工作点对输出波形的影响。

（3）学习测量放大电路的主要性能指标。

二、实验设备及材料

实验设备：电子实验台、示波器、直流稳压电源、电阻、电容等。

三、实验步骤

（一）观察静态工作点对输出电压波形的影响

（1）按图 4-12 接好电路，检查无误后，接通直流电源，调节 U_{cc} 至规定值。

（2）在放大电路输入端加上由低频信号发生器提供的 1kHz、5mV 的正弦交流信号 u_1，将

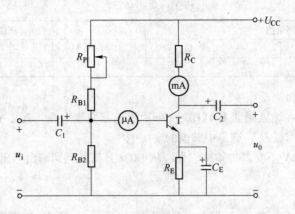

图 4-12 实验电路图

R_P 调至最大，观察并记录在截止失真时输出电压的波形。

（3）将 R_P 调至最小，观察并记录在饱和失真时输出电压的波形。

（4）调节 R_P 至适当位置，观察并记录在不失真情况下输出电压的波形，并测取这时的静态工作点 I_B、I_C 和 U_{CE}（若测取有困难可以不测）。

（二）主要技术指标的测定

按图 4-13 改接电路，R 保持在 u_0 波形不失真位置。在输入端加上 1kHz、5mV 正弦交流电压，在开关 S 断开时，测量电压 U_e，U_i，U_{0C} 和开关 S 闭合时的输出电压 U_{0L}。将数据记录十表 4-12 中，并用下述公式计算出放大电路的空载电压放大倍数 $|A_0|$、有载电压放大倍数 $|A_u|$、输入电阻 r_i 和输出电阻 r_0，填入表 4-12 中。

$$|A_0| = \frac{U_{0C}}{U_i}$$

$$|A_u| = \frac{U_{0L}}{U_i}$$

$$r_i = \frac{U_i}{U_e - U_i}R$$

$$r_0 = \left(\frac{U_{0C}}{U_{0L}} - 1\right)R_L$$

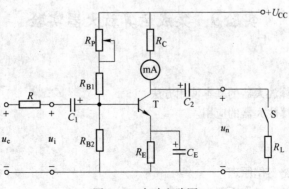

图 4-13 实验电路图

表 4-12　实验记录

测量值				计算值			
U_e/mV	U_i/mV	U_{0C}/V	U_{0L}/V	$\|A_0\|$	$\|A_u\|$	r_i	r_0

（三）幅频特性的测量

（1）电路不变，在输入端加上 1kHz、10mV 的正弦交流电压，观察 u_0 的空载波形，在波形不失真的情况下，测量 U_0，这是中频段的输出电压。

（2）保持 $u = 10\text{mV}$ 不变，将频率，逐渐从 1kHz 升高。直到输出电压小于中频段输出电压的 $\dfrac{1}{\sqrt{2}}$ 为止。

（3）保持 $u = 10\text{mV}$ 不变，将频率，逐渐从 1kHz 降低，直到输出电压小于中频段输出电压的 $\dfrac{1}{\sqrt{2}}$ 为止。

（4）在上述实验过程中，测量出输入电压 U_i、输出电压 U_0、频率 f，取 10 组左右数据，记录于自拟表格中。

（5）根据实验数据，计算出电压放大倍数，画出幅频特性曲线，确定放大电路的上限频率 f_2、下限频率 f_1 和通频带。

注意画幅频特性时，横坐标即频率坐标应取对数坐标，这样才能画出如图 4-14 所示的比较理想的幅频特性。

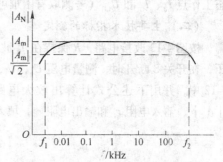

图 4-14　幅频特性曲线

四、注意事项

（1）注意电容极性接法；
（2）注意三极管极性和仪表量程。

五、思考题

4-8-1　静态工作点选择得是否合适，对放大电路的放大效果有何影响？
4-8-2　影响放大电路电压放大倍数的主要因素有哪些？
4-8-3　输入电阻的大小对放大电路的工作有何影响？
4-8-4　输出电阻的大小对放大电路的工作有何影响？

实验 9　集成运算放大器实验

一、实验目的

（1）学习集成运算放大器的基本使用方法。
（2）学习集成运算放大器的应用。

二、实验原理

（1）基本运算电路工作原理；
（2）单限电压比较器工作原理；

（3）RC 正弦波振荡电路工作原理。

三、实验设备及材料

实验设备：电子实验台、示波器、信号发生器等。

四、实验步骤

1. 电阻测量

（1）按图 4-15 接好电路，R_x 为被测电阻，R_1 和 R_2 为已知电阻。

（2）将 3 个被测电阻分别接到 R_x 位置，读取其电压 U_0，记录于表 4-13 中。

（3）分析该电路是基本运算电路中的哪一种电路，推导出 R_0 的计算公式计算出被测电阻值，填入表 4-13 中。

表 4-13　实测电阻值

被测电阻	R_{x1}	R_{x2}	R_{x3}
电压 U_0/V			
R_x 计算值/kΩ			

2. 波形变换

（1）按图 4-15 接好电路，拆下 5V 直流电压表，将函数发生器提供的 500Hz、±4V 的方波信号代替 +5V 加到电路的输入端，变为 u_i。

（2）用双踪示波器同时观察 u_1 和 u_0 的波形，并记录下来。

（3）分析该电路是基本运算电路中的哪一种电路，推导出 % 的计算公式。

3. 电压比较

（1）按图 4-16 接好电路，将低频信号发生器提供的 25Hz、3V 的正弦交流信号加到电路的输入端，用双踪示波器同时观察 u_i 和 u_0 的波形，并记录下来。

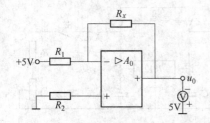

图 4-15　实验电路图

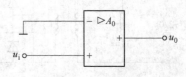

图 4-16　实验电路图

（2）分析该电路是集成运放电路中的哪一种电路，据此分析输出与输入波形的关系。

4. 振荡电路

（1）按图 4-17 接好电路，接通集成运算放大器的直流电源。

（2）用示波器观察 u_0 的波形，调节 R_F 使电路起振，且波形失真最小，用示波器测出 u_0 的频率和幅值。

（3）调节 R_F，观察 R_F 太大和太小的后果。

（4）分析该电路是什么振荡电路。

五、思考题

4-9-1 在上述四种实验电路中，哪些属于集成运放的线性应用，哪些属于非线性应用？

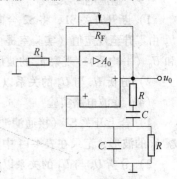

图 4-17　实验电路图

4-9-2　在上述四种实验电路中是否有反馈？若有的话，是正反馈还是负反馈？

4-9-3　如何改变 RC 振荡电路的振荡频率？

实验 10　直流稳压电源实验

一、实验目的

（1）了解直流稳压电源的组成及各部分的作用；

（2）学习集成稳压器的使用；

（3）了解晶闸管组成的可控整流电路。

二、实验原理

（1）整流电路工作原理；

（2）滤波电路工作原理；

（3）稳压电路工作原理。

三、实验设备及材料

实验设备：电子实验台、变阻器、二极管、电容等。

四、实验步骤

（1）用万用表测试二极管的极性，记录正向电阻和反向电阻的数值。

（2）按图 4-18 接好电路，经检查无误后，将调压器 Tr1 调至起始位置，R_P 调至阻值最大位置，接通电源。

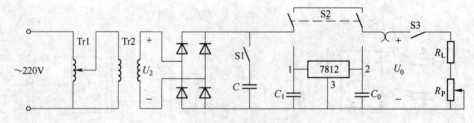

图 4-18　实验电路图

（3）整流电路实验：

1）断开开关 S1，将 S2 合向图中上方短路位置，调节调压器使整流变压器 Tr2 的二次电压 U_2 由零升至规定值（实验室提供）。测量 S3 断开（空载）和闭合（有载）时的 U_2（有效值）和 U_0（平均值），观察 u_0 的波形，记录在表 4-14 中。

2）分析 U_0 与 U_2 的关系以及 U_0 的波形是否与理论分析的结果相符。

（4）滤波电路实验：

1）合上开关 S1（接通滤波电容 C），保持 U_2 不变，测量 S3 断开和闭合时的 U_2 和 U_0，观察 u_0 的波形，记录在表 4-14 中。

2）分析 U_0 与 U_2 的关系以及 u_0 的波形是否与理论分析的结果相符。

（5）稳压电路实验：

1）合上开关 S1 和 S3，S2 合向集成稳压器位置，保持 U_2 不变，调节 R_P（改变负载），测量 R_P 为零和最大时的输出电压 U_0，观察其波形，记录在表 4-14 中。

表 4-14 实验记录表

实验内容	电路状况	U_2/V	U_0/V	u_0 波形
整流实验 （S1 断开、S2 短路）	空载（S3 断开）			
	有载（S3 闭合）			
滤波电路 （S1 闭合、S2 短路）	空载（S3 断开）			
	有载（S3 闭合）			
稳压电路 （S1、S2、S3 闭合）	R_P 最小			
	R_P 最大			
	U_2 增加 10%			
	U_2 减少 10%			

2）继续合上开关 S1、S2 和 S3，保持 R_P 不变，调节 U_2（改变电源电压），测量 U_2 增加和减少 10% 时的 U_0，观察其波形，记录于表 4-14 中。

3）分析稳压电路的稳压效果。

（6）可控整流电路

1）按图 4-19 接好电路，触发电路由实验室提供。将调压器调至起始位置，经检查无误后，接通交流电源。

2）调节调压器使其输出电压 U_2 为规定值（由实验室提供），调节触发电路的旋钮以改变控制角 α，观察白炽灯亮度的变化。

3）任取两个不同的控制角，观察白炽灯电压 u_0 的波形，测量 U_0 的大小，并记录于自拟表格中。

4）分析 α 的大小对 U_0 的影响。

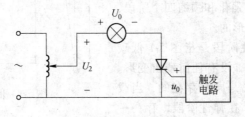

图 4-19 实验电路图

五、思考题

4-10-1 直流稳压电源是由哪几部分组成的，各部分所起的作用是什么？

4-10-2 可控整流电路和不可控整流电路有何不同？

第 5 章　工程力学实验

实验 1　金属的拉伸实验

一、实验目的

（1）测定低碳钢在拉伸过程中几个力学性能指标：屈服极限 σ_s（包括 σ_{SU}、σ_{SL}），强度极限 σ_b，断面伸长率 δ 和断面收缩率 ψ，铸铁的强度极限 σ_b。

（2）观察低碳纲的拉伸过程和铸铁的拉伸过程中所出现的各种变形现象，分析力与变形之间的关系，即 P-ΔL 曲线的特征。

（3）观察断口，比较低碳钢和铸铁两种材料的拉伸性能。

（4）掌握材料试验机等实验设备和工具的使用方法。

二、实验原理

（一）低碳钢拉伸实验

拉伸实验是测定材料在静载荷作用下力学性能的一个最基本的实验。金属的力学性能如：强度极限 σ_b、屈服极限 σ_s、伸长率 δ、断面收缩率 ψ 和冲击韧度 a_K 等指标均是由拉伸破坏实验确定的。

低碳钢试件在静拉伸试验中，通常可直接得到拉伸曲线，如图 5-1 所示。用准确的拉伸曲线可直接换算出应力应变 σ-ε 曲线。低碳钢的 P-ΔL 曲线是一个典型的形式，整个拉伸变形试样依次经过弹性、屈服、强化和颈缩四个阶段，其中前三个阶段是均匀变形的。

（1）弹性阶段。弹性阶段是指图 5-1 低碳钢拉伸曲线图上的 OA' 段，没有任何残留变形。在弹性阶段，载荷与变形是同时存在的，当载荷卸去后变形也就恢复。在弹性阶段，存在一

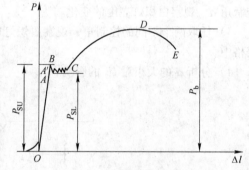

图 5-1　低碳钢拉伸曲线

比例极限点 A，对应的应力为比例极限 σ_p，此部分载荷与变形是成比例的。

（2）屈服阶段。对应图 5-1 低碳钢拉伸曲线图上的 BC 段。金属材料的屈服是宏观塑性变形开始的一种标志，是由切应力引起的。在低碳钢的拉伸曲线上，当载荷增加到一定数值时出现了锯齿现象。这种载荷在一定范围内波动而试件还继续变形伸长的现象称为屈服现象。屈服阶段中一个重要的力学性能就是屈服点，在屈服阶段可以观察到与轴线约成 45° 的滑移线纹。低碳钢材料存在上屈服点和下屈服点，不加说明，一般都是指下屈服点。上屈服点对应拉伸图中的 B 点，记为 P_{SU}，即试件发生屈服而力首次下降前的最大力值。下屈服点记为 P_{SL}，是指不计初始瞬时效应的屈服阶段中的最小力值，注意这里的初始瞬时效应对于液压摆式万能试验机由于摆的回摆惯性尤其明显，而对于电子万能试验机或液压伺服试验机不明显。

一般通过指针法或图示法来确定屈服点，综合起来具体做法可概括为：当屈服出现一对峰

谷时，则对应于谷低点的位置就是屈服点；当屈服阶段出现多个波动峰谷时，则除去第一个谷值后所余最小谷值点就是屈服点。图 5-2 给出了几种常见屈服现象和 P_{SL}、P_{SU} 的确定方法。用上述方法测得屈服载荷，分别用式（5-1）、式（5-2）、式（5-3）计算出屈服点、下屈服点和上屈服点。

$$\sigma_s = P_s / A_0 \tag{5-1}$$

$$\sigma_{SL} = P_{SL} / A_0 \tag{5-2}$$

$$\sigma_{SU} = P_{SU} / A_0 \tag{5-3}$$

式中　A_0——试件原始横截面面积，$A_0 = \pi d_0^2 / 4$；

　　　d_0——最小直径。

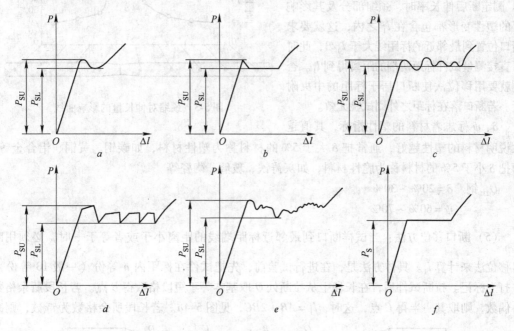

图 5-2　常见屈服曲线

（3）强化阶段。对应图 5-1 低碳钢拉伸曲线图上的 CD 段。变形强化标志着材料抵抗继续变形的能力在增强。这也表明材料要继续变形，就要不断增加载荷。在强化阶段如果卸载，弹性变形会随之消失，塑性变形将会永久保留下来。强化阶段的卸载路径与弹性阶段平行。卸载后重新加载时，加载线仍与弹性阶段平行。重新加载后，材料的比例极限明显提高，而塑性性能会相应下降。这种现象称之为冷作硬化。冷作硬化是金属材料的宝贵性质之一。工程中利用冷作硬化工艺的例子很多，如挤压、冷拔等。D 点是拉伸曲线的最高点，载荷为 P_b，对应的应力是材料的强度极限或抗拉极限，记为 σ_b，用公式计算：

$$\sigma_b = P_b / A_0 \tag{5-4}$$

（4）颈缩阶段。对应于图 5-1 低碳钢拉伸曲线图上的 DE 段。载荷达到最大值后，塑性变形开始局部进行。这是因为在最大载荷点以后，冷作硬化跟不上变形的发展，由于材料本身缺陷的存在，于是均匀变形转化为集中变形，导致形成颈缩。颈缩阶段，承载面积急剧减小，试件承受的载荷也不断下降，直至断裂。断裂后，试件的弹性变形消失，塑性变形则永久保留在破断的试件上。材料的塑性性能通常用试件断后残留的变形来衡量。轴向拉伸的塑性性能通常用伸长率 δ 和断面收缩率 ψ 来表示，计算公式为

$$\delta = (l_1 - l_0)/l_0 \times 100\% \tag{5-5}$$

$$\psi = (A_0 - A_1)/A_0 \times 100\% \tag{5-6}$$

式中　　l_0，A_0——分别表示试件的原始标距和原始面积；

　　　　l_1，A_1——分别表示试件标距的断后长度和断口面积。

塑性材料颈缩部分的变形在总变形中占很大比例，研究表明，低碳钢试件颈缩部分的变形占塑性变形的 80% 左右，见图 5-3。测定断后伸长率时，颈缩部分及其影响区的塑性变形都包含在 l_1 之内，这就要求断口位置到最邻近的标距线大于 $l_0/3$，此时可直接测量试件标距两端的距离得到 l_1。否则就要用移位法使断口居于标距的中央附近。若断口落在标距之外则试验无效。

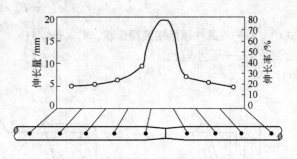

图 5-3　颈缩对伸长量的影响曲线

δ、ψ 标志着材料的塑性指标，其值越大说明材料的塑性越好，通常把 δ 大于 5% 的材料称为塑性材料，如碳钢、黄铜、铝合金等；而把 δ 小于 5% 的材料称为脆性材料，如灰铸铁、玻璃、陶瓷等。

Q_{235} 钢　　$\delta = 20\% \sim 30\%$

　　　　　　$\psi = 60\% \sim 70\%$

（5）断口移位方法：当试样断口到最邻近标距端线的距离小于或者等于 $\dfrac{l}{3}$ 时，必须用断口移位法来计算 l_1。具体方法是，在进行试验前，先把试件在标距内 n 等份（一般 10 等份），并打上标记。拉断试件后，在长段上从拉断处 O 取基本等于短段格数得 B 点。若长段所余格数为偶数，则取其一半得 C 点，这时，$l_1 = AB + 2BC$，见图 5-4a。若长段所余格数为奇数，则减

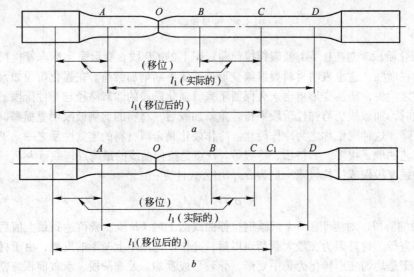

图 5-4　断口移位的方法

1 后的一半得到 C 点、加 1 后的一半得到 C_1 点，这时
$l_1 = AB + BC + BC_1$，见图 5-4b。

（二）铸铁拉伸实验

铸铁试样的拉伸曲线如图 5-5 所示，可以近似认为
经弹性阶段直接断裂，没有屈服现象。断裂面平齐且为
闪光的结晶状组织，说明是由拉应力引起的，是典型的
脆性材料。其抗拉强度 σ_b 远小于低碳钢的抗拉强度，
其强度指标也只有抗拉强度 σ_b，用实验测得的最大力
值 P_b，除以试件的原始面积 A_0，就得到铸铁的抗拉强
度 σ_b，即

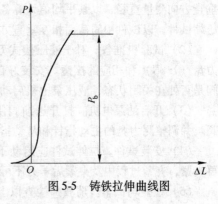

图 5-5　铸铁拉伸曲线图

$$\sigma_b = \frac{P_b}{A_0} \tag{5-7}$$

三、实验设备及材料

实验设备：液压摆式万能材料试验机、游标卡尺（0.02mm）。

实验材料：低碳钢、铸铁标准试件。

标准试件：材料的力学性能 σ_s（σ_{SU}、σ_{SL}）、σ_b、δ 和 ψ 是通过拉伸试验来确定的，因此，
必须把所测试的材料加工成能被拉伸的试件。试验表明，试件的尺寸和形状对试验结果有一定
影响。为了减少这种影响和便于使各种材料力学性能的测试结果可进行比较，国家标准对试件
的尺寸和形状作了统一的规定，拉伸试件应按国标 GB/T 6397—1986《金属拉伸试验试样》进
行加工。拉伸试件分为比例的和非比例的两种。比例试件应符合如下的关系

$$l_0 = k \sqrt{A_0}$$

式中　l_0——标距，用于测量拉伸变形试验段的有效长度；

　　　A_0——标距部分的截面积；

　　　k——系数，通常为 5.65 和 11.3，前者称为短试件，后者称为长试件。因此，短、长圆
　　　　　形试件的标距长度分别等于 $5d_0$ 和 $10d_0$。本试验采用 d_0 为 10mm，l_0 为 $10d_0$ 的长
　　　　　比例试件（图 5-6）。试件两端较粗的部分为装入试验机夹头中的夹持部分，起传
　　　　　递拉力之用，它的形状及尺寸可根据试验机的夹头形式而定。

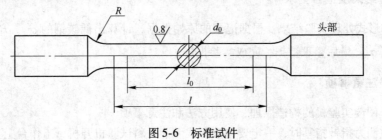

图 5-6　标准试件

四、实验步骤

（一）低碳钢拉伸实验

（1）试件准备。在低碳钢试件上用铅笔或分规在平行试验段中部划出长度为 $l_0 = 100$mm 的
标距线，并把 l_0 分成 10 等份。对于拉伸试件，在标距的两端及中部三个位置上，沿两个相互

垂直方向测量直径，以其平均值计算各横截面的面积，再取三者中的最小值为试件的 A_0。对于压缩试件，以试件中间截面相互垂直方向直径的平均值计算 A_0。

（2）试验机准备。对于液压摆式万能试验机，根据试件的材料和尺寸选择合适的读数示力盘（12kN）和相应的摆锤。安装好自动绘图器的传动装置、笔和纸等。检查送油阀和回油阀是否处在关闭状态，液压泵电机启动前送、回油阀应在关闭状态。

（3）开启油泵电机。打开送油阀使活动台上升到标尺指针指示 10mm 左右时，关闭送油阀。并调整测力盘的主动指针和从动指针指零。

（4）安装试件。拉伸试件应启动下夹头电动机调整下夹头的位置，以适应试件的长度后再夹紧，夹紧过程中及夹紧后千万不可启动下夹头升降电动机。

（5）检查与试车。请教师检查以上步骤完成情况。开动实验机，预加少量载荷（载荷对应的应力不能超过材料的比例极限），然后卸荷到零，以检查实验机工作是否正常。

（6）正式实验。缓慢开启送油阀，使试件匀速缓慢加载。加载时主动指针推动从动指针以一定速率偏转，当指针第一次停顿并回摆时的示值区间即为材料的屈服载荷范围，此时注意迅速记录下屈服点 P_{SL}，随着载荷增大，主、从动指针再次出现停顿，此时的最大示值既为材料的强度载荷 P_b，当指针从强度载荷 P_b 处出现回退时，请注意观察出现的颈缩现象。P_b 值可以在材料破坏后由从动指针读出。

（7）关机取试件。试件破坏后，立即关机。取下试件和记录纸，观察断口形貌。

（8）数据测量。用游标卡尺量取有关尺寸：测量断后标距 l_1，测量颈缩处最小直径 d_1（用此计算最小横截面面积 A_1）。

（二）铸铁拉伸实验

（1）准备试样。除不必刻划外，其余都同低碳钢。

（2）调整实验机和自动绘图装置，装夹试样，对以上工作进行检查（与低碳钢拉伸实验时的步骤同）。

（3）进行实验。开动实验机，缓慢均匀地加载，直至试样被拉断。关闭实验机，记录拉断时的最大力 P_b 值，取下试样和记录纸。

（三）实验结束

请教师检查实验记录。将实验设备、工具复原，清理实验现场。

五、实验结果及报告要求

以表格的形式处理实验结果。根据记录的原始数据，计算出低碳钢的 σ_s、σ_b、δ 和 ψ，铸铁的抗拉强度 σ_b。最后整理数据，完成实验报告。

六、实验注意事项

（1）认真阅读实验机的构造原理、使用方法和注意事项。

（2）调整测力指针指零时，一定要使液压式万能材料试验机开机，工作台上升少许。

（3）装夹拉伸试样必须正确，防止装偏或夹持部分装夹过短。

（4）加载要缓慢均匀，特别是对液压式万能材料试验机，不能把油门开得过大。以避免发生突然加载或超载，使实验失败，甚至造成事故。

（5）为防止损伤试验机，实验进行到屈服阶段后，所加最大载荷值不得超过测力度盘的80%。

七、思考题

5-1-1　低碳钢拉伸图大致可分几个阶段，每个阶段力和变形有什么关系？

5-1-2　低碳钢和铸铁两种材料断口有什么不同，它们的力学性能有何不同（比较强度和塑性）？

5-1-3　拉伸试验为什么要采用标准试件？

5-1-4　试件截面直径相同而标距长度不同，试件的伸长率和截面收缩率是否相同？

实验2　金属压缩实验

一、实验目的

（1）测定低碳钢压缩时的屈服极限 σ_s。

（2）测定铸铁的强度极限 σ_b。

（3）比较铸铁的拉、压力学性能及破坏形式。

二、实验原理

　　压缩实验是研究材料性能常用的实验方法。对铸铁、铸造合金、建筑材料等脆性材料尤为合适。通过压缩实验观察材料的变形过程、破坏形式，并与拉伸实验进行比较，可以分析不同应力状态对材料强度、塑性的影响，从而对材料的机械性能有比较全面的认识。

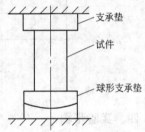

图 5-7　材料压缩的支承情况

　　试件受压时，其上下两端面与试验机承压板之间产生很大的摩擦力，使试件两端的横向变形受到阻碍，故压缩后试件呈鼓形。摩擦力的存在会影响试件的抗压能力甚至破坏形式。为了尽量减少摩擦力的影响，实验时试件两端必须保证平行，并与轴线垂直，使试件受轴向压力（见图 5-7）。另外，端面加工应有较高的光洁度。

　　实验时利用自动绘图装置绘出低碳钢和铸铁的压缩图（图 5-8、图 5-9）。低碳钢压缩时也会发生屈服，但并不像拉伸那样有明显的屈服阶段。因此，在测定 P_s 时要特别注意观察。在缓慢均匀加载下，测力指针等速转动，当材料发生屈服时，测力指针转动将减慢，甚至倒退。这时对应的载荷即为屈服荷载 P_s。屈服之后加载到试件产生明显的变形即停止加载。这是因为

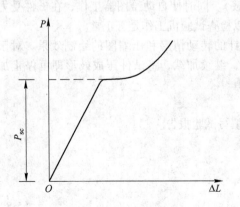

图 5-8　低碳钢压缩曲线

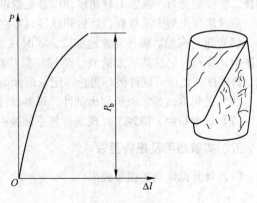

图 5-9　铸铁压缩曲线和断口情况

低碳钢受压时变形较大而不破裂，因此愈压愈扁。横截面增大时，其实际应力不随外荷载增加而增加，故不可能得到最大载荷 P_b，因此也得不到强度极限 σ_b，所以在实验中是以变形来控制加载的。

三、实验设备及材料

设备：万能材料试验机、游标卡尺。

材料：低碳钢、铸铁标准试件。

标准试件制作要求：试件加工须按《金属压缩试验方法》（GB 7314—87）的有关要求进行。压缩试件通常为柱状，横截面为圆形，如图 5-10 所示。试件受压时，两端面与试验机压头间的摩擦力很大使端面附近的材料处于三向压应力状态，约束了试件的横向变形，试件越短，影响越大，实验结果越不准确。因此，试件应有一定的长度。但是，试件太长又容易产生纵向弯曲而失稳。金属材料的压缩试件通常采用圆试件。铸铁压缩实验时取 $l = (1 \sim 2)d_0$。

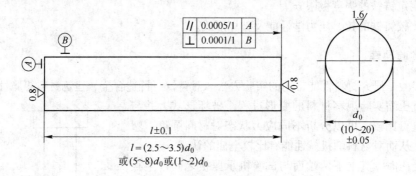

图 5-10　圆柱体压缩试件

四、实验步骤

（1）试件准备。用游标卡尺测量试件两端及中部三处截面的直径，每处应在互相垂直的方向各测一次，取平均值作为该处的直径，取三处中最小一处的直径计算横截面面积。

（2）试验机准备。根据铸铁等材料的强度极限和截面大小估算最大荷载，并选择相应的测力度盘。

（3）安装试件。将试件两端涂上润滑油，然后准确地放在试验机球形承垫的中心处。

（4）检查及试车。启动试验机，使下支座及试件上升，当上支座接近试件时（注意此时勿使二者接触受力，减慢上升速度，以避免急剧加载）。同时使自动绘图器工作，在试件受力后，用慢速预先加少量荷载，然后卸载接近零点，以检查试验机工作是否正常。

（5）进行实验。缓慢匀速地加载，随时观察指针的转动情况和压缩图的绘制效果。对于低碳钢，要及时记录其屈服荷载，超过屈服荷载后，继续加载，将试件压成鼓形即可停止加载。铸铁试件加压至试件破坏为止，记录最大荷载值。

（6）关机取试件。关机取出试件，观察试件。

（7）试验结束，清理工具现场，复原试验机，填写试验报告。

五、实验结果及报告要求

（1）计算低碳钢的屈服极限

$$\sigma_s = \frac{P_s}{A_0} \tag{5-8}$$

（2）计算铸铁的强度极限

$$\sigma_b = \frac{P_b}{A_0} \tag{5-9}$$

六、思考题

5-2-1　为什么不能测取低碳钢的压缩强度极限？

5-2-2　比较铸铁在拉伸和压缩下的强度极限并得出必要的结论。

5-2-3　为什么铸铁试件沿着与轴线约呈 45°的斜截面破坏？

实验 3　金属扭转试验

一、实验目的

（1）测定低碳钢的 τ_a、τ_b，铸铁的 τ_b。

（2）观察断口形状，进行比较分析。

二、实验原理

扭转实验是测定材料力学性能的又一基本实验。实验时，试验机可自动测出试样所受扭矩和扭角的变化。

（一）低碳钢扭转破坏试验

低碳钢件装到扭转试验机上，由电动机构施加扭矩 M_n。试验机上的自动绘图装置可记录试件的 M_n-ϕ 关系图，如图 5-11 所示，其中 ϕ 为扭转角。扭矩在 M_p 以内，材料处于弹性状态，应力应变关系服从虎克定律，因为 OA 部分呈线性，剪应力分布如图 5-12a 所示。

低碳钢在纯剪受力时也存在屈服阶段，因此当圆轴试件上的扭矩超过 M_p 后，在试件横截面上外沿处，材料发生屈服，形成环形塑性区，试件横截面上的剪应力分布如图 5-12b 所示。此后

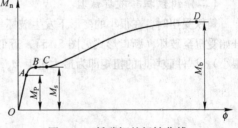

图 5-11　低碳钢的扭转曲线

使试件继续扭转变形，塑性区不断向内扩展，M_n-ϕ 曲线趋于平坦，图上出现近似于直线的 BC 水平段，此时测力度盘上的指针几乎不动，扭角 ϕ 却在继续不断增加，塑性区占据了大部分截面。这样就可以近似地假定此时整个圆截面上各点处的剪应力已同时到屈服极限 τ_s 值。若令 M_s 表示整个截面上应力处于屈服极限 τ_s 作用的扭矩值，则：

$$M_s \approx \int_A \tau_s \rho dA = \tau \int_A \rho dA = \frac{4}{3} \tau_s W_p \tag{5-10}$$

式中，ρ 表示截面上任意一点 dA 离圆心的距离；$W_p = \dfrac{\pi d^3}{16}$ 是试件的弹性抗扭截面模量，由此可得 τ_s 的近似值为：

$$\tau_s = \frac{3M_s}{4W_p} \tag{5-11}$$

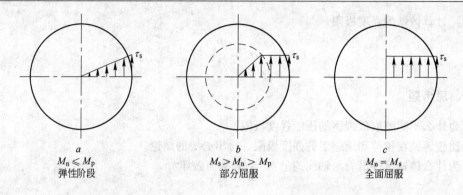

图 5-12　剪应力在不同阶段的分布图

试件连续变形，材料进一步强化，达到 M_n-ϕ 曲线上 D 点时，试件剪断（断口形式见图 5-13）。由测力度盘上的被动针读出最大扭矩 M_b。此时截面上应力到达强度极限 τ_b。与求相似 τ_s，τ_b 值可近似的按式（5-12）计算：

$$\tau_b = \frac{3M_b}{4W_p} \tag{5-12}$$

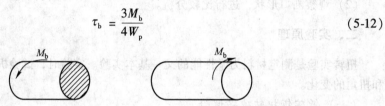

图 5-13　低碳钢扭转破坏的平齐断口

（二）铸铁扭转破坏试验

铸铁受扭时，在很小的变形下发生破坏。图 5-14 为铸铁材料的扭转图（M_n-ϕ 曲线）。试件由开始受扭至破坏（断口形式见图 5-15），近似直线（扭矩 M_n 与扭角 ϕ 近似成正比关系，且变形很小）。试件破坏时的扭矩即为最大扭矩 M_b，按式（5-13）计算出扭转强度极限 τ_b，即

$$\tau_b = \frac{M_b}{W_p} \tag{5-13}$$

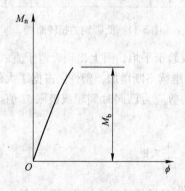

图 5-14　铸铁的扭转曲线

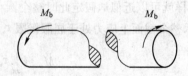

图 5-15　铸铁扭转破坏的螺旋断口

三、实验设备及材料

实验设备：扭转材料试验机，游标卡尺。

　　实验材料：低碳钢、铸铁标准试件。

　　标准试件制作：按《金属室温扭转试验方法》（GB 10128—1988）中有关圆形试样的规定进行制作。试验采用标距 $L=100\text{mm}$，直径 $d_0=(10\pm0.1)\text{mm}$，圆截面标准试件（如图 5-6 所示）。

四、实验步骤

　　（1）在试件标距内的中间和两端三处测量直径，取最小值为直径尺寸 d_0。计算抗扭截面模量 $W=\dfrac{\pi d^3}{16}$。

　　（2）根据材料性质估算所需最大扭矩，选好扭矩试验机的测力表盘。测力指针调好零点。调好自动绘图装置。装上试件。

　　（3）经教师检查准备情况，并加步量扭矩试车后，正式试验。

　　（4）开机操作。两种材料须按不同方法进行。

　　1）低碳钢试样。在屈服阶段之前采用慢速均匀加载，加载速度控制在 $(6°\sim30°)/\text{min}$ 的范围内。当扭矩示数基本不动（M_n-ϕ 图上出现平台）时，这时表明的值就是 M_n（注意：读数停止不动的瞬间很短，须留心观察），其末点的扭矩即为屈服扭矩 M_s。过了屈服阶段后，改为快速加载，速度控制在不大于 $360°/\text{min}$ 的范围内，直至试样扭断为止。试样扭断后，即可测得试样扭断前所承受的最大扭矩 M_b（注意观察测角的读数）。取下试样，观察其断口特征。

　　2）铸铁试样。进行扭转实验时，不会出现屈服现象，因试样在变形很小的情况下就突然断裂，故采用慢速加载即可。试样扭断后，记录最大扭矩 M_b。

　　（5）断口分析。取下试样，比较两种断口形式，分析原因。

　　（6）试验完成后，将试验机、工具和现场清理复原。

五、实验结果及报告要求

　　总结低碳钢（塑性材料）铸铁（脆性材料）两种材料，在拉伸、压缩和扭转时的强度指标以及破坏断口的情况，进行分析比较，说明原因。

六、思考题

5-3-1　低碳钢与铸铁扭转时的破坏情况有什么不同？根据不同现象分析原因。

5-3-2　根据低碳钢和铸铁拉伸、压缩、扭转试验的强度指标和断口形状，分析总结两种材料的抗拉、抗压、抗剪能力。

第 6 章　流体力学实验

实验 1　水静压强实验

一、实验目的

（1）掌握各种液式测压计测量流体静压强的工作原理及技术；

（2）在不同的表面压强条件下，测定表面压强 p_0 及静止液体中 M 点的压强，验证水静力学基本方程；

（3）观察真空度（负压）的产生过程，进一步加深对真空度的理解；

（4）利用水静压强的原理测定甘油的相对密度 $\rho_甘$。

二、实验原理

在重力作用下静止液体的基本方程为：

$$Z + \frac{p}{\gamma} = C \tag{6-1}$$

式中　Z——被测点的位置高度，也称位置水头；

p——被测点的静水压强，用相对压强表示；

γ——液体的重度；

C——常数；

$\dfrac{p}{\gamma}$——被测点处单位重量水体积的压力能，常称压强水头。

静止液体自由液面的绝对压强为：$p_0 = p_a + \gamma h$ 可简化为相对压强 p（表压强）来表示：$p = \gamma h$（或用 $\dfrac{p}{\gamma}$ 压强水头表示）。若静水液体自由液面压强等于当地大气压强，则 $p = 0$；若静止液体自由液面压强小于当地大气压强，则 $p < 0$ 为负压，用真空度 h_V 表示为：

$$h_V = -\frac{p}{\gamma} \tag{6-2}$$

在静水液体自由液面下任意一点 M 的压强为：

$$p_M = p + \gamma h \tag{6-3}$$

式（6-3）称为水静力学基本方程。p 为静止液体自由液面的表压强，h 为自由液面至液体内任意点 M 的深度。

应用连通器与等压面原理，计算甘油的相对密度：

$$\rho_甘 = \frac{h_2 - h_3}{h_5 - h_4} \tag{6-4}$$

三、实验设备及材料

实验设备：水静压强实验装置，如图 6-1 所示。

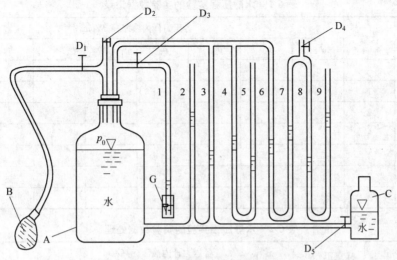

图 6-1　水静压强实验装置图

A—大下口瓶（内盛蒸馏水）；B—打气球；C—小下口瓶；$D_1 \sim D_5$—截止阀；

G—烧杯（内盛红色水）；1—真空测压管；2—测压管；3—液面计；

4，5—U 形管压力计（内盛甘油）；6~9—组合压力计（内盛变压器油）

四、实验步骤

（1）打开截止阀 D_2，使容器 A 与大气相通，检查各压力计液面是否正常，并读取各个压力计的读数；

（2）关闭截止阀 D_2，打开截止阀 D_1，轻轻捏动打气球，慢慢向容器 A 内打气，使各压力计产生一定的液面差，此时容器 A 内的气压大于大气压（$p_0 > p_a$）；

（3）关闭截止阀 D_1，待各压力计液面稳定后，记录它们的液面标高（要求精确到 0.5mm）；若液面不断变化说明漏气，应立即查找漏气原因并设法消除，直至液面稳定为止；

（4）重复步骤（2）、（3）两次；

（5）然后，打开截止阀 D_5，让容器 A 中的水慢慢流向容器 C，使容器 A 内造成负压（$p_0 < p_a$）待各压力计产生一定的液面差后，关闭截止阀 D_5。待各压力计液面稳定后，记录各压力计的液面标高。此时，打开真空管上的截止阀 D_3，可视察到容器 G 内的红色液体被吸上一个真空高度；

（6）重复步骤（5）两次；

（7）做完实验，关好截止阀 D_5，将桌椅收拾干净、整齐。

五、实验结果及报告要求

1. 有关常数

变压器油的相对密度：$\rho_变 =$ ＿＿＿＿＿＿＿＿ g/cm³；

M 点的标高：$h_M =$ ＿＿＿＿＿＿＿＿ cm。

2. 实验数据记录及处理

实验数据记录见表 6-1，数据处理见表 6-2。

表 6-1　水静压强实验的实验数据记录

项目 条件	次数	各压力计内液面标高/cm							
		h_2	h_3	h_4	h_5	h_6	h_7	h_8	h_9
$p_0 = p_a$									
$p_0 > p_a$	1								
	2								
	3								
$p_0 < p_a$	1								
	2								
	3								

表 6-2　水静压强实验的实验数据处理

项目 条件	次数	M 点距液面的深度 h_3, h_M/cm	各压力计内液面标高/cm						甘油的相对密度 $\rho_甘$/g·cm^{-3}
			压力计2、3		压力计4、5		组合压力计6、7、8、9		
			$\frac{p}{\gamma}$/cm	$\frac{p_M}{\gamma}$/cm	$\frac{p}{\gamma}$/cm	$\frac{p_M}{\gamma}$/cm	$\frac{p}{\gamma}$/cm	$\frac{p_M}{\gamma}$/cm	
$p_0 = p_a$									
$p_0 > p_a$	1								
	2								
	3								
$p_0 < p_a$	1								
	2								
	3								

六、实验注意事项

（1）用打气球打气时不要过猛，用力要轻且均匀。同时，眼睛要观察测压管 2 液面的变化，以防液体冲出玻璃管外；

（2）读取各管液面标高时，一定要待液面稳定后才能读数。读数时要注意使坐标纸、眼睛与液面的弯月面之底在同一水平面上；

（3）放水做负压时，要注意观察测压管 2 的液面变化，使其液面控制在坐标纸 0 刻度以上以便读数；

（4）在实验过程中，切忌将手放在容器 A 上，以免容器内空气受热导致液面压力发生变化，从而引起各压力计液面不稳定。

七、思考题

6-1-1　将 U 形管压力计 2、3 与 6、7、8、9 组合式压力计所测出的 M 点压强，进行分析比较，哪一种压力计所测数据更准确，说明原因。

6-1-2　测压管和液面计有何区别？

6-1-3　绝对压强与相对压强、真空度的关系是什么，将 $p = -4.9 \times 10^4$Pa 的相对压强用真空度表示出来。

实验 2　沿程水头损失实验

一、实验目的

(1) 掌握测定镀锌铁管管道沿程阻力系数 λ 的方法；

(2) 在双对数坐标纸上绘制 λ-Re 的关系曲线；

(3) 进一步理解沿程阻力系数 λ 随雷诺数 Re 的变化规律。

二、实验原理

本实验所用的管路是水平放置且等直径，因此利用能量方程式可推得管路两点间的沿程水头损失计算公式：

$$h_{\mathrm{f}} = \lambda \frac{L}{D} \cdot \frac{v^2}{2g} \tag{6-5}$$

式中　h_{f}——沿程水头损失，由压差计测定；

　　　λ——沿程阻力系数；

　　　L——实验管段两端面之间的距离，cm；

　　　D——实验管内径，cm；

　　　v——管内平均流速，cm/s；

　　　g——重力加速度，980cm/s^2。

由式（6-1）可以得到沿程阻力系数 λ 的表达式：

$$\lambda = 2g \frac{D}{L} \cdot \frac{h_{\mathrm{f}}}{v^2} \tag{6-6}$$

沿程阻力系数 λ 在层流时只与雷诺数有关，而在紊流时则与雷诺数、管壁粗糙度有关。当实验管路粗糙度保持不变时，可得出该管的 λ-Re 的关系曲线。

三、实验设备及材料

本实验采用实验装置（图6-2）中的第1根管路，即实验装置中最细的管路。在测量较大压差时，采用两用式压差计中的汞-水压差计；压差较小时换用水-气压差计。

设备：试验装置。

测量工具：量筒、秒表、温度计、水的黏温表。

本实验装置可以做流量计、沿程阻力、能量方程、局部阻力、串并联等多种管流实验。其中 V_2 局部阻力实验专用阀门，V_{10}、V_{12} 为排气阀。除 V_2、V_{10} 外，其他阀门用于调节流量。

四、实验步骤

(1) 阀门 V_1 完全打开。一般情况下 V_1 是开着的，检查是否开到最大即可；

(2) 分别打开 V_{10}、V_{12} 排气，排气完毕将两个阀门关闭；

(3) 打开实验管路左、右测点及压差计上方的球形阀，检查压差计左右液面是否水平。若不平，须排气（为防止汞发生外泄，排气时应在老师的指导下进行）；

(4) 用打气筒将水-气压差计的液面打到中部，关闭压差计上、下方的三个球形阀，将 V_{12}

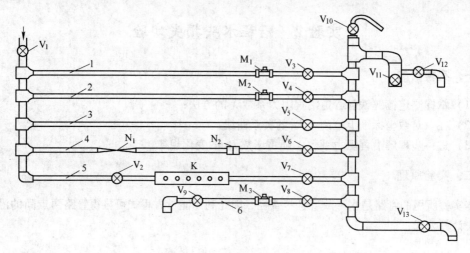

图 6-2　实验装置

N₁—文丘里流量计；N₂—孔板流量计；V—阀门；

M₁，M₂，M₃—涡轮流量变送器；K—伯努利方程实验管路

完全打开。待水流稳定后，记录压差计、流量积算仪的读数（当流量小于 130cm³/s 时，换用量筒和秒表来测量流量；压差小于 5cm 汞柱（6.67kPa）时，打开压差计下方的两个球形阀，由汞-水压差计换用水-气压差计来读压差）；

（5）逐次关小 V_{12}，记录 18 组不同的压差及流量；

（6）用量筒从实验管路中接足量的水，放入温度计 5min 后读出水的温度，查黏温表；

（7）实验完毕后，依次关闭 V_{12}、实验管路左右两测点的球形阀，并打开两用式压差计上部的球形阀。

五、实验结果及报告要求

1. 有关常数

管路直径：$D = 1.575cm$；水的温度：$T = $ ＿＿＿＿＿＿℃；

水的密度 $\rho = $ ＿＿＿＿＿＿ g/cm³；动力黏度系数：$\mu = $ ＿＿＿＿＿＿ Pa·s；

运动黏度系数：$v = $ ＿＿＿＿＿＿ cm²/s；两测点之间的距离：$L = $ ＿＿＿＿＿＿ cm。

2. 实验数据及处理

表 6-3　实验数据记录

次　数	流　量			汞-水压差计		水-气压差计	
	仪表读数 /cm³·s⁻¹	水的体积 /cm³	时间/s	左/cm	右/cm	左/cm	右/cm
1							
2							
⋮							
18							

表 6-4 实验数据处理

次 数	流量 Q /cm³·s⁻¹	流速 v /cm·s⁻¹	汞柱差 /cm	水柱差 /cm	沿程水头损失 h_f/cm	阻力系数 λ	雷诺数 Re
1							
2							
3							
4							

3. 绘制 λ-Re 的关系曲线

在双对数坐标纸上绘制 λ-Re 的关系曲线。

六、实验注意事项

（1）本实验要求从大流量（注意一定要把阀门 V_{12} 完全打开）开始做，逐渐调小流量，且在实验的过程中阀门 V_{12} 不能逆转；

（2）实验点分配要求尽量合理，在记录压差和流量时，数据要一一对应；

（3）使用量筒、温度计等仪器设备时，一定要注意安全；

（4）做完实验后，将量筒、温度计放回原处，将秒表交回。

七、思考题

6-2-1 实验中，对 λ 影响最大的参数是什么，为什么？

6-2-2 随着管路使用年限的增加，λ-Re 关系曲线会有什么样的变化？

6-2-3 当流量、实验管段长度相同时，为什么管径愈小，两断面的测压管液面差愈大，其间的变化规律如何？

实验 3 局部阻力实验

一、实验目的

（1）掌握三点法、四点法量测局部阻力损失的技能；

（2）通过对圆管突扩局部阻力系数的表达式和突缩局部阻力系数的经验公式的实验验证与分析，熟悉用理论分析法和经验法建立函数式的途径；

（3）加深对局部阻力损失机理的理解。

二、实验原理

计算局部损失的阻力系数法的公式为：

$$h_j = \zeta \frac{\alpha v^2}{2g} \qquad (6\text{-}7)$$

式中 h_j——局部阻力损失，m；

  ζ——局部阻力系数，无因次；

  v——流体在管道中的流速，m/s；

g——重力加速度，m/s^2；

α——速度不均匀系数，实验中流速均为平均流速，则 α 均取 1。

由式（6-7）可得局部阻力系数：

$$\xi = h_j \cdot \frac{2g}{v^2} \tag{6-8}$$

式（6-8）中：流速 v 可以通过测量流量得到，g 为常数，那么关键的问题是如何求得局部阻力损失 h_j，本实验介绍利用三点法、四点法测量局部阻力损失。

1. 突然扩大局部阻力损失的计算

当液体流动为稳定流时，选取产生局部阻力损失的部位两侧截面 1、2（参见图 6-3），列出两断面的伯努利方程：则突然扩大点 1 的局部阻力损失为：

$$z_1 + \frac{p_1}{\gamma} + \frac{\alpha_1 v_1^2}{2g} = z_2 + \frac{p_2}{\gamma} + \frac{\alpha_2 v_2^2}{2g} + h_{j扩} + h_{f1-2}$$

则：

$$h_{j扩} = \left[\left(z_1 + \frac{p_1}{\gamma}\right) + \frac{\alpha_1 v_1^2}{2g}\right] - \left[\left(z_2 + \frac{p_2}{\gamma}\right) + \frac{\alpha_2 v_2^2}{2g} + h_{f1-2}\right] \tag{6-9}$$

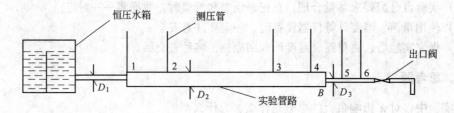

图 6-3　局部阻力实验示意图

采用三点法计算式是

因 $z_1 = z_2$　$\alpha_1 = \alpha_2 = 1$，h_{f1-2} 由 h_{f2-3} 按流长比例换算得出 $h_{f1-2} = l_{1-2}\dfrac{h_{f2-3}}{l_{2-3}}$，则：

$$h_{j扩} = \left[\left(\frac{v_1^2}{2g} - \frac{v_2^2}{2g}\right) + \left(\frac{p_1}{\gamma} - \frac{p_2}{\gamma}\right)\right] - l_{1-2}\frac{h_{f2-3}}{l_{2-3}} = \left(\frac{v_1^2}{2g} - \frac{v_2^2}{2g}\right) + R_{1-2} - l_{1-2}\frac{h_{f2-3}}{l_{2-3}} \tag{6-10}$$

式中　v_1，v_2——截面 1、2 处的水的流速，m/s；

R_{1-2}——截面 1、2 处的测压管中水柱的高度差，m；

l_{1-2}，l_{2-3}——截面 1、2，2、3 间的距离，由实验装置铭牌上读取，m；

h_{f1-2}，h_{f2-3}——截面 1、2，2、3 间的沿程阻力损失，m。

求出局部阻力损失 $h_{j扩}$ 后，可以由式（6-4）得到局部阻力系数 ζ 了。

即实测局部阻力系数为：

$$\zeta_扩 = h_{j扩} \bigg/ \frac{\alpha v_1^2}{2g} \tag{6-11}$$

式中　$h_{j扩}$——计算局部阻力损失，m；

v_1——截面 1 流体的流速，m/s；

g——重力加速度，m/s^2；

α——速度不均匀系数，实验中流速均为平均流速，则 α 均取 1。

从小到大时理论局部阻力系数为

$$\zeta'_{扩} = \left(1 - \frac{A_1}{A_2}\right)^2 \tag{6-12}$$

$$h'_{j扩} = \zeta'_{扩} \frac{\alpha v_1^2}{2g} \tag{6-13}$$

2. 突然缩小局部阻力损失的计算

采用四点法计算，下式中 B 点为突缩点，h_{f4-B} 由 h_{f3-4} 换算得出，h_{fB-5} 由 h_{f5-6} 换算得出，由伯努利方程可导出：

实测
$$h_{j缩} = \left(\frac{v_4^2}{2g} - \frac{v_5^2}{2g}\right) + R_{4-5} - l_{4-B}\frac{h_{f3-4}}{l_{3-4}} - l_{B-5}\frac{h_{f5-6}}{l_{5-6}} \tag{6-14}$$

式中　　　　v_4，v_5——截面 4、5 处的水的流速，m/s；

R_{4-5}——截面 4、5 处的测压管中水柱的高度差，m；

$l_{3-4}, l_{5-6}, l_{4-B}, l_{B-5}$——截面 3、4，5、6，4、$B$，$B$、5 间的距离，由实验装置铭牌上读取，m；

h_{f3-4}，h_{f5-6}——截面 3、4，5、6 间的沿程阻力损失，m。

求出局部阻力损失 $h_{j缩}$ 后，可以由式（6-8）得到局部阻力系数 ζ 了。

$$\zeta_{缩} = h_{j缩} \left/ \frac{\alpha v_5^2}{2g}\right. \tag{6-15}$$

经验
$$\zeta'_{缩} = 0.5\left(1 - \frac{A_5}{A_3}\right) \tag{6-16}$$

$$h'_{缩} = \zeta'_{缩} \frac{\alpha v_5^2}{2g} \tag{6-17}$$

三、实验装置

本实验装置如图 6-4 所示。

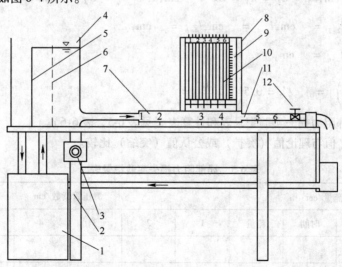

图 6-4　局部阻力损失实验装置图

1—自循环供水器；2—实验台；3—可控硅无级调速器；4—恒压水箱；5—溢流板；
6—稳水孔板；7—突然扩大实验管段；8—测压计；9—滑动测量尺；
10—测压管；11—突然收缩实验管段；12—实验流量调节阀

　　实验管道由小→大→小三种已知管径的管道组成，共设有 6 个测压孔，测孔 1~3 和 3~6 分别测量突扩和突缩的局部阻力损失系数。其中测孔 1 位于突扩界面处，用以测量小管出口端压强值。

四、实验步骤

　　(1) 测记实验有关常数。熟悉实验装置和流程。观察并认清量筒的单位和刻度划分，了解秒表的使用方法。

　　(2) 关闭出口流量调节阀，然后开启水泵电源，使恒压水箱充水并达到溢流状态，启闭出口流量调节阀若干次排除实验管道中的滞留气体。待水箱溢流后，检查出口流量调节阀全关时，各测压管液面是否齐平，若不平，则需排气调平。

　　(3) 打开出口流量调节阀，逐次由小到大调节流量（流量大小的调节可参考测压管 6 中液柱高度的读数来进行），调节流量后要稳定 1~2min，然后用体积法量筒、秒表（或用电测法）测定流量（连续测量 3 次，每次接取流体的时间应在 10s 以上，以减少相对误差。取 3 次流量的平均值作为本组流量的结果），同时读取、记录各测压管液柱高度。

　　(4) 一次实验完成后，关闭出口流量调节阀，检查各测压管液柱是否齐平。如果不齐平，则需重新排气，改变出口流量调节阀开度 3~4 次，分别测记测压管读数及流量。

　　(5) 实验完成后关闭出口流量调节阀，检查测压管液面是否齐平，如果齐平，则可关闭水泵电源，结束实验。否则，需重做。

五、实验结果及要求

　　(1) 记录、计算有关常数：

$$d_1 = D_1 = \quad cm, d_2 = d_3 = d_4 = D_2 = \quad cm, d_5 = d_6 = D_3 = \quad cm,$$

$$l_{1-2} = \quad cm, l_{2-3} = \quad cm, l_{3-4} = \quad cm, l_{4-B} = \quad cm,$$

$$l_{B-5} = \quad cm, l_{5-6} = \quad cm,$$

$$\zeta'_{扩} = \left(1 - \frac{A_1}{A_2}\right)^2 = \quad , \zeta'_{缩} = 0.5\left(1 - \frac{A_5}{A_3}\right) = \quad 。$$

　　(2) 整理局部阻力损失实验记录表和计算表（见表 6-5、表 6-6）。

　　(3) 将实测 ζ 值与理论值（突扩）或公认值（突缩）比较。

表 6-5　局部阻力损失实验记录表

次数	流量/cm³·s⁻¹			测压管读数/cm					
	体积	时间	流量	1	2	3	4	5	6
1									
2									
3									
4									

表 6-6　局部阻力损失实验计算表

次　数	阻　力	流量 $/cm^3 \cdot s^{-1}$	前断面/cm		后断面/cm		h_j/cm	ζ	h_j'/cm
			$\dfrac{\alpha v^2}{2g}$	E	$\dfrac{\alpha v^2}{2g}$	E			
1									
2	突　扩								
3									
4									
1									
2	突　缩								
3									
4									

六、思考题

6-3-1　结合实验结果，分析比较突扩与突缩在相应条件下的局部损失大小关系。

6-3-2　结合流动仪演示的水力现象，分析局部阻力损失机理何在，产生突扩与突缩局部阻力损失的主要部位在哪里，怎样减小局部阻力损失？

6-3-3　现备有一段长度及连接方式与调节阀（图 6-4）相同，内径与实验管道相同的直管段，如何用两点法测量阀门的局部阻力系数？

6-3-4　实验测得突缩管在不同管径比时的局部阻力系数（$Re > 10^5$）（见表 6-7）。

表 6-7　实测突缩管局部阻力系数值

序　号	1	2	3	4	5
d_2/d_1	0.2	0.4	0.6	0.8	1.0
ζ	0.48	0.42	0.32	0.18	0

　　试用最小二乘法建立局部阻力系数的经验公式。

6-3-5　试说明用理论分析法和经验法建立相关物理量间函数关系式的途径。

实验 4　毕托管测速演示实验

一、实验目的

（1）认识毕托管，了解毕托管的简单构造和基本原理；

（2）学会使用毕托管测量点流速的方法。

二、实验原理

实验原理如图 6-5 所示。

由伯努利方程可知：

$$u = c\sqrt{2g\Delta h} \qquad (6\text{-}18)$$

式中　u——毕托管测点处的点流速；

　　　c——毕托管的校正系数；

　　　Δh——毕托管全压水头与静压水头差。

管嘴流速 u 为（见图 6-6）：

$$u = \varphi'\sqrt{2g\Delta H} \qquad (6\text{-}19)$$

联解式（6-18）、式（6-19）可得

$$\varphi' = c\sqrt{\Delta h/\Delta H} \qquad (6\text{-}20)$$

式中　φ'——测点流速系数；

　　　ΔH——管嘴作用水头。

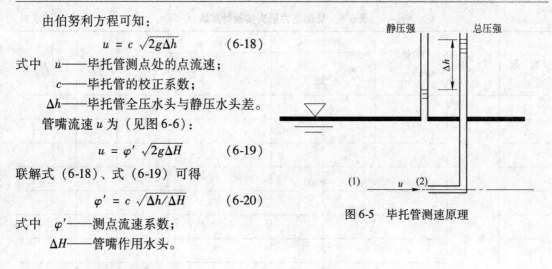

图 6-5　毕托管测速原理

三、实验设备及材料

设备：毕托管测速装置见图 6-6，结构示意图见图 6-7。

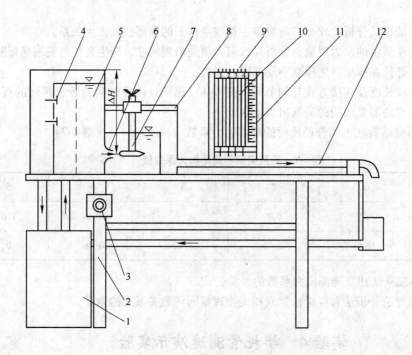

图 6-6　毕托管测速实验装置图

1—自循环供水器；2—实验台；3—可控硅无级调速器；4—水位调节阀；5—恒压水箱；
6—管嘴；7—毕托管；8—尾水箱与导轨；9—测压管；10—测压计；
11—滑动测量尺（滑尺）；12—上回水管

经淹没管嘴 6，将高低水箱水位差的位能转换成动能，并用毕托管测出其点流速值。测压计 10 的测压管 1、2 用以测量高、低水箱位置水头，测压管 3、4 用以测量毕托管的全压水头和静压水头，水位调节阀 4 用以改变测点的流速大小。

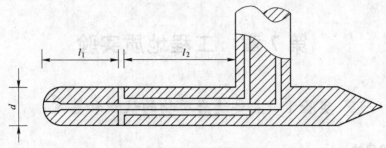

图 6-7 毕托管结构示意图

四、实验步骤

（1）准备：1）熟悉实验装置各部分名称、作用性能，搞清构造特征、实验原理。2）用医塑管将上、下游水箱的测点分别与测压计中的测管 1、2 相连通。3）将毕托管对准管嘴，距离管嘴出口处约 2~3cm，上紧固定螺丝。

（2）开启水泵。顺时针打开调速器 3 开关，将流量调节到最大。

（3）排气。待上、下游溢流后，用吸气球（如医用洗耳球）放在测压管口部抽吸，排除毕托管及各连通管中的气体，用静水匣罩住毕托管，可检查测压计液面是否齐平，液面不齐平可能是空气没有排尽，必须重新排气。

（4）测记各有关常数和实验参数，填入实验表格。

（5）改变流速。操作调节阀 4 并相应调节调速器 3，使溢流量适中，共可获得三个不同恒定水位与相应的不同流速。改变流速后，按上述方法重复测量。

（6）实验结束时，按上述步骤（3）的方法检查毕托管比压计是否齐平。

五、实验结果及报告要求

表 6-8 记录计算

校正系数 $c =$ _____ $k =$ _____ cm$^{0.5}$/s

实验次序	上下游水位差/cm			毕托管水头差/cm			测点流速 /cm·s^{-1}	测点流速系数
	h_1	h_2	ΔH	h_3	h_4	Δh		

六、思考题

6-4-1 利用测压管测量点压强时，为什么要排气，怎样检验排净与否？

6-4-2 毕托管的压头差 Δh 和管嘴上下游水位差 ΔH 之间的大小关系怎样，为什么？

6-4-3 所测的流速系数 φ'，说明了什么？

6-4-4 据激光测速仪检测，距孔口 2~3cm 轴心处，其点流速系数 φ' 为 0.996，试问本实验的毕托管精度如何，如何率定毕托管的矫正系数 c？

6-4-5 普朗特毕托管的测速范围为 0.2~2m/s，流速过小过大都不宜采用，为什么，测速时要求探头对正水流方向（轴向安装偏差不大于 10°），试说明其原因（低流速可用倾斜压差计）。

6-4-6 为什么在光、声、电技术高度发展的今天，仍然常用毕托管这一传统的流体测速仪器？

第7章　工程地质实验

实验1　主要造岩矿物的认识和鉴定

一、实验目的

矿物和岩石的实验是《工程地质》整个教学过程中一个重要的环节。课堂上所学的有关矿物、岩石的理论知识必须通过直接的观察、鉴定，即通过感性认识，才能加深理解，得以巩固和提高。矿物的形态和矿物的物理性质，是对矿物进行肉眼鉴定的两项主要依据。实验目的：

(1) 主要通过观察标本，建立对几种造岩矿物的感性认识；

(2) 全面观察矿物形态及物理性质等特征；

(3) 初步掌握采用肉眼鉴定的基本方法；

(4) 学会常见矿物的鉴定，能编写简单的鉴定报告。

二、实验原理

自然界产出的矿物对形成岩石具有普遍意义。所谓"常见的"造岩矿物不超过10余种。这些主要造岩矿物各自的形态、物理性质、化学性质等方面都不相同，在对其形态、物理性质、化学性质等性质鉴定的基础上，对照有关的矿物性质知识、查阅相关矿物特征鉴定表，就能对所鉴定的矿物进行正确命名。

三、实验设备及材料

实验设备：天平、量筒、小刀、钉锤、放大镜、毛瓷板、有关化学试剂（如稀盐酸）等，有条件的情况下还可以提供显微镜供同学镜下鉴定。

实验材料：常见的各种造岩矿物标本：石英、长石、方解石、角闪石、辉石、高岭石、黄铁矿、滑石等。

四、实验方法与步骤

(一) 实验方法

鉴定矿物方法有很多，有差热分析法，光谱分析法和偏、反光显微镜鉴定法。肉眼鉴定法是野外工作常采用的鉴定方法，它是其他鉴定方法的基础。本次实验主要采用肉眼鉴定方法，即凭借肉眼观察矿物的形状及光学性质、一些简单的工具（如放大镜、小刀等）来区别矿物的物理性质及采用化学试剂鉴定矿物的化学特性等。

(二) 实验步骤

(1) 观察矿物的几何形态，包括晶体形态和集合体形态。

(2) 矿物光学、物理性质以及化学性质的确定。主要包括以下几个方面特征：颜色、光泽、解理、硬度等。

(3) 结合上述鉴定成果，对比有关矿物特征鉴定表，确定矿物名称。

五、实验结果及报告要求

结合实际鉴定结果，按照表 7-1 所示内容尽可能完整填写。

表 7-1　常见矿物肉眼鉴定主要性质简单鉴定成果

标志编号	矿物形态		物理性质					化学性质	其他性质	综合鉴定结果矿物名称
	晶体形态	几何形态	容重	颜色	光泽	解理	硬度			
1										
2										
3										
4										
5										
6										
7										

六、实验注意事项

（1）实验开始前，要做好实验的准备工作，尽可能熟悉常见矿物的形态、物理性质和化学性质。

（2）实验过程中要注意秩序，在教师带领下观察矿物的形态、物理性质和某些特殊的化学性质。

七、思考题

7-1-1　最重要的造岩矿物有哪几种，其主要的鉴定特征是什么？

7-1-2　如何不使用摩氏硬度计的情况下，对实验标本硬度进行简单评定？

实验 2　常见变质岩的鉴定与认识

一、实验的目的

变质岩的认识和鉴定是野外地质工作的基本功之一。本次实验的目的：

（1）通过对变质岩标本的观察，学习变质岩的构造、结构和矿物的组成特征。

（2）学习常见变质岩的命名和肉眼鉴定方法。

（3）掌握常见变质岩的鉴定特征并能做出简单的鉴定报告。

二、实验原理

原先生成的岩浆岩、沉积岩和变质岩经高温高压及化学活动性很强的气体和液体作用后，在固体状态下，发生矿物成分或结构构造的改变形成新的岩石，这就是所谓的变质岩。变质岩不仅具有自身的特点，往往还保留原岩的某些特征。

三、实验设备及材料

实验设备：天平、量筒、小刀、钉锤、放大镜、毛瓷板、有关化学试剂（如稀盐酸）等，有条件的情况下还可以提供偏光显微镜供同学镜下鉴定。

实验材料：常见的各种变质岩标本：板岩、千枚岩、黑云母片岩、绿泥石片岩、大理岩、石英岩等。

四、实验方法与步骤

（一）实验方法

（1）参照本书和教材中对有关常见变质岩的描述，对照标本，在教师指导下进行独立观察学习；

（2）如有条件可借用偏光显微镜对角闪片麻岩、绿泥石化长石砂岩和糜棱岩等进行观察；

（3）观察球状片麻岩、肠状片麻岩等，加深对变质岩中定向排列构造的认识；

（4）在深入观察的基础上，总结具不同构造的各类变质岩的鉴定特征。

（二）实验步骤

变质岩的认识和鉴定应着重观察变质岩的结构、构造和矿物成分等方面的特征，步骤是先根据岩石结构进行大致划分，再结合结构特征和矿物成分确定岩石名称。

1. 常见变质岩典型变质构造的认识

板状构造——板岩；

千枚状构造——千枚岩；

片状构造——结晶片岩（云母片岩，滑石片岩、石榴子石片岩，绿泥石片岩等）；

片麻状构造——片麻岩（正、副片麻岩）；

块状构造——石英岩、大理岩。

2. 常见变质岩典型变质结构的认识（可结合磨片标本在显微镜下观察）

变晶结构——大理岩、角闪片麻岩；

变余结构——变质砂岩（如绿泥石化长石砂岩等）；

碎裂结构——糜棱岩、碎裂岩。

3. 变质岩中常见矿物的识别

变质岩中的矿物，按成因分为两大类：一类是继承性矿物或称共有矿物（经变质作用后保留下来的原岩中的稳定矿物）；另一类是变质矿物（在变质过程中新产生的矿物）。继承性矿物中的石英、长石、云母和变质矿物中的滑石、蛇纹石、石榴子石等已在主要造岩矿物的鉴定中叙述。变质矿物中的黄玉、刚玉可见摩氏硬度计中的标本，绿泥石、绢云母可观察绿泥石片岩和千枚岩。

4. 常见变质岩综合特征观察

结合标本，对照教材中关于各类常见变质岩的具体描述，逐类逐块地进行观察，包括板岩、千枚岩、结晶片岩（云母片岩、滑石片岩，绿泥石片岩、石榴子石片岩等）、片麻岩；糜棱岩、大理岩和石英岩。

5. 常见变质岩的肉眼鉴定和定名方法

根据变质岩的构造特征，可将其分为两大类：一类是具片理构造的变质岩，如板岩、千枚岩、各类结晶片岩和片麻岩；另一类是块状构造的变质岩，如大理岩、石英岩等。

对具有片理构造的变质岩的定名常用"附加名称＋基本名称"。其中"基本名称"可以其片理构造类型表示，如具板状构造者可定名板岩；具片状构造者可定名片岩……。"附加名称"可以特征变质矿物、主要矿物成分或典型构造特征表示。如对一块具明显片麻构造的岩石，若其矿物组成中含有特征变质矿物石榴子石，则在片麻岩前冠以"石榴子石"，该岩石则命名为

"石榴子石片麻岩"（片麻岩根据其原岩特征分为正片麻岩-原岩为火成岩；副片麻岩-原岩为沉积岩）。同样，对含滑石或绿泥石较多的片岩分别定名为"滑石片岩"和"绿泥石片岩"。

对具有块状构造变质岩的定名，则主要考虑其结构及成分特征，如粗晶大理岩、中粒石英岩、蛇纹石大理岩等。

五、实验结果及报告要求

鉴定数块未记名标本，按表7-2 格式填写实验报告。

表7-2　变质岩标本肉眼鉴定实习报告　　　　　年　月　日

标本号	主要鉴定特征				岩石名称
	构造类型	矿物成分	结构类型	其他特征	

六、实验注意事项

（1）实验开始前，要做好实验的准备工作。实验前预习教材中"变质岩"部分，重点预习变质岩的构造特征和分类方法。

（2）实验过程中要注意秩序，听从实验指导教师的安排。

七、思考题

7-2-1　最常见的变质岩有哪几种，其工程地质特征是什么？

实验3　常见沉积岩的鉴定与认识

一、实验目的

沉积岩的认识和鉴定是野外地质工作的基本功之一。

实验的目的：

（1）通过实验加强课程中有关内容的理解，即通过对沉积岩标本的观察，学习沉积岩的构造、结构和矿物的组成特征。

（2）了解常见沉积岩的基本分类和肉眼鉴定方法。

（3）掌握常见沉积岩的鉴定特征并能做出简单的鉴定报告。

二、实验原理

沉积岩分为碎屑岩、黏土岩、化学岩和生物化学岩三类。肉眼鉴定时，只要从注意其颜色、矿物成分、结构和胶结类型等方面综合分析，就能对其做出正确的鉴定和命名。

三、实验设备及材料

实验设备：天平、量筒、小刀、钉锤、放大镜、毛瓷板、有关化学试剂（如稀盐酸）等，有条件的情况下还可以提供显微镜供同学镜下鉴定。

实验材料：常见的各种沉积岩标本：火山角砾岩、凝灰岩、砾岩、石灰岩、白云岩、泥灰岩、泥岩、页岩等。

四、实验方法与步骤

（一）实验方法

（1）参照指导书和教材中对有关常见沉积岩的描述，结合标本，在教师指导下自行观察学习。

（2）观察偏光显微镜下砂岩薄片中石英颗粒的形状特征和石英颗粒与胶结物间的关系（胶结类型）。

（3）在独立观察的基础上，总结出各类沉积岩标本的鉴定特征。

（二）实验步骤

沉积岩的认识和鉴定先从观察岩石的结构开始，结合岩石的其他特征先分出所属大类（碎屑岩、黏土岩、化学岩）。

1. 沉积岩典型结构的认识

碎屑结构。观察砾岩、角砾岩、砂岩的组成物质的颗粒大小与形状等特征。

泥质结构。观察页岩、黏土岩，注意其致密状的特点。

化学结构及生物化学结构。观察石灰岩（或结晶石灰岩）、白云岩、介壳灰岩（或珊瑚灰岩）、鲕状灰岩、竹叶状灰岩、燧石岩等。

2. 沉积岩典型构造的认识

层理构造。利用照片、幻灯或放映电视录像，在建立层理构造宏观特征的基础上，观察页岩、条带状灰岩等手标本上的层理，观察具交错层理的陈列标本。

层面构造。观察具泥裂、波痕、缝合线构造的陈列标本。

化石。观察完整的动、植物化石标本各 1～2 块。

结核。观察鲕状灰岩标本和一块较大型的结核标本。

3. 碎屑岩的胶结类型和胶结物成分的认识

观察砾岩、角砾岩、砂岩（石英砂岩、长石砂岩、铁质砂岩）的胶结类型和胶结物。对于一块标本而言，可能是一种胶结类型和单一的胶结物，也可能同时存在两种或三种胶结类型和一种以上的胶结物。需仔细观察、予以区分，碎屑岩中常见的胶结物的一般特征可参照表7-3。

4. 常见沉积岩特征的综合观察

结合标本，对照教材中关于各种常见沉积岩的描述，逐类逐块地进行观察，包括：火山碎屑岩类：凝灰岩、火山角砾岩、火山集块岩（见表7-3）。

表 7-3　碎屑岩中常见的胶结物的一般特征

胶结物	主要矿物成分	常见颜色	牢固程度	其他特征
硅　质	石英、蛋白石、玉髓、海绿石	乳白色、灰白色、黑绿色	坚　硬	岩石强度高，硬度大，难溶于水
钙　质	方解石、白云石	白、灰白、淡黄、微红色	中　等	可与稀盐酸作用，产生气泡
泥　质	高岭石、蒙脱石、水云母	泥黄色、黄褐色	差	岩石质地松软，遇水易软化或泥化
铁　质	赤铁矿、褐铁矿	红褐色、黄褐色、棕红色	较坚硬	强度较高，遇水遇氧易风化
石膏质	石　膏	白色、灰白色	较　差	强度低，长期浸水可被融蚀
炭　质	有机质	黑色、黑绿色	差	岩石强度低，遇水易泥化

5. 岩石命名

在对其形态、物理性质、化学性质等性质鉴定的基础上，主要根据结构特征来命名，然后加上其他方面的特征描述来综合命名。

五、实验结果及报告要求

鉴定数块未记名沉积岩标本，按表 7-4 格式填写实验报告。

表 7-4　沉积岩标本肉眼鉴定实习报告　　　　年　月　日

标本号	主要鉴定特征				岩石名称
	颜　色	矿物成分	结　构	构　造	

六、实验注意事项

（1）实验开始前，要做好实验的准备工作。实验前预习教材中"沉积岩"部分，尽可能熟悉常见沉积岩的颜色、矿物成分、结构和构造特征。

（2）实验过程中要注意秩序，听从实验指导教师的安排。

七、思考题

7-3-1　沉积岩的分类依据是什么，沉积岩的分类有哪些?

7-3-2　最常见的沉积岩有哪几种，其主要的鉴定特征是什么?

实验4　常见岩浆岩的鉴定与认识

一、实验目的

岩石是矿物的集合体。认识造岩矿物的目的在于通过实验加强课程中有关内容的认识，识别工程中常见的各种岩石，并为今后学习其他章节打下良好的基础:

(1) 全面观察岩浆岩的矿物成分和结构构造。

(2) 学会能够初步运用肉眼鉴定造岩矿物的方法。

(3) 学习岩浆岩的简易分类原则并能做出简单的鉴定报告。

二、实验原理

肉眼鉴定岩浆岩的基本内容为矿物成分和结构构造，这是岩浆岩分类命名的基础。肉眼鉴定时，只要从矿物成分和结构构造等方面综合分析，就能对其做出正确的鉴定和命名。

三、实验设备及材料

实验设备：天平、量筒、小刀、钉锤、放大镜、毛瓷板等。

实验材料：常见的各种岩浆岩标本：闪长岩、花岗岩、玄武岩、玢岩、花岗斑岩、辉长岩、流纹岩等。

四、实验方法与步骤

(一) 实验方法

(1) 参照指导书和教材中有关常见火成岩的描述，对照标本自行观察，教师只作必要的辅导讲解。

(2) 在独立观察的基础上，总结出每块标本的鉴定特征 (要特别注意外貌相似岩石标本之间的差异)。

(3) 有条件时，借助偏光显微镜，观察玄武岩等薄片的结构特点。

(二) 实验步骤

对岩浆岩一般描述的步骤是：首先是颜色，其次为结构、矿物成分、构造及次生变化等。

1. 常见岩浆岩结构的观察

结合标本，从矿物的结晶程度、颗粒大小、颗粒级配及连接关系等方面，来认识矿物的结构特征。

矿物的结晶程度：全晶质结构——花岗岩；非晶质 (玻璃质) 结构——浮岩。

矿物颗粒大小：粗粒结构——粗粒花岗岩；中粒结构——中粒辉长岩；细粒结构——细晶岩或细粒闪长岩；隐晶质结构——辉绿岩；伟晶结构——伟晶岩。

矿物颗粒相对大小：等粒结构——花岗岩、闪长岩；斑状结构——正长斑岩、闪长玢岩；似斑状结构——花岗斑岩。

2. 常见火成岩典型构造的观察

观察标本的典型构造特征：

块状构造——花岗岩、闪长岩、辉长岩；流纹构造——流纹岩；气孔构造——浮岩、粗面岩；杏仁状构造——玄武岩。

3. 火成岩中常见矿物成分的识别

石英：观察花岗岩、流纹岩，石英在岩石中多呈粒状，具油脂光泽，烟灰色，硬度为 7，易与灰白色的斜长石相混淆。

长石：观察花岗岩、闪长岩和安山岩，长石具玻璃光泽，硬度为 6，正长石多为肉红色，斜长石多为灰白色，详细观察，斜长石具有许多平行的晶纹，而正长石的新鲜解理面在光的照射下，往往可见明暗程度有显著差异的两部分。

云母：观察黑云母花岗岩，云母最明显的特征是用小刀极易剥出云母碎片。

辉石与角闪石：观察辉长岩和闪长岩，辉石和角闪石在火成岩中均为深灰色至黑色，光泽也甚相似。但在形状和断面上有所差异，辉石纵断面呈短柱状，横断面为八边形（近似正方形）；角闪石纵断面为长柱状，横断面为六边形；辉石往往与橄榄石共生，角闪石往往与黑云母共生，角闪石两组中等解理呈 124°或 56°斜交，而辉石的两组中等解理近于正交。

4. 常见火成岩特征的综合观察

结合标本，对照教材中关于各类火成岩的分类表，逐类、逐块、逐项地进行观察，应特别注意各自的鉴定特征。

花岗岩—流纹岩类：花岗岩、花岗斑岩、流纹岩。

正长岩—粗面岩类：正长岩、正长斑岩、粗面岩。

闪长岩—安山岩类：闪长岩、闪长玢岩、安山岩。

辉长岩—玄武岩类：辉长岩、辉绿岩、玄武岩。

脉岩类：细晶岩、伟晶岩。

其他岩类：浮岩、黑曜岩、火山角砾岩、凝灰岩等

5. 岩石命名

岩浆岩命名的根据：主要是根据岩石中含量最多的主要矿物命名。

五、实验结果及报告要求

鉴定数块未记名沉积岩标本，按表 7-5 格式填写实验报告。

表 7-5　岩浆岩标本肉眼鉴定实习报告

标本号	主要鉴定特征				岩石名称
	颜　色	矿物成分	结　构	构　造	

六、实验注意事项

（1）实验开始前，要做好实验的准备工作。实验前预习教材中"岩浆岩"部分，尽可能熟悉常见岩浆岩的颜色、矿物成分、结构和构造特征。

（2）实验过程中要注意秩序，听从实验指导教师的安排。

七、思考题

7-4-1　岩浆岩的分类有哪些？

7-4-2　最常见的岩浆岩有哪几种，其主要的鉴定特征是什么？

实验5　双面尺法水准测量

一、实验目的

（1）进一步熟练水准仪的操作，掌握用双面水准尺进行四等水准测量的观测、记录与计算方法。

（2）熟悉四等水准测量的主要技术指标，掌握测站及线路的检核方法。

视线高度大于0.2m；视线长度不大于80m；前后视距差不大于3m；前后视距累积差不大于10m；红黑面读数差不大于3mm；红黑面高度之差不大于5mm。

二、实验原理

设

$$h_{ab} = H_b - H_a \tag{7-1}$$

只要求出 AB 两点高差即可。

假如我们在 AB 两点分别安放带有分划的标尺，并且在 AB 之间置一台能建立水平视线的仪器分别读取标尺上的读数 a 和 b，其中：

$$h = a - b \tag{7-2}$$

H_a 已知，则

$$H_b = H_a + h_{ab} \tag{7-3}$$

由此可见，水准测量主要是高差测量，高差有正负，在施测时要明确施测方向，是 A→B

若 A 点高程已知

则 A 点是后视点，其读数是后视读数 a

则 B 点是前视点，其读数是前视读数 b

对高差来讲用文字表示为：高差 = 后视读数 – 前视读数

要注意：前读数不一定比后视读数大

若 $h_{ab} > 0$，则 $H_b > H_a$

　　$h_{ab} < 0$，则 $H_b \leqslant H_a$

在水准测量中用以下式子 $H_b = H_a + h_{ab}$，H_a 已知，由高差求取高程→高差法

若将上式变成

$$H_b = (H_a + a) - b \tag{7-4}$$

由式（7-4）求取高程→仪高法。

三、实验设备及材料

实验设备：DS3 水准仪 1 台、望远镜、水准器、水准尺 2 支，记录板 1 块。

1. 水准仪

作用：迅速建立一条水平视线。

种类：

按精度分：DS0. 5、DS1、DS3、DS10。

按结构分：微倾水准仪，自动安平水准仪，数字水准仪。

以微倾水准仪为例说明构造。

水准仪构造：大概分三部分：望远镜，水准器，基座。

2. 望远镜

由物镜、目镜、对光螺旋、十字丝板。

物镜：提供视线、瞄准目标、读数用。

目镜：放大物像。

对光螺旋：使不同距离的目标成像清晰。

十字丝板：提供水平视线。

视距轴（视线）：十字丝交点与物镜光心连线。

要注意它不是望远镜镜筒的中心线。

3. 水准器

水准器分为管水准器、圆水准器。

水准管轴：过零点的切线，水准仪就是凭水准气泡居中来建立水平视线。这样仪器要保证视准轴平行于水准管轴。只要气泡居中则说明视线水平。

圆水准器：粗略量平用。

圆水准轴：过零点的球面法线。

基座：承托水准仪，通过中心螺旋使水准仪与脚架连接，粗平仪器。

另外，为了准确瞄准望远镜还有一个制动、微动装置。

4. 水准尺

塔尺：5m。

双面水准尺：3m、2.5m、4.687m、4.787m。

四、实验步骤

（一）四等水准测量的方法

双面尺法四等水准测量是在小地区布设高程控制网的常用方法，是在每个测站上安置一次水准仪，但分别在水准尺的黑、红两面刻画上读数，可以测得两次高差，进行测站检核。除此以外，还有其他一系列的检核。

（二）四等水准测量的实验

（1）从某一水准点出发，选定一条闭合水准路线。路线长度 200～400m，设置 4～6 站，视线长度 30m 左右。

（2）安置水准仪的测站至前、后视立尺点的距离，应该用步测使其相等。在每一测站，按下列顺序进行观测：

后视水准尺黑色面，读上、下丝读数，精平，读中丝读数；

前视水准尺黑色面，读上、下丝读数，精平，读中丝读数；

前视水准尺红色面，精平，读中丝读数；

后视水准尺红色面，精平，读中丝读数。

（3）记录者在"四等水准测量记录"表中按表头表明次序（1）～（8）记录各个读数，（9）～（16）为计算结果：

后视距离（9）= 100 ×｛（1）－（2）｝

前视距离（10）= 100 ×｛（4）－（5）｝

视距之差（11）=（9）－（10）

∑视距差（12）= 上站（12）+ 本站（11）

红黑面差（13）=（6）+ K －（7）　（K = 4.687 或 4.787）

（14）=（3）+ K －（8）

黑面高差（15）=（3）－（6）

红面高差（16）=（8）－（7）

高度之差（17）=（15）－（16）=（14）－（13）

平均高差（18）= 1/2｛（15）+（16）｝

每站读数结束（（1）～（8）），随即进行各项计算（（9）～（16）），并按技术指标进行检验，满足限差后方能搬站。

（4）依次设站，用相同方法进行观测，直到线路终点，计算线路的高差闭合差。按四等水准测量的规定，线路高差闭合差的允许值为 $\pm 20\sqrt{L}$ mm，L 为线路总长（km）。

经过各项检核计算后的"四等水准测量记录"表。

五、实验结果及报告要求

把实验结果按表 7-6 进行填写，并对测量结果进行分析。

表 7-6　四等水准测量记录

组别：　　　　　　　　　仪器号码：

年　月　日

测站编号	视准点	后视	上丝	前视	上丝	方向及尺号	水准尺读数		黑 + K － 红	平均高差
			下丝		下丝		黑色面	红色面		
		后视距		前视距						
		视距差		∑视距差						
		（1）		（4）		后	（3）	（8）	（14）	（18）
		（2）		（5）		前	（6）	（7）	（13）	
		（9）		（10）		后 － 前	（15）	（16）	（17）	
		（11）		（12）						
						后				
						前				
						后 － 前				

测站编号	视准点	后视	上丝	前视	上丝	方向及尺号	水准尺读数		黑 + K − 红	平均高差
			下丝		下丝		黑色面	红色面		
		后视距		前视距						
		视距差		Σ视距差						
						后				
						前				
						后 − 前				
						后				
						前				
						后 − 前				
						后				
						前				
						后 − 前				
						后				
						前				
						后 − 前				

六、实验注意事项

（1）四等水准测量比工程水准测量有更严格的技术规定，要求达到更高的精度，其关键在于：前后视距相等（在限差以内）；从后视转为前视（或相反）望远镜不能重新调焦；水准尺应完全竖直，最好用附有圆水准器的水准尺。

（2）每站观测结束，已经立即进行计算和进行规定的检核，若有超限，则应重测该站。全线路观测完毕，线路高差闭合差在允许范围以内，方可收测，结束实验。

七、思考题

7-5-1　分析测量误差出现的原因。

实验6　隧道断面净空收敛与拱顶下沉量控监测

一、实验目的

监测的主要目的是监测围岩的变形情况，掌握围岩变化动态，对围岩的稳定性做出评价；通过收集可反映施工过程中围岩与支护体系动态变化的信息，对它们进行分析处理，验证支护衬砌设计效果，提供修改设计和施工方法的依据，确定支护结构形式、支护参数以及二次衬砌和仰拱的施作时间。

二、实验原理

隧道监测断面如图 7-1 所示。

可以应用收敛计分别测量出 AB、AC、BC 三边的长度，

令　　　　$S = (\,|AB| + |BC| + |AC|\,)/2$　　　　(7-5)

则 A 到 BC 边上的高度可按照以下公式计算：

$$h = 2\,\sqrt{(S - |AB|) \cdot (S - |BC|) \cdot (S - |AC|)}\,/\,|BC|$$

(7-6)

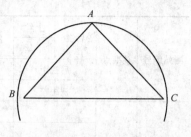

图 7-1　隧道净空收敛与拱顶
下沉测量断面布置示意图

则每次测得的 $|AB|$、$|BC|$、$|AC|$、h 与它们各自的最初值相减之差就是 $|AB|$、$|BC|$、$|AC|$、h 的收敛值。

三、实验设备

实验设备：SWJ-Ⅳ隧道收敛计。

SWJ-Ⅳ隧道收敛计其结构如图 7-2 所示。

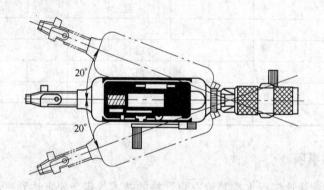

图 7-2　SWJ-Ⅳ隧道收敛计结构示意图

SWJ-Ⅳ隧道收敛计是中铁西南科学研究院隧道及地下工程研究室开发的隧道监测、检测产品系列——收敛计的第四代产品，为目前国内所见收敛计重量最轻、体积最小的产品，携带、使用非常方便。

（1）采用符合人体工学要求的外观设计及硬质铝合金机身，外观极为轻巧、美观且结实、耐用，抓握、操作也极为适手。

（2）采用大张力自锁紧摇柄式传动系统，使各种接触间隙大为减小，尺带的抗抖动性能大为提高，非常适用于大跨度隧道场合。该系统关键部件——张力弹簧，系按疲劳寿命达 100 万次、使用期间刚度保持不变的要求设计并用优质材料制作，可提供恒定的尺带张力。独有的自锁紧加载摇柄，具有快速定位、加载及自动锁定荷载的双重功能。张力传动系统还具有张力松弛补偿功能，可避免因尺带弹性变形引起的实际加载值下降。

（3）采用专门设计的精确加载指针系统，使本机的加载精度达 ±0.25N，比传统的游标刻线式加载指示方式提高了 3.7 倍。这一点对大跨度隧道量测尤为重要，因为这种场合，张力加载值的一些细微变化都将引起尺带自身拉伸变形量的较大改变，从而有可能吃掉围岩实际的变

形量。

(4) 独有的收敛计专用尺带设计，具有高强度、大刚度，满足开孔条件下大张力加载以及低拉伸变形要求。在同等张力条件下，本尺带的自身拉伸变形量比市售普通钢卷尺低30%以上，且具有良好的抗折弯性能。本尺带为光亮带，在隧道内比较醒目。

(5) 采用专用尺架设计，加长的摇柄以及开放式的尺架，使收放尺带十分轻松自如。由于，本尺架悬挂点在活动机身以外，因此卷在尺架内的尺带重量对尺带拉伸张力不产生影响。

(6) 独有的可旋转机身设计，使机身在尺带不扭转的前提下可以绕尺带轴线旋转90°和180°，因此可以侧向或从下方读数，这样量测人员不必爬到较高位置。

(7) 采用球铰定向系统设计，具有较大的倾斜量测范围，并且在该范围内，机身在尺带张力的牵引下总能自动保持与尺带的同轴性。

(8) 独有的抓卡式测点及其连接系统设计，使收敛计可以快速方便地上下测点，比插销式测点系统使用更方便、顺手，且外形很美观。同时还带有定位键，可保证连接系统与测点每次均在同一位置接触，具有比插销式测点系统更高的接触精度。

(9) 采用 LCD 电子数字显示方式取代传统的机械式百分表，并带有照明装置，示值更明确、易读。该方式的最小示值为 0.01mm，示值误差不大于 ±0.02mm。配合电气部件，本机采用了防水设计和工艺，可在滴水条件下使用。

四、实验步骤

(1) 如图 7-2 所示，依次把收敛计的两端分别悬挂在 A、B、C 三点所布置的挂钩上。

(2) 正确使用收敛计，分别测出 AB、AC、BC 三边的长度。

(3) 利用上述式 (7-5)、式 (7-6)，计算出 A 点到 BC 边上的高度值。

(4) 结果计算与分析。

五、实验结果及报告要求

(1) 在现场，把测量结果填入表 7-7。

表 7-7　监测记录

时　间	AB/mm	BC/mm	AC/mm

（2）把测量结果输入设计好的 Excel 表格中，分别计算出累计水平（高度）收敛值、当次水平（高度）收敛值、累计水平（高度）收敛速度、当次水平（高度）收敛速度。

（3）根据 Excel 计算结果，分别绘出该断面的水平长度和高度随时间的变化关系图；以及该断面平均沉降速度、平均水平收敛速度关系图。

（4）根据结果，正确分析围岩的变形情况，掌握围岩变化动态，对围岩的稳定性做出评价。

六、实验注意事项

（1）断面测点布置时，两测点 B、C 尽可能保持水平。

（2）为保证测量的准确性，测量时，收敛计测量钢尺的拉伸程度应保持一致。

七、思考题

7-6-1　分析测量中可能产生的误差以及如何消除误差？

第二篇　专业实验部分

第8章　安全人机工程学实验

实验1　注意分配实验

一、实验目的

通过测定不同条件下被测试者注意力集中的能力，熟悉注意力分配仪的使用及注意力能力的实验设计。

二、实验原理

人在同一时间内把注意分配到不同的对象上，就称为注意分配，又称时间分配。注意分配是可能的，而且是有效的，它需要个体具有熟练的技能技巧。许多职业都对注意分配能力有较高的要求。这种能力可以通过专门的训练来提高。注意分配实验可测量被试者注意分配值的大小，通过测试可了解人同时进行两项工作的能力。

本实验将给被试者提供两个任务情境，促使被试者主动积极地分配自己的注意力。如果注意分配不当，被试者将不能圆满完成任务，在这种情况下，被试者必然会试图改变注意的分配方式，以期出色地完成所有任务。

三、实验设备及材料

实验设备：ZYFP-Ⅱ型注意分配实验仪。

本实验仪器由单片机及有关控制电路、主试面板、被试面板等部分组成。主试面板设有功能选择拨码开关，三位数码显示器，音量调节旋钮等；被试面板设有低音、中音、高音三个反应键，八个发光二极管和与其对应的八个光反应键。

1. 电源电压 220V ±10%，50Hz，9W。

2. 主式面板

（1）电源线插头接 ~220V 电源；

（2）电源保险管座内装 0.5A 或 1A 保险管；

（3）电源开关（上开/下关）；

（4）电源指示灯（红色）；

（5）工作指示灯（绿色）；

（6）启动键——由主试启动仪器工作时用；

（7）复位键——开机或换新被试时用，一组实验没完成时不得按此键；

（8）三位数码显示器——显示状态由拨码开关 D 值决定；

（9）音量控制旋钮——实验前由主试调整合适音量；

（10）三位拨码开关 T，W，D——供主试选择时间，实验方式，显示方式。

3. 被试操作面板

（1）低音操作键——听到低音按下此键。

（2）中音操作键——听到中音按下此键。

（3）高音操作键——听到高音按下此键。

（4）光信号灯——红灯亮为有关刺激。

（5）光信号操作键——依据红灯亮位置按下对应操作键。

（6）工作指示灯——绿色。

灯不亮——开机复位状态

灯亮——开始工作

灯闪烁——为规定时间内完成一项操作

灯灭——表示一组实验结束

（7）启动键。

四、实验步骤

（一）功能

声音刺激分高音、中音、低音三种，要求被试对仪器连续或随机发出不同声音刺激作出判断和反应，用左手按下不同音调相应的按键，按此方法反复地操作一个单位时间，由仪器记录下正确的反应次数。光刺激由 8 个发光二极管形成环状分布，要求被试对仪器连续或随机发出的不同位置的光刺激作出判断和反应，然后用右手按下发光二极管相对应位置的按键，连续发光二极管灭掉，依此方法快速反复操作一个单位时间，由仪器记录下正确的反应次数。

以上两种刺激可分别出现，也可同时出现，用功能选择拨码开关选测试状态。

"T" 设置测试时间：

T = 0：不限测试时间，255min 为循环计时周期

T = 1~7：1~7 表示 1~7min 七挡规定工作时间

"W" 选择工作方式：W = 6 为检测方式，此方式可试音、试光，既检查仪器好坏，也可让被试熟悉低、中、高三种声调：

W = 1 为低、中、高三声反应方式

W = 3 为光反应方式

W = 5 为三声 + 光反应方式

W = 2 为中、高二声反应方式

W = 4 为二声 + 光反应方式

测定注意分配值 "Q" 的实验分两组：

一组：W = 1　W = 3　W = 5

二组：W = 2　W = 3　W = 4

不允许组间混合，当一组实验结束，仪器自动计算注意分配值（Q）。

"D" 选择显示方式：

D = 0 计时显示；

D = 1 显示三声正确反应次数；

D = 1 显示二声正确反应次数；

D = 3 显示光正确反应次数，低位小数点亮与声反应次数加以区别；

D = 4 交替显示二声 + 光正确反应次数，低位无小数点亮为声反应次数，有小数点亮为光反应次数；

D = 5 交替显示三声 + 光正确反应次数；

D = 6 显示注意分配值：当 $Q = 0.00 \sim 1.00$，均为注意分配值，当 $Q = X..XX$，只有高位小数点亮，说明一组实验没有做够，不足以计算 Q 值；当 $Q = 1.11$，应重新测试（说明被试者对仪器不够熟悉或操作不当）；

D = 7 仪器按顺序反复显示 D0 ~ D6 的数据，先显示序号，每一个序号后面显示的是数据内容；

D = 8 显示方式与 D = 7 相同，但序号 1 ~ 5 所显示的数据为错误反应次数。

（二）实验步骤

（1）插好 220 电源插头，开"电源"开关，电源指示灯亮。

（2）检测：试音，试光。

主试设工作方式 W = 6，按复位键后，让被试者分别按压三个声音按键，细心辨别三种音调并记牢：分别按压 8 个光按键，对应发光二极管亮：按启动键，操作指示灯亮，则表示仪器正常，方可进行测试实验。

（3）注意分配实验过程：

以 T = 2　W = 1　D = 1；T = 1　W = 3　D = 3；T = 1　W = 5　D = 5 这一组为例进行实验：

主试用拨码开关设置 T = 1，W = 1，D = 1，按复位键，仪器为初始状态，被试者按启动键，工作指示灯亮，测试开始，被试用左手无名指、食指和中指分别对高、中、低三音尽快正确反应。当工作指示灯闪烁，无声音，表示规定时间到，说明第一种操作完成，接下来做第二种操作。

主试用拨码开关设置 T = 1（不动），W = 3，D = 3，被试按启动键，工作指示灯亮，测试开始，被试用右手食指尽快按压与所亮发光二极管相对应的按键，无发光二极管亮，且工作指示灯闪烁，表示测试时间到，接着做第三种操作。

主试用拨码开关设置 T = 1（不动），W = 5，D = 5，被试按启动键，工作指示灯亮，测试开始。被试应用左、右手分别对声光两种刺激尽快作出反应。声光全无，工作指示灯灭表示测试时间到，一组实验结束。

（4）记录被试测成绩。

主试可将拨码开关分别拨到 D = 6，7，8 三个位置，记录注意分配值 Q，各种操作的正确反应次数，错误反应次数，分析比较决定被试是否需要重新测试。

（5）对新被试测试时，主试应按下复位键，重复上述实验过程。

五、实验结果及报告要求

1. 数据记录

注意力分配实验数据记录见表 8-1。

表 8-1　注意力分配实验数据记录

项目	刺激 次数	声		光	
		正确 反应次数	错误 反应次数	正确 反应次数	错误 反应次数
T = 1　W = 1（D = 1）					
T = 1　W = 3（D = 3）					
T = 1　W = 5（D = 5）					

2. 记录注意分配值（Q）

计算注意分配系数 Q。

3. Q 判定

$Q < 0.5$ 没有注意分配值；

$0.5 \leqslant Q < 1.0$ 有注意分配值；

$Q = 1.0$ 注意分配值最大；

$Q > 1.0$ 注意分配值无效。

六、实验注意事项

（1）课前做好预习，准确分析实验结果，做好原始实验记录。

（2）正确写出实验报告。

七、思考题

8-1-1　设计一个测试注意分配的简单试验（提示：能够测试人同时做两件或两件以上事情的能力）。

8-1-2　不少人能够一边听音乐，一边做其他事情，而也有一些人，在听音乐时，无法顺利做其他事情。这说明了什么？

8-1-3　此实验可在没有任何仪器的条件下进行，方法：被试快念数字 1s，2s，3s，…，15s，记下念过的符号数 L_1（如念到 20 则记作 30 个符号）。快写奇数 1s，3s，5s，…，15s，记下写下的符号数 R_1（如写到 21 则记作 17 个符号）。同时念数和写数 15s，记下念的符号数 L_2，写的符号数 R_2。用公式计算 Q，并分析注意分配的情况。

$$Q = \sqrt{\frac{L_2}{L_1} \cdot \frac{R_2}{R_1}}$$

式中，$Q < 0.5$ 表示没有注意分配；$0.5 < Q < 1.0$ 表示有注意分配；$Q = 1.0$ 表示注意分配最大。

实验2　视觉、听觉刺激反应实验(声光反应时测定)

一、实验目的

通过光对人眼的刺激，测试人的视觉通道受光刺激的反应快慢；通过声音对耳的刺激，测定听觉通道受声音刺激的反应快慢。在安全人机工程学中，反应时间参数可用于人机系统的设计，缩短反应时间，提高效率，避免失误。

二、实验原理

反应时间，又称反应潜伏期，它是指刺激和反应的时间间距，是人体完整的反应过程所需的时间，它从刺激使感官感受，经神经系统传输、加工和处理，传给肌肉而作用于外界，这些过程都需要时间，其总和就是反应时间，简称"反应时"。

反应时等于知觉时加上动作时。听觉和知觉时一般为 0.115 ~ 0.185s；视觉时一般为 0.188 ~ 0.206s。各运动器官的动作时也不同：左手 0.144s、右手 0.147s、右脚 0.174s、左脚 0.179s，手的反应比脚的反应快。经过一定练习后，光的简单反应时一般为 0.2 ~ 0.25s，再后可能会降至 0.2s 以下，但无论如何练习不能减至 0.15s 以下。一般期待反应时比简单反应时要长 2 ~ 3 倍。选择时要比简单反应长 0.0201 ~ 0.2s。

影响反应时间的因素众多，主要有：适应水平、准备状态、练习数、动机、年龄因素和个体差异、酒精和药物作用等。

三、实验设备及材料

实验设备：BD-Ⅱ-501A 型声光反应测定仪。

(1) 最小反应时间：0.01s；

(2) 最大反应时间：99.99s；

(3) 最大累计反应时间：显示 99 次，计算 655.35s；

(4) 最大反应次数：显示 99，计算 255 次；

(5) 最大存储实验数据：声 16 次，光 16 次；

(6) 具有实验数据平均及打印输出功能；

(7) 最大平均反应时间：9.99s；

(8) 配用耳机型号为：立体声耳机（EL-1）；

(9) 配有手反应键声、光各 1 个；

(10) 电源：交流 220V。

本仪器的功能指示由前后两个板组成（见图 8-1）。前面板为主控制面板，后面板为被试观察面板。

图 8-1　BD-Ⅱ-501A 型声光反应测定仪

四、实验步骤

（一）准备

(1) 主试将两个反应键分别插入后面板上的"声"和"光"插座之中，令被试左右手各持一个按键，并记住哪一只手持的是什么键。

（2）若使用耳机，主试将耳机插头插入仪器的"耳机"插座之中，令被试戴上耳机，主试将前面板的左侧开关拨至"耳机"端；若不用耳机，可以不插，主试将前面板的左侧开关拨至"喇叭"端。

（3）若选用打印机，主试将打印机连线接到仪器前面板"打印"接口上。

（4）主试接通电源。

（5）主试打开电源开关，提示被试准备实验。

（二）人工呈现

（1）若主试按下前面板"声"键并松开，经过2s预备后，仪器发出强有力的短促的声音。同时计时器开始走时，反应次数显示加"1"。当被试听到声响之后。选择"声"反应键的手作出反应，即按下"声"反应错误，计时停止走时，此时前面板上显示出该次的时间。若按下"光"反应键，反应错误，计时器继续走时，同时发出错误警告声，可听到一个较弱的长音，被试听到警告声，说明自己反应有错，立即改为按下"声"反应键，此时计时器停止走时，计一次错误次数。

（2）若主试按下前面板"光"键松开，经过2s预备后，仪器后面板中央红色发光管发出光信号，同时计时器开始走时，反应次数显示加"1"。被试按下"光"反应键，显示出该次的反应时间。若反应后，发出错误警告声，应立即改正，计一次错误次数。

（3）经过一次声或光反应后，如果没有再按前面板的"声"或"光"键，实验会在同一个刺激下继续进行。主试如要改变刺激的类型，在2s的预备时间内，主试必须再按下前面板的"声"或"光"键。

（4）如果说要求实验结束，在2s的预备时间内，按下前面板"打印"键，则实验结束。显示出光与声加和的累计反应时间、总实验次数、平均反应时。若选用打印机则进行打印输出，打印出实验数据。按下前面板"光"键，显示自动恢复光与声的加和值。同样按下前面板"声"键，显示声的相应数据，松开"声"键，显示恢复光与声加和值。

（三）随机呈现

（1）若开始时主试同时按下前面板"声"与"光"键，则测试进入呈现刺激状态。"声"或"光"的刺激完全自动随机呈现出来，主试不必再按"声"与"光"键。被试根据呈现刺激内容，按照人工呈现第1或第2步进行"声"或"光"的反应时测定。每次刺激呈现开始前有2s的预备时间。

（2）在预备期间，按下前面板"打印"键则实验结束，可以进行打印输出显示出累计反应时间与平均反应时。方法同人工呈现的第4步。

（四）复位

每次实验如需要重新开始，则主试按前面板"复位"键，显示窗全部消零，回到开始状态。

（五）打印格式

由于最大储存实验数据，声、光各16次，因此如实验次数超过16次，则超出部分覆盖掉开始部分，即只能打印出最后16次值，但累计反应时间与平均反应时等仍为实际的全部次数值。如没有进行声或光的其中一项则不打印声光加和的实验数据。

五、实验结果及报告要求

实验结果按照表8-2认真填写。

表 8-2　声光反应时测定

次数　　　　刺激时间/s	光	声
1		
2		
3		
4		
5		
6		
7		
8		
9		
10		
总的反应时间		
平均反应时间		
错误次数		

六、注意事项

（1）实验前认真预习所涉及的内容。

（2）掌握仪器的正确使用。

七、思考题

8-2-1　说明影响反应时的因素。

8-2-2　测定被试对声音及光刺激作出反应的时间及准确性，能否可以用于汽车驾驶员、运动员、裁判员等的选材及心理培训？

实验 3　动作稳定性实验

一、实验目的

动作稳定性是多项动作技能的重要指标。对动作稳定性的测定和训练，是许多工种特别是特殊工种的任务。本实验能测量简单动作的稳定性及手和手臂的协调性，并能检验情感对动作稳定性的影响。

二、实验原理

通过简单的实验设计，就能测量出被测试者动作的稳定性及手和手臂的协调性。

三、实验设备及材料

实验设备：EP704A 型凹槽平衡实验仪、EP704 型九孔实验仪（见图 8-2），配 EP001 型计时计数器。

EP704A 型凹槽平衡试验仪是为渐进地进行一种心理驱动控制方面的测量而设计的，本试验仪由可调节的凹槽钢板构成，形成一个渐渐变窄的狭缝，狭缝边上刻有厘米数，以确定一个试验科目的特性，底部是一玻璃镜子，以减少摩擦，配接计时计数器，便可进行实验和研究活动。EP704 九孔平衡实验仪（见图 8-3），是为测量心理平衡现象而设计的，这个实验科目的任务是手握一针伸入尺寸渐次缩小的 9 个孔眼中，不得接触其边缘，配接计时计数器，便可进行实验和研究活动。

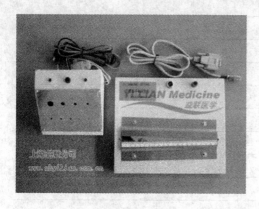

图 8-2　实验系统

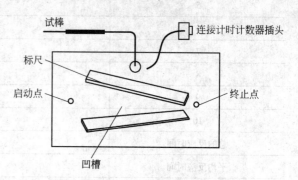

图 8-3　EP704A 型凹槽平衡实验仪的结构

四、实验步骤

（一）凹槽平衡实验仪使用方法

（1）将连接插头插入计时计数器，将试棒的插头插入仪器的输入插口，打开计时计数器的电源开关，计时计数器显示 000.00。

（2）被试拿试棒，接触一下仪器的启动点，计时计数器开始计时，试棒在凹槽从宽口处向窄口处移动，试棒不能离开镜面，如试棒碰到凹槽的边，计时计数器就计出错一次，当试棒移出凹槽的窄口碰到终点后，计时计数器停止工作，蜂鸣器鸣响，实验结束，按动计时计数器上的 N/T 按钮，获得实验的时间和出错次数。

（二）九孔实验仪使用方法

（1）将连接插头插入计时计数器，将试棒的插头插入仪器的输入插口，打开计时计数器的电源开关，计时计数器显示 000.00。

（2）被试拿黑色试棒，碰一下除最小孔以外的孔底（一般最大的孔），计时计数器计数开始，从大孔到小孔依次往下做，每次试棒深入时，必须碰到底部，碰底指示灯亮。计时计数器出错一次，同时蜂鸣器鸣响，碰壁指示灯亮。当做到小孔时碰到孔底计数停止，结束指示灯点亮，同时蜂鸣器鸣响，实验结束，按动计时计数器上的 N/T 按钮，获得实验的时间和出错次数。

五、实验结果及报告要求

1. 数据记录

数据记录见表 8-3、表 8-4。

表 8-3 凹槽平衡实验数据记录

项 次		1	2	3	4	5
时 间	左 手					
	右 手					
出错次数	左 手					
	右 手					

表 8-4 九孔实验记录

项 次		1	2	3	4	5
时 间	左 手					
	右 手					
出错次数	左 手					
	右 手					

2. 比较左、右手的动作稳定性，通过训练动作稳定性是否提高。

六、实验注意事项

（1）实验前认真预习所涉及的内容。
（2）掌握仪器的正确使用。

七、思考题

8-3-1 如何通过训练提高动作的协调性？

第9章　职业卫生与环境安全实验

实验1　噪声测量实验

一、实验目的

噪声随着声源同时存在，同时消失。在现代社会中，它的来源基本上有四种：交通噪声；工厂噪声；建筑施工噪声以及社会生活噪声。噪声渗透到人们工作生活的各个领域，它不仅损伤人们的听力、干扰人们的工作和休息、影响睡眠、诱发疾病，而且强噪声还能影响设备正常运转和损坏建筑结构等。对噪声进行测量和评价对改善人们生活工作环境具有重要的意义。环境质量标准见附录1。本实验的目的就是：

(1) 掌握不同环境下以及工厂交通机器设备噪声的测量方法；

(2) 了解噪声测量仪器的工作原理以及使用方法；

(3) 掌握噪声的评价指标与评价方法。

二、实验原理

（一）计权声级

不同声源所发射的声音几乎都包含很广的频率范围，而纯音（或狭频带信号）的声压级是不能反应与主观听觉之间的关系的。为了能用仪器直接反映的主观响度感觉的评价量，在噪声测量仪器——声级计中设计了一种特殊滤波器，称作计权网络。通过计权网络测得的声压级，已不再是客观物理量的声压级，而称作计权声压级或计权声级，简称声级。通用的有 A、B、C 和 D 计权声级。

A 计权声级是模拟人耳对 55dB 以下低强度噪声的频率特性；B 计权声级模拟 55~85dB 的中等强度噪声的频率特性；C 计权声级是模拟高强度噪声的频率特性；D 计权声级是对噪声参量的模拟，专用于飞机噪声的测量。计权网络是一种特殊滤波器，当含有各种频率的声波通过时，它对不同频率成分的衰减是不一样的。A、B、C 计权网络的主要差别在于对低频成分衰减程度，A 衰减最多，B 其次，C 最少。实践证明，A 计权声级表征人耳主观听觉较好，所以现在 B 和 C 计权声级较少使用。A 计权声级以 L_A 表示，单位是分贝 dB(A)。A 计权声级可以评价工业企业噪声的排放。

（二）等效连续声级、累积百分声级

A 计权声级能够较好地反映人耳对噪声的强度与频率的主观感觉，因此对一个连续的稳态噪声，它是一种较好的评价方法，但对一个起伏的或不连续的噪声，A 计权声级就显得不合适了。因此提出了一个用噪能量按时间平均方法来评价噪声对人影响的问题，即等效连续声级，符号"L_{eq}"。它是用一个相同时间 T 内与不稳定噪声能量相等的连续稳定的 A 声级来表示该段时间内的噪声的大小，如式（9-1）所示：

$$L_{eq} = 10\lg\left[\frac{1}{t_1 - t_2}\int_{t_1}^{t_2}\frac{p_A^2(t)}{p_0^2}\mathrm{d}t\right] \tag{9-1}$$

或者
$$L_{eq} = 10\lg\left[\frac{1}{t_1 - t_2}\int_{t_1}^{t_2} 10^{0.1L_{pA}(t)}\,dt\right] \tag{9-2}$$

式中 $p_A(t)$——噪声某时刻 A 计权声压，Pa；

p_0——基准声压，2×10^{-5}Pa；

$t_1 - t_2$——测量的时间间隔，s；

$L_{pA}(t)$——噪声某时刻 A 计权声压级，dB。

对于城市区域环境噪声进行监测一般用等效连续 A 声级来进行评价。

由于同样的噪声在白天和夜间对人的影响是不一样的，而等效连续 A 声级并不能反应人对噪声主观反应的这一特点。考虑到噪声在夜间对人们烦扰的增加，规定在夜间测得的所有声级均加上 10dB（A 计权）作为修正值，再计算昼夜噪声能量的加权平均，由此构成昼夜等效声级这一评价参量，用符号"L_{dn}"表示。昼夜等效声级主要用来评价人们昼夜长期暴露在噪声环境中所受的影响。

$$L_{dn} = 10\lg\left[\frac{16 \times 10^{0.1L_d} + 8 \times 10^{0.1(L_n+10)}}{24}\right] \tag{9-3}$$

式中 L_d——白天等效声级，时间从 6：00 ~ 22：00，共 16h；

L_n——夜间等效声级，时间是从 22：00 到第二天的 6：00，共 8h。

白天和夜间的时间，可依地区和季节不同而有所变化。

如果测得的等效连续声级的数据符合正态分布，其累积分布在整态概率纸上为一直线，则可用下面的近似公式表示：

$$L_{eq} \approx L_{50} + L_{eq}(dB) \approx L_{50} + \frac{(L_{10} - L_{90})^2}{60} \tag{9-4}$$

式中 L_{10}——在测量时间内，有 10% 时间的噪声级超过此值，相当于峰值噪声级；

L_{50}——在测量时间内，有 50% 的时间噪声级超过此值，相当于中值噪声级；

L_{90}——在测量时间内，有 90% 的时间噪声级超过此值，相当于本底噪声级。

式中 L_{10}，L_{50}，L_{90}，称为累积百分声级，它的定义是：在规定的测量时间内，有 N% 时间的 A 声级超过某一噪声级，该噪声级就称为累积百分声级，用 L_N 表示，单位为 dB。累积百分声级表示的是随时间起伏的无规则噪声的声级分布特性。最常用的就是 L_{10}，L_{50}，L_{90}。

计算 L_{10}、L_{50} 和 L_{90} 简便的方法是将测定的一组数据（例如 100 个）从小到大排列，第 10 个数据即为 L_{10}，第 50 个数据即为 L_{50}，第 90 个数据即为 L_{90}。

道路交通噪声除了可用等效连续 A 声级来评价外，还可用累积百分声级来评价。

（三）噪声的频谱分析

声源所发出的声音一般都不是单一频率的纯音，而是由许多不同频率不同强度的纯音组合而成。将噪声的强度（声压级）按频率顺序展开，使噪声的强度成为频率的函数，并考查其波形，称作噪声的频谱分析。对于机器设备所产生的噪声，通常 A 声级不足以全面反应机器设备的噪声特征，一般用频谱分析来得到噪声源在不同频带内的辐射特性。

频谱分析的方法是使噪声信号通过一定带宽的滤波器，通带越窄，频率展开越详细。以频率为横坐标，相应得强度为纵坐标作图，即得噪声频谱图。

在设备噪声测量中最常用的是等比带宽滤波器，有 1/3 倍程和 1/1 倍程。

（四）噪声测量仪器

噪声测量仪器测量噪声的强度，主要测量的是声场中的声压，其次是测量噪声的特征，即声压的各种频率组成成分。噪声测量仪器主要有：声级计、声频频谱仪、记录仪、录音机和环境噪声自动监测仪等，图9-1所示HY-104型声级计。

三、实验设备及材料

实验设备：精度为2型以上带1/3倍频程和1/1倍频程滤波器的积分式声级计、环境噪声自动监测仪器以及噪声频谱分析仪等。

四、实验步骤

（一）环境区域噪声测定

选取学校作为环境噪声测量区域。

（1）将校园划分成等距离网格，网格数目一般多于100个。根据网格划分，画出测量网格以及测点分布图。

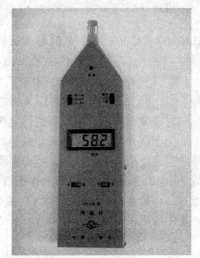

图9-1　HY-104型声级计

（2）测量点定在网格中心，如遇反射物，至少在3.5m以外测量，测点离地面高度大于1.2m以上。测量在无风雨雪的天气条件下进行。

（3）测量时采用声级校准器对声级计进行校准。

（4）根据实际情况选取某一时段进行测量，在规定的测量时间内，每次每个测点测量10min的等效连续A声级，同时记录噪声源。

（5）测量后再次对声级计进行校准。

（二）工厂企业噪声测定

选定一工业企业作为测量点。

（1）调查选定工业企业周围的敏感点，画出测量区域厂界以及测定布置图；

（2）测点选在该工业企业法定边界外1m，高度1.2m以上，且距任一反射面不小于1m的位置；

（3）如测点周围有噪声源，应在工厂停产时对环境背景噪声进行测量；

（4）测量时采用声级校准器对声级计进行校准；

（5）记录每个测点等效声级；

（6）测量后再次对声级计进行校准。

（三）道路噪声测量

选定某一交通路段作为测量路段。

（1）测点选在路段之间离车行道路沿20cm处人行道上，该测量路段布置5个测点，两端的测点距路口应不少于50m，画出测点布置图；

（2）测量时采用声级校准器对声级计进行校准；

（3）在规定的测量时间段内，在各测点每隔5s连续进行等效连续A声级L_{eq}和累积百分声级L_{10}，L_{50}，L_{90}测量，连续记录200个数据，同时记录车流量（辆/h）；

（4）测量后再次对声级计进行校准。

（四）设备辐射噪声频谱测定

选择某厂矿机器设备进行测量：

（1）选定测量位置数量。测量位置和数量要根据机器外形尺寸来取定：

1）外形尺寸小于30cm的小型机器，测点距机器表面30cm；

2）外形尺寸为 30~100cm 的中型机器，测点距其表面 50cm；

3）外形尺寸大于 100cm 的大型机器，测点距其表面 100cm；

4）对于特大型设备，可根据具体情况选择距其表面较远点测量；

5）测定数量可视机器的大小而定，一般要在机器周围均匀布点。

（2）测点高度一般定在机器一半高度。

（3）尽量避免周围其他噪声源的影响。

（4）采用精度为 2 型以上带 1/3 倍频程和 1/1 倍频程滤波器的积分式声级计或者噪声频谱分析仪进行测量。

（5）测量后对测量设备进行校准，记录校准值。

五、实验结果及报告要求

（一）环境区域噪声测定

实验结束后应提交如下结果：

（1）测量网格及测点分布图；

（2）环境区域噪声测量记录见表 9-1、表 9-2。

表 9-1　基本参数记录

测量地点 (或设备名称等)	测量时间	温　度	湿　度	风　速	测量仪器型号	测量仪器校准		测量人	备　注
						测量前	测量后		

表 9-2　测量数据记录

测点编号	L_{Aeq}	噪声源	测点编号	L_{Aeq}	噪声源

（3）区域噪声评价值计算：

环境区域噪声平均值可用下式计算：

$$L = \frac{1}{n} \sum_{i=1}^{n} L_{eqi} \tag{9-5}$$

$$\delta = \sqrt{\frac{1}{n-1} \sum_{i=1}^{n} (L - L_{Aeqi})^2} \tag{9-6}$$

式中　L——某环境区域噪声平均值，dB；

L_{eqi}——第 i 网格中心测得的等效声级，dB；

δ——标准偏差；

n——网格数。

（二）工厂企业噪声测定

实验结束后提交如下结果：

（1）工厂测点示意图。

（2）噪声测量记录表，可以记录 A 计权声级 L_A 也可记录等效连续 A 声级 L_{eq}，根据实际情况确定记录参数。基本参数记录见表 9-1；测量数据记录表，见表 9-2。

（3）噪声平均值计算。

（4）背景值修正。背景噪声应比所测噪声声级值低 10dB 以上，如测量值于背景值的差值小于 10dB，应按表 9-3 进行修正。

表 9-3　背景值修正

测量值与背景值之差/dB	3	4~5	6~10
修正值/dB	-3	-2	-1

（三）交通噪声测定

实验结束后提交如下结果：

（1）测点示意图；

（2）噪声测量记录表。基本参数记录见表 9-1；测量数据记录见表 9-2；

（3）交通噪声评价值计算。将每一测点 200 个数据从小到大排列，第 20 个数为 L_{90}，第 100 个数为 L_{50}，第 180 个数为 L_{10}，并计算 L_{eq}，因为交通噪声基本符合正态分布，可用下式计算：

$$L_{eq} \approx L_{50} + \frac{d^2}{60}, \quad d = L_{10} - L_{90} \tag{9-7}$$

根据 5 个不同测点计算出来的 L_{eq}，按路段长度进行加权算术平均，得出某交通干线其余的噪声平均值。

$$L = \frac{1}{l} \sum_{i=1}^{n} l_i L_i \tag{9-8}$$

式中　L——某道路两侧区域环境噪声平均值；

　　　l——典型路段加和长度，km；

　　　l_i——第 i 典型路段 L_{eq}，或者累积百分声级 L_{90}，L_{50}，L_{10}。

（四）设备辐射噪声频谱测定

实验结束后提交如下结果：

（1）测点示意图；

（2）噪声测量记录表。

基本参数记录见表 9-1，测量数据记录见表 9-4。

表 9-4　测量数据记录

频率/Hz		31.5	63	125	250	500	1000	2000	4000	8000	A	背景
声压级/dB	测点 1											
	测点 2											
	测点 3											
	测点 4											
	测点 5											
	测点 6											

（3）绘制设备噪声频谱曲线；

（4）设备噪声评价值计算：

$$\bar{L}_A = 10g \frac{1}{n}(10^{0.1L_1} + 10^{0.1L_2} + \cdots + 10^{0.1L_n})\qquad(9\text{-}9)$$

式中　　　　　$\bar{L}_A$——平均 A 声级，dB(A)；

L_1，L_2，$\cdots$，L_n——各个测点的 A 声级，dB(A)；

　　　　　　　n——测点数。

六、实验注意事项

（1）室外噪声测定应在无雨无雪天气条件下进行，风速不超过 5.5m/s；

（2）环境及交通噪声测量要分为白天和夜间测量两部分，具体划分时间按当地规定或习惯以及季节变化而定；

（3）实验中一定要注意噪声源和背景噪声的测量。

七、思考题

9-1-1　在噪声测量中为什么常采用等效连续 A 声级来评价环境区域噪声？

9-1-2　声级计的基本性能是什么？

9-1-3　为什么测定不同环境噪声要用不同的噪声评价标准？

实验 2　振动测定实验

一、实验目的

振动是物体围绕平衡位置所做的往复运动，它是噪声产生的根源，振动不仅造成噪声危害，同时也可使机械设备和建筑结构受到破坏，人的机能受到损伤，本实验的目的就是：

（1）掌握设备振动的测量方法；

（2）熟悉振动测量仪器的工作原理以及使用方法；

（3）了解环境振动标准。

二、实验原理

振动是噪声传播的方式之一，噪声以空气为介质传播称为空气声；声源激发固体构件产生振动以弹性波的形式在基础、地板、墙壁中传播，称为固体声。因此，振动测量与噪声测量有关，部分仪器可以通用，只要将噪声测量仪器中的声音传感器换成振动传感器，将声音计权网络换成振动计权网络，就可进行振动的测量。

振动以振动加速度表示，单位为 m/s²，人可感振动加速度为 0.5m/s²，不能容忍的振动加速度为 5m/s²，人对 100Hz 以下的振动才较敏感，可感最高振动频率为 1000Hz。当与人体共振频率数值相等或相近时是人最敏感的振动频率。人在直立时的共振频率是 4～10Hz，俯卧时 3～5Hz。

振动加速度级（VAL）：加速度与基准加速度之比以 10 为底的对数乘以 20，记为 VAL，单位为分贝（dB）。

$$VAL = 20\lg \frac{\alpha}{\alpha_0}\qquad(9\text{-}10)$$

式中　α——振动加速度有效值，m/s^2；

　　　α_0——基准加速度有效值，$\alpha_0 = 10^{-6} m/s^2$。

环境振动测量应先确定测量位置，一般测点置于各类区域建筑物室外 0.5m 以内振动敏感处，必要时置于建筑物室内地面中央。减振器要平稳安放在平坦、坚实的地面上，避免松软地面。设备物体振动可以直接用带探头的振动测定仪，本实验主要进行设备物体的振动测量。

三、实验设备及材料

实验设备：振动测定仪（图 9-2 为 VIB-5 型振动测定仪，为测定某一物体设备振动测定仪器）。

图 9-2　振动测定仪

四、实验步骤

（1）打开电池盖安装电池，并检测电池电压；

（2）安装传感器和磁铁座：首先将磁铁座与传感器拧紧，再将传感器电缆一头的插头插入主机的传感器插座，完成传感器与主机的连接；

（3）按设置键可选择测量模式：加速度、速度或者位移；

（4）进行加速度测量时，可用频段选择频率范围用于高频振动测量或者一般振动测量；

（5）按测量键保持 10s 左右，可以开始测量；

（6）将传感器探头安放在测量对象上，按测量键读数并记录。

五、实验结果及报告要求

测量记录的是加速度，要应用上述公式（9-10）进行计算，得出振动加速度级。填写实验数据于表 9-5 中。

表 9-5　实验记录

测量对象	加速度	振动加速度级	备　注

六、实验注意事项

（1）传感器探头应与被测物体可靠连接，否则测量值不准确；

（2）测量加速度时注意选择合适的频率范围。

七、思考题

9-2-1　振动造成的危害有哪些，振动的来源？

9-2-2　振动与噪声的关系如何？

实验3 环境电磁强度测定实验

一、实验目的

长期、过量的电磁辐射会对人体生殖系统、神经系统和免疫系统造成直接伤害，是心血管疾病、糖尿病、癌突变的主要诱因和造成孕妇流产、不育、畸胎等病变的诱发因素，并可直接影响未成年人的身体组织与骨骼的发育，引起视力、记忆力下降和肝脏造血功能下降，严重者可导致视网膜脱落。此外，电磁辐射也对信息安全造成隐患，利用专门的信号接收设备即可将其接收破译，导致信息泄密而造成不必要的损失。过量的电磁辐射还会干扰周围其他电子设备，影响其正常运作而发生电磁兼容性（EMC）问题。因此，电磁辐射已被世界卫生组织列为继水源、大气、噪声之后的第四大环境污染源，成为危害人类健康的隐形"杀手"，防护电磁辐射已成当务。本实验的目的就是掌握：

（1）了解电磁辐射基本原理；

（2）熟悉环境电磁辐射标准；

（3）掌握电器设备及环境电磁辐射测定方法。

二、实验原理

电磁辐射是由电荷移动所产生的电能量和磁能量所组成。如射频天线发射讯号所发出的移动电荷便会产生电磁能量。这种能量以电磁波的形式通过空间传播的现象成为电磁辐射，电磁"频谱"包括形形色色的电磁辐射，从极低频的电磁辐射至极高频的电磁辐射，中间还有无线电波、微波、红外线、可见光和紫外光等。在电磁频谱中，比紫外线波长更短的X射线、宇宙射线是电离辐射波；紫外线以及波长更长的电磁波，包括可见光波、红外线、雷达波、无线电波及交流电波等是非电离辐射波。

非电离辐射根据其辐射频率又可分为微波辐射（300～300000MHz）、射频辐射（0.1～300MHz）和工频辐射（50Hz或60Hz）三类。而我们常见的各种家用电器、电子设备等装置产生的都是非电离辐射。只要他们处于通电操作使用状态，它的周围就会存在电磁辐射。电磁辐射会对人类的健康构成威胁，同时也会干扰电子设备等的正常运行。通常所说的电磁辐射，一般都是指的非电离辐射。

电磁辐射的能量大小，称为辐射强度。通常，大于300MHz的电磁辐射，一般采用平均功率密度瓦（毫瓦）/每平方厘米（mW/cm^2）作为计量单位。小于300MHz的电磁辐射，可以采用电场强度(伏/米)（V/m）和磁场强度安/米(A/m)作为计量单位。实际测量中，也可以用磁感应强度：高斯（Gs）或者特斯拉（T）来表示，$1T = 10000Gs$。电磁辐射能量通常以辐射源为中心，以传播距离为半径的球面形分布。所以辐射强度与距离平方值成反比。

电磁波在真空中传播的速度是一定的，每秒传播30万公里即$3 \times 10^8 m$，电场和磁场交互变化一次所占时间为该电磁波的周期，在一个周期内传播的距离便是它的波长，它以米为单位。电磁波传播时具有方向性，当遇到物体阻挡时，将产生反射，绕射和折射，并有一部分能量被物体吸收而转变为热量等形式。最后还有一部分辐射穿透阻挡物。在进行电磁环境测量时，干扰场强的国家计量标准采用单位为mV/m。

图9-3所示为一种便携式手持式电磁强度测定仪。

目前国家正组织制定《电磁辐射暴露限值和测量方法》国家标准，在国家标准《电磁辐射暴露限值和测量方法》草案中，规定了频率范围为 0 ~ 300GHz 的电磁辐射的人体暴露限值和测量方法。根据不同人群的活动特征和不同频率的电磁波生物效应，该标准对电磁辐射作业人员和公众暴露限值规定了不同的要求。对公众比较关心的移动电话的电磁辐射限值在局部暴露要求中也作出了规定。附录 2 中列出了已有的国家《环境电磁波卫生标准》。

图 9-3　手持式电磁强度测定仪

三、实验设备及材料

实验设备：经过国家计量认可的电磁辐射测试仪。

四、实验步骤

（1）测量手机：打开仪器开关，将手机辐射源（一般在天线旁）部位靠近测试区约 1 ~ 2cm（根据手机的不同而调整不同的距离），显示屏上将显示出手机辐射值，记录下来。

（2）测试电脑：打开仪器开关，将仪器先靠近电脑显示器或电脑主机，然后在不同距离进行测量，记录显示值。

（3）测量高压线、变电站、变压器\低压输电线等环境电磁辐射，记录不同水平距离下的测定值。

五、实验结果及报告要求

实验结束后应提交实验记录见表9-6。

表 9-6　实验记录

手机	测量距离（单位）				
	测量值（单位）				
电脑	测量距离（单位）				
	测量值（单位）				
高压线	测量距离（单位）				
	测量值（单位）				
变压器	测量距离（单位）				
	测量值（单位）				

六、实验注意事项

（1）测定单个设备的电磁辐射值时应避免其他电器设备对测定值的干扰；

（2）如果有多台设备，可以测定多台设备的环境电磁辐射强度，并注明电磁辐射源的名称和距离。

七、思考题

9-3-1 电磁辐射产生的条件是什么，环境中电磁辐射的来源有哪些？

9-3-2 电磁辐射的危害有哪些？

9-3-3 电磁辐射防护措施有哪些，如何避免电磁辐射？

实验 4 环境放射性测定实验

一、实验目的

某些物质的原子核能发生衰变，放出我们肉眼看不见也感觉不到的射线，即物质是有放射性的。放射性对人体和动物存在着某种损害作用。如在 400rad 的照射下，受照射的人有 5% 死亡；若照射 650rad，则人 100% 死亡。照射剂量在 150rad 以下，死亡率为零，但并非无损害作用，往往需经 20 年以后，一些症状才会表现出来。另外放射性也能损伤遗传物质，引起基因突变和染色体畸变，影响下一代甚至几代受害。因此，对工作生活环境中的放射性进行检测是保证人们身体健康的重要内容。本实验的目的就是：

（1）了解放射性基本原理及种类；

（2）掌握环境中放射性测定的基本方法。

二、实验原理

有些物质的原子核是不稳定的，能自发的改变核结构转变成别种元素的原子核，这种现象称为核衰变。在核衰变过程中总是放射出具有一定动能的带电或不带电的粒子，即 α、β 和 γ 射线，称为放射性。能发生放射性衰变的核素，称为放射性核素（或称放射性同位素）。

在目前已发现的 100 多种元素中，约有 2600 多种核素。其中稳定性核素仅有 280 多种，属于 81 种元素。放射性核素有 2300 多种，又可分为天然放射性核素和人工放射性核素两大类。天然放射性核素来源于宇宙射线、天然系列放射性核素以及自然界中单独存在的核素等，天然放射性核素品种很多，性质与状态也各不相同，它们在环境中的分布十分广泛。在岩石、土壤、空气、水、动植物、建筑材料、食品甚至人体内都有天然放射性核素的踪迹；人为放射性核素来源于核试验、核工业、工农业、医学、科研以及一般居民消费品等。

放射性衰变类型：

α 射线：是放射性物质所放出的 α 粒子流。它可由多种放射性物质（如镭）发射出来。α 粒子的动能可达几兆电子伏特。从 α 粒子在电场和磁场中偏转的方向，可知它们带有正电荷。由于 α 粒子的质量比电子大得多，通过物质时极易使其中的原子电离而损失能量，所以它能穿透物质的本领比 β 射线弱得多，容易被薄层物质所阻挡，甚至一张纸就能把它挡住。

β 射线：它是由放射性原子核所发出的电子流。电子的动能可达几兆电子伏特以上，由于电子质量小，速度大，通过物质时不易使其中原子电离，所以它的能量损失较慢，穿透物质的本领比 α 粒子强。实质上它是高速运动的电子流。在接触 β 射线时，为保护眼睛，应该用普通的玻璃眼镜，不能用铅玻璃或较重物质的眼镜。因为较重的物质与 β 射线作用，在镜片上产生非常强的韧致辐射，虽然 β 粒子被防护了，但其次级的射线，将会伤害眼睛。

γ 射线：γ 射线与 X 射线、光、无线电波一样，为一种电磁辐射，是原子核内所发出的电磁波。原子核从能量较高的状态过渡到能量较低的状态时所放出的能量常以 γ 射线形式出现。

带电粒子的轫致辐射，基本粒子转化过程中发生的湮没，以及原子核的衰变过程中都产生 γ 射线。它的穿透本领极强。对 γ 射线主要是防护外照射。一般采用较重的物质，如铅等来防护。一般 CO60γ 辐射源，都放置在铅罐中。

对放射性物质检测的具体内容：（1）放射源的强度、半衰期、射线种类以及能量等；（2）环境以及人体中放射性物质含量、放射性强度、照射量或者电离辐射量等。

三、实验设备及材料

实验设备：经过校准的多功能射线仪（测量射线种类 α、β、γ 和 X 射线）。

四、实验步骤

（1）选择要测定的对象：如室内空气、石材、水体等；
（2）打开仪器电源；
（3）通过辐射类型选择开关，选择测量 α、β、γ 射线的辐射值；
（4）调整测量范围；
（5）设定采样时间和采样间隔；
（6）记录屏幕显示当前的辐射值和所设定时间的平均辐射值。

五、实验结果及报告要求

实验结束后应提交可实验记录见表9-7。

表 9-7　实验记录

测量对象	射　线	α	β	γ
室　内	测量值（单位）			
水　体	测量值（单位）			
土　壤	测量值（单位）			
石　材	测量值（单位）			

六、实验注意事项

（1）要注明是就地测量还是采样测量；
（2）测量频率可根据放射性核素的半衰期、环境介质的稳定性、污染源的特性等来确定。

七、思考题

9-4-1　放射性衰变的形式有几种，各有什么特点？
9-4-2　放射性污染对人体产生怎样的危害，放射性污染的来源有哪些？

实验 5　水中 COD 测定实验

一、实验目的

化学需氧量（COD）是指在一定条件下，用强氧化剂氧化 1L 水样时所消耗的量，以每升水中含氧的毫克数表示，单位为 mg/L。化学需氧量反映了水中受还原性物质污染的程度，水中还原性物质包括有机物以及亚硝酸盐、硫化物、亚铁盐等等无机物。地表水环境质量标准见附录 3。由于水体中有机物种类繁多，单一测定各种有机物浓度工作繁琐，为了简单快速了解水体中有机物含量，常测定 COD 来作为反应水体中有机物相对含量的综合指标。本实验的目的就是：

（1）了解化学需氧量 COD 的意义；

（2）掌握重铬酸钾法测定 COD 原理及方法。

二、实验原理

COD 是在一定的条件下，采用强氧化剂处理水样时，所消耗的氧化剂量。它是表示水中还原性物质多少的一个指标。水中的还原性物质有各种有机物、亚硝酸盐、硫化物、亚铁盐等。但主要的是有机物。因此，化学需氧量（COD）又往往作为衡量水中有机物质含量多少的指标。化学需氧量越大，说明水体受有机物的污染越严重。化学需氧量（COD）的测定，随着测定水样中还原性物质以及测定方法的不同，其测定值也有不同。目前应用最普遍的是酸性高锰酸钾氧化法与重铬酸钾氧化法。高锰酸钾（$KMnO_4$）法，氧化率较低，但比较简便，在测定水样中有机物含量的相对比较值及清洁地表水和地下水水样时，可以采用重铬酸钾（$K_2Cr_2O_7$）法，氧化率高，再现性好，适用于测定水样中有机物的总量。

重铬酸钾（$K_2Cr_2O_7$）法的测定原理是在强酸性溶液中，准确加入过量的重铬酸钾标准溶液，加热回流，将水样中还原性物质（主要是有机物）氧化，过量的重铬酸钾以试亚铁灵作指示剂，用硫酸亚铁铵标准溶液回滴，根据所消耗的重铬酸钾标准溶液量来计算水样的化学需氧量。

三、实验设备及材料

实验设备：500mL 全玻璃回流装置；加热装置（电炉）；25mL 或 50mL 酸式滴定管、锥形瓶、移液管、容量瓶等。

实验材料：重铬酸钾标准溶液、试亚铁灵指示液、硫酸亚铁铵标准溶液。

（1）重铬酸钾标准溶液（$1/6K_2Cr_2O_7 = 0.2500mol/L$）；称取预先在 120℃ 烘干 2h 的基准或优质纯重铬酸钾 12.258g 溶于水中，移入 1000mL 容量瓶，稀释至标线，摇匀。

（2）试亚铁灵指示液：称取 1.485g 邻菲罗啉（$C_{12}H_8N_2 \cdot H_2O$）和 0.695g 硫酸亚铁（$FeSO_4 \cdot 7H_2O$）溶于水中，稀释至 100mL，贮于棕色瓶中。

（3）硫酸亚铁铵标准溶液 $[(NH_4)_2Fe(SO_4)_2 \cdot 6H_2O \approx 0.1mol/L]$：称取 39.5g 硫酸亚铁铵溶于水中，边搅拌边缓慢加入 20mL 浓硫酸，冷却后移入 1000mL 容量瓶中，加水稀释至标线，摇匀。临用前，用重铬酸钾标准溶液标定。

标定方法：

准确吸取 10.00mL 重铬酸钾标准溶液于 500mL 锥形瓶中，加水稀释至 110mL 左右，缓慢加入 30mL 浓硫酸，摇匀。冷却后，加入 3 滴试亚铁灵指示液（约 0.15mL），用硫酸亚铁铵溶液滴定，溶液的颜色由黄色经蓝绿色至红褐色即为终点。

$$C = (0.2500 \times 10.00)/V$$

式中　C——硫酸亚铁铵标准溶液的浓度，mol/L；

　　　V——硫酸亚铁铵标准溶液的用量，mL。

（4）硫酸-硫酸银溶液：于 500mL 浓硫酸中加入 5g 硫酸银。放置 1~2d，不时摇动使其溶解。

　　(5) 硫酸汞：结晶或粉末。

四、实验步骤

　　(1) 取 20.00mL 混合均匀的水样（或适量水样稀释至 20.00mL）置于 250mL 磨口的回流锥形瓶中，准确加入 10mL 重铬酸钾标准溶液及数粒小玻璃珠或沸石，连接磨口回流冷凝管，从冷凝管上口慢慢地加入 30mL 硫酸-硫酸银溶液，轻轻摇动锥形瓶使溶液混匀，加热回流 2h（自开始沸腾计时）。如果化学需氧量很高，则废水样应稀释后再测定。

　　(2) 冷却后，用 90.00mL 水冲洗冷凝管壁，取下锥形瓶。溶液总体积不得少于 140mL，否则因酸度太大，滴定终点不明显。

　　(3) 溶液再度冷却后，加 3 滴试亚铁灵指示液，用硫酸亚铁铵标准溶液滴定，溶液的颜色由黄色经蓝绿色至红褐色即为终点，记录硫酸亚铁铵标准溶液的用量。

　　(4) 测定水样的同时，取 20.00mL 重蒸馏水，按同样操作步骤做空白实验。记录滴定空白时硫酸亚铁铵标准溶液的用量。

五、实验结果及报告要求

　　根据实验记录计算 COD 的值，按下式进行计算：

$$COD_{Cr}(mg/L) = [(V_0 - V_1) \times C \times 8 \times 1000]/V \qquad (9\text{-}11)$$

式中　C——硫酸亚铁铵标准溶液浓度；

　　　V_0——空白滴定时硫酸亚铁铵标准溶液用量，mL；

　　　V_1——水样滴定时硫酸亚铁铵标准溶液用量，mL；

　　　V——水样体积，mL；

　　　8——氧（1/20）摩尔质量，g/mol。

六、实验注意事项

　　(1) 使用 0.4g 硫酸汞络合氯离子的最高量可达 40mg，如取用 20.00mL 水样，即最高可络合 2000mg/L 氯离子浓度的水样。若氯离子的浓度较低，也可少加硫酸汞，使保持硫酸汞：氯离子 = 10：1(W/W)。若出现少量氯化汞沉淀，并不影响测定。

　　(2) 水样取用体积可在 10.00～50.00mL 范围内。

　　(3) 对于化学需氧量小于 50mg/L 的水样，应改用 0.0250mol/L 重铬酸钾标准溶液。回滴时用 0.01mol/L 硫酸亚铁铵标准溶液。

　　(4) 水样加热回流后，溶液中重铬酸钾剩余量应为加入量的 1/5～4/5 为宜。

　　(5) 用邻苯二甲酸氢钾标准溶液检查试剂的质量和操作技术时，由于每克邻苯二甲酸氢钾的理论 COD_{Cr} 为 1.176g，所以溶解 0.4251g 邻苯二甲酸氢钾（$HOOCC_6H_4COOK$）于重蒸馏水中，转入 1000mL 容量瓶，用重蒸馏水稀释至标线，使之成为 500mg/L 的 COD_{Cr} 标准溶液。用时新配。

　　(6) COD_{Cr} 的测定结果应保留三位有效数字。

　　(7) 每次实验时，应对硫酸亚铁铵标准滴定溶液进行标定，室温较高时尤其注意其浓度的变化。

七、思考题

9-5-1　COD 的值反映的是水样中那一类物质的量，其测定值与水体中有机物真实含量相比如何？

9-5-2　还有哪些指标可以反映水体中有机物含量？

实验6　室内空气中挥发性有机物（VOCs）测定

一、实验目的

人们每天平均大约有80%以上的时间在室内度过。随着现代科学技术的发展，人类生产和生活活动都可在室内进行。而现代建筑由于节能的目的，建造得更加密闭，且进入室内的化工产品和电器设备的种类和数量增多，因此造成室内空气中污染成分日渐增多而通风换气能力却反而减弱，这使得室内有些污染物的浓度较室外高达数十倍以上。而室内空气不流通，空气中污染成分增加且氧气含量低，容易导致人们肌体和大脑新陈代谢能力降低，因此，室内空气质量好坏对人体健康的关系就显得更加密切更加重要，室内空气质量标准见附录4。本实验的目的：

（1）了解室内空气污染来源；

（2）掌握室内总挥发性有机物测定方法。

二、实验原理

根据1989年 WHO 的定义，VOCs 是一组沸点从 50 ~ 260℃、室温下饱和蒸气压超过133.322Pa 的易挥发性化合物。其主要成分为烃类、氧烃类、含卤烃类、氮烃及硫烃类、低沸点的多环芳烃类等，它和甲醛一样是室内空气污染主要有机物，具有毒性和刺激性，主要来自于装饰材料、染料燃烧、日用化学品等。

测定 VOCs 的方法采用气相色谱法，用吸附富集法采样，空气流中的挥发性有机化合物保留在吸附管中，热解吸出被测组分。待测样品随惰性载气进入毛细管气相色谱仪。用保留时间定性，峰高或峰面积定量。

三、实验设备及材料

实验设备：

（1）吸附管：是外径6.3mm，内径5mm，长90mm（或180mm），内壁抛光的不锈钢管。

（2）注射器：10μL 液体注射器；10μL 气体注射器；1mL 气体注射器。

（3）采样泵：恒流空气个体采样泵，流量范围 0.02 ~ 0.5L/min，流量稳定。

（4）气相色谱仪：配备氢火焰离子化检测器、质谱检测器或其他合适的检测器。

色谱柱：非极性（极性指数小于10）石英毛细管柱。

（5）热解吸仪：能对吸附管进行二次热解吸，并将解吸气用惰性气体载带进入气相色谱仪。解吸温度、时间和载气流速是可调的。冷阱可将解吸样品进行浓缩。

（6）液体外标法制备标准系列的注射装置：常规气相色谱进样口，可以在线使用也可以独立装配，保留进样口载气连线，进样口下端可与吸附管相连。

实验材料：

（1）VOCs 标准液：为了校正浓度，需用 VOCs 作为基准试剂，配成所需浓度的标准溶液或标准气体，然后采用液体外标法或气体外标法将其定量注入吸附管。

（2）稀释溶剂：液体外标法所用的稀释溶剂应为色谱纯，在色谱流出曲线中应与待测化合物分离。

（3）吸附剂：TenaxGC 或 TenaxTA。粒径为 0.18~0.25mm（60~80 目）。

（4）高纯氮：氮的质量分数为 99.999%。

四、实验步骤

（一）采样和样品保存

将吸附管与采样泵用塑料或硅橡胶管连接。个体采样时，采样管垂直安装在呼吸带；固定位置采样时，选择合适的采样位置。打开采样泵，调节流量，以保证在适当的时间内获得所需的采样体积（1~10L）。如果总样品量超过 1mg，采样体积应相应减少。记录采样开始和结束时的时间、采样流量、温度和大气压力。

采样后将管取下，密封管的两端或将其放入可密封的金属或玻璃管中。样品可保存 14d。

（二）分析步骤

（1）样品的解吸和浓缩。将吸附管安装在热解吸仪上加热，使有机蒸气从吸附剂上解吸下来，并被载气流带入冷阱，进行预浓缩，载气流的方向与采样时的方向相反。然后再以低流速快速解吸，经传输线进入毛细管气相色谱仪。传输线的温度应足够高，以防止待测成分凝结。

（2）色谱分析条件。可选择膜厚度为 1~5μm，50m×0.22mm 的石英柱，固定相可以是二甲基硅氧烷或 70% 的氰基丙烷、70% 的苯基、86% 的甲基硅氧烷。柱操作条件为程序升温，初始温度 50℃ 保持 10min，以 5℃/min 的速率升温至 250℃。

（3）标准曲线的绘制。液体外标法：利用进样装置分别取 1~5μL 含液体组分 100μg/mL 和 10μg/mL 的标准溶液注入吸附管，同时用 100mL/min 的惰性气体通过吸附管，5min 后取下吸附管密封，为标准系列。

用热解吸气相色谱法分析吸附管标准系列，以扣除空白后峰面积为纵坐标，以待测物质量为横坐标，绘制标准曲线。

（4）样品分析。每支样品吸附管按绘制标准曲线的操作步骤（即相同的解吸和浓缩条件及色谱分析条件）进行分析，用保留时间定性，峰面积定量。

五、实验结果及报告要求

结果计算：

（1）将采样体积按式（9-12）换算成标准状态下的采样体积：

$$V_0 = V \frac{T_0}{T} \cdot \frac{P}{P_0} \tag{9-12}$$

式中　V_0——换算成标准状态下的采样体积，L；

　　　V——采样体积，L；

　　　T_0——标准状态的绝对温度，273K；

　　　T——采样时采样点现场的温度（t）与标准状态的绝对温度之和（$t+273$）K；

　　　P_0——标准状态下的大气压力，101.3kPa；

　　　P——采样时采样点的大气压力，kPa。

（2）TVOC 的计算：

1）应对保留时间在正己烷和正十六烷之间所有化合物进行分析。

2）计算 TVOC，包括色谱图中从正己烷到正十六烷之间的所有化合物。

3）根据单一的校正曲线，对尽可能多的 VOCs 定量，至少应对 10 个最高峰进行定量，最后与 TVOC 一起列出这些化合物的名称和浓度。

4）计算已鉴定和定量的挥发性有机化合物的浓度 S_{id}。

5）用甲苯的响应系数计算未鉴定的挥发性有机化合物的浓度 S_{un}。

6）S_{id} 与 S_{un} 之和为 TVOC 浓度或 TVOC 的值。

7）如果检测到的化合物超出了（2）中 TVOC 定义的范围，那么这些信息应该添加到 TVOC 值中。

（3）空气样品中待测组分的浓度按式（9-13）计算：

$$c = \left(\frac{F - B}{V_0}\right) \times 1000 \tag{9-13}$$

式中　c——空气样品中待测组分的质量浓度，$\mu g/m^3$；

　　　F——样品管中组分的质量，μg；

　　　B——空白管中组分的质量，μg；

　　　V_0——标准状态下的采样体积，L。

六、实验注意事项

干扰和排除：采样前处理和活化采样管和吸附剂，使干扰减到最小；选择合适的色谱柱和分析条件，本法能将多种挥发性有机物分离，使共存物干扰问题得以解决。

七、思考题

9-6-1　VOCs 代表的是一类什么物质，来源有哪些？

9-6-2　如何防治室内 VOCs 一类物质的污染？

第 10 章　　通风除尘实验

实验 1　　大气粉尘浓度的测定

一、实验目的

安全及职业卫生监察的重要项目之一是监测作业环境大气粉尘浓度，通过此实验，使学生掌握大气粉尘浓度的监测原理及方法。

二、实验原理

含尘气流通过滤膜，粉尘被滤膜截留，称取滤膜测定前后的质量变化，就可以分析获得大气粉尘浓度。目前测定总粉尘量普遍采用重量法，因为该法仪器结构简单，价格低廉，只要选择合适的抽气装置，滤料种类和滤料尺寸，在预定的采样时间内，可以采集到不同重量的样品，采集的样品称量后保存起来还可以用于其他项目的测定。采样方法有大流量采样法，低流量采样法和个体采样法。

采样系统如图 10-1 所示。将已称重的滤膜装入采样夹中，在粉尘采样器的作用下，使一定体积的含尘空气通过滤膜，粉尘将被阻留在滤膜上，根据采样前后滤膜增重及采样气体的体积，计算出单位体积空气中含尘量（mg/m³）。

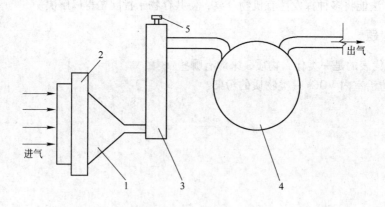

图 10-1　采样系统示意图
1—采样夹；2—滤膜；3—流量计；4—抽气泵；5—流量调节阀

三、实验设备及材料

实验设备：粉尘采样器，流量计，采样架，采样夹，分析天平，干燥器。

（1）抽气动力：粉尘采样器。

（2）流量计：流量为 3 ~ 40L/min 的转子流量计或孔口流量计（采样器附件）。

（3）采样夹：有效直径 35mm 或其他型号的采样夹。

（4）分析天平：感量不低于 0.1mg 的分析天平，每年需经过国家有关部门检定一次。

（5）干燥器：内装变色硅胶。

实验材料：滤料：过氯乙烯纤维滤膜或玻璃纤维空气过滤纸。

四、实验步骤

（1）将滤膜剪成直径40mm（或75mm）的圆片，放在干燥器内平衡6h、称重、编号备用。

（2）将滤膜固定在采样夹上，检查有无折皱或漏气，若有应更换。

（3）将采样架高度调节到1.5m左右，采样头朝发尘方向（或逆风迎尘方向），以 20～40L/min 流量采样。每次在相同条件下平行采集两个样品，取平均测定值。

（4）采样后，小心取下滤膜夹，尘面向上，放回编号的滤膜盒中，并仔细记录采样条件。

（5）将含尘滤膜放在干燥器内，各袋分开放置，不可重叠，干燥6h后称重。

五、实验结果及报告要求

（一）计算

$$粉尘质量浓度 = \frac{\bar{\omega}_2 - \bar{\omega}_0}{V \cdot t} \times 1000 \tag{10-1}$$

式中　$\bar{\omega}_2$——采样后滤膜重量，mg；

　　　$\bar{\omega}_0$——采样前滤膜重量，mg；

　　　V——空气流量，L/min；

　　　t——采样时间，min。

（1）平行样品间的粉尘质量浓度偏差不超过20%为有效样品，偏差计算公式如下：

$$偏差 = \frac{a - b}{\frac{a + b}{2}} \times 100 \tag{10-2}$$

式中　a，b——两平行样品的粉尘质量浓度。

（2）采样流量常用 25L/min，采气时间根据空气中粉尘粒度而定，采样尘量以 1～10mg 为宜。

（3）滤膜上积尘较多或电源电压变化时，流量将发生波动，应随时注意检查和调节，保持流量恒定。

（4）大流量采样法用大流量采样器，滤膜面积大（如 200mm×250mm），获得粉尘量较多，分析时可将滤膜切成数份，分别进行有机物、金属和无机盐测定。

（5）动态式个体采样法较一般的定点采样法更能正确反映工人呼吸带毒物的实际浓度，一般滤膜有效直径约 10mm，采样速度为 1.0L/min 左右，采样时间为一个工作班（连续采样）。国产个体采样器有 XGC-1 型、GFC-1 型等。

（二）实验报告

提交实验报告填写粉尘测定及分析表格（见表10-1）。

报告格式为：

实验报告1　粉尘测定及分析报告

测定地点：　　　　班级及姓名：_____班_____测定仪器型号：

天气条件：　　　　测定时间：

表 10-1　粉尘测定及分析

测定批次	测定前滤膜质量 /mg	测定后滤膜质量 /mg	采样大气流量 /L	粉尘质量浓度 /mg·m⁻³	备 注
滤膜编号 1	ω_0	ω_2	$V \times T$	$\dfrac{\overline{\omega}_2 - \overline{\omega}_0}{V \cdot t} \times 1000$	
滤膜编号 2					
滤膜编号 3					
滤膜编号 4					
滤膜编号 5					
滤膜编号 6					

六、实验注意事项

（1）采样器三脚架应该固定妥当并检查是否稳定，以防倾倒砸伤采样及过往人员。

（2）不要用手接触滤膜，以免影响测试精度。

（3）采样点应该布置在粉尘源的上风侧。

七、思考题

10-1-1　实验中可能造成测量误差的因素有哪些，如何避免？

实验 2　粉尘物理化学特性实验

实验 2-1　生产性粉尘中游离二氧化硅的测定

一、测定目的

粉尘中游离二氧化硅是导致硅肺病的非常重要的因素，测定粉尘中该物质的浓度是安全监察与预防职业病的重要手段与方法。

二、实验原理

硅酸盐溶和其他无机杂质溶于加热的焦磷酸，而石英（游离二氧化硅）几乎不溶，故用焦磷酸处理样品，以质量法测定粉尘中游离二氧化硅的含量。

三、实验设备及材料

实验设备：锥形烧瓶（50mL），量筒（25mL），烧杯（200～400mL），玻璃漏斗和漏斗架，温度计（0～360℃），电炉（可调），高温电炉（附温度控制器），瓷坩埚或铂坩埚（25mL，带盖），坩埚钳或铂尘坩埚钳，干燥器（内盛变色硅胶），分析天平（感量为 0mg），玛瑙研钵，定量滤纸（慢速），pH 试纸，试剂。

试剂主要有以下几种：

（1）焦磷酸（将 85% 的磷酸加热到沸腾，至 250℃ 不冒泡为止，放冷，贮存于试剂瓶中）。

（2）氢氟酸。

（3）结晶硝酸铵。

（4）盐酸。

以上试剂均为化学纯。

四、实验步骤

（1）采集工人经常工作地点呼吸带（1.2～1.5m 高）附近的悬浮粉尘。按滤膜直径为 75mm 的采样方法对最大流量采集 0.2g 左右的粉尘，或用其他合适的采样方法进行采样；当受采样条件限制时，可在其呼吸带高度采集沉降尘。

（2）将采集的粉尘样品放在(105 ±3)℃烘箱中烘干 2h，稍冷，贮于干燥器中备用。如粉尘粒子较大，需用玛瑙研钵研细到手捻有滑感为止。

（3）准确称取 0.1～0.2g 粉尘样品于 50mL 的锥形烧瓶中。

（4）样品中若含有煤、其他炭素及有机物的粉尘时，应放在瓷坩埚中，在 800～900℃下灼烧 30min 以上，使碳及有机物完全灰化，冷却后将残渣用焦磷酸洗入锥形烧瓶中；若含有硫化矿物（如黄铁矿、黄铜矿、辉钼矿等），应加数毫克结晶硝酸铵于锥形烧瓶中。

（5）用量筒取 15mL 焦磷酸，倒入锥形烧瓶中摇动，使样品全部湿润。

（6）将锥形烧瓶置于可调电炉上，迅速加热到 245～250℃，保持 15min，并用带有温度计的玻璃棒不断搅拌。

（7）取下锥形烧瓶，在室温下冷却到 100～150℃，再将锥形烧瓶放入冷水中冷却到 40～50℃，在冷却过程中，加 50～80℃的蒸馏水稀释到 40～45mol，稀释时一边加水，同时用力搅拌混匀。

（8）将锥形烧瓶内容物小心移入烧杯中，再用热蒸馏水冲洗温度计、玻璃棒及锥形烧瓶。把洗液并倒入烧杯中，并加蒸馏水稀释至 150～200mL，用玻璃棒搅匀。

（9）将烧杯放在电炉上煮沸内容物，趁热用无灰滤纸过滤（滤液中有尘粒时，须加纸浆），滤液勿倒太满，一般约在滤纸的三分之二处。

（10）过滤后，用 0.1N 盐酸洗涤烧杯移入漏斗中，并将滤纸上的沉渣冲洗 3～5 次，再用热蒸馏水洗至无酸性反应为止（可用 pH 试纸检验），如用铂坩埚时，要洗至无磷酸根反应后再洗三次。上述过程，应在当天完成。

（11）将带有沉渣的滤纸折叠数次，放于恒量的瓷坩埚中，在 80℃的烘箱中烘干，再放在电炉上低温炭化，炭化时要加盖并稍留一小缝隙，然后放入高温电炉（800～900℃）中灼烧 30min，取出瓷坩埚，在室温下稍冷后，再放入干燥器中冷却 1h，称至恒量并记录。

五、实验结果及报告要求

1. 粉尘中游离二氧化硅质量分数计算

$$w(SiO_2)_{(F)} = (m_2 - m_1)/m_G \times 100 \tag{10-3}$$

式中　$w(SiO_2)_{(F)}$——游离二氧化硅的质量分数，%；

m_1——坩埚质量，g；

m_2——坩埚加沉渣质量，g；

m_G——粉尘样品质量，g。

2. 实验报告

提交实验报告，填写数据（见表 10-2）。

实验报告 2-1　粉尘游离二氧化硅含量测定及分析报告

测定实验室：　　　　　　　班级及姓名：　　　　　　　　测定仪器型号：

天气条件：　　　　　　　　测定时间：

表 10-2　粉尘游离二氧化硅含量测定及分析

测定批次	坩埚加沉渣质量 /g	坩埚质量 /g	粉尘样品质量 /g	游离二氧化硅含量	备　注
滤膜编号 1	m_2	m_1	m_G	$(m_2 - m_1)/G \times 100$	
滤膜编号 2					
滤膜编号 3					
滤膜编号 4					
滤膜编号 5					
滤膜编号 6					
滤膜编号 7					

六、实验注意事项

（1）不要将试剂吸入口中和溅入眼中，如果不小心发生了上述情况，应该立即用清水冲洗，以免造成伤害。

（2）粉尘中含有难溶物质的处理：

1）当粉尘样品中含有难以被焦磷酸溶解的物质时（如碳化硅、绿柱石、电气石、黄玉等），则需用氢氟酸在铂坩埚中处理。

2）向铂坩埚内加入数滴 1∶1 硫酸，使沉渣全部润湿。然后再加 40% 的氢氟酸 5～10mL（在通风柜内），稍加热，使沉渣中游离二氧化硅溶解，继续加热蒸发至不冒白烟为止（防止沸腾）。再于 900℃ 温度下灼烧 10～30min，称至恒量。

3）处理难溶物质后游离二氧化硅含量按下式计算：

$$w(SiO_2)_{(F)} = (m_2 - m_3)/m_G \times 100 \tag{10-4}$$

式中　m_3——经氢氟酸处理后坩埚加沉渣质量，g；

其他符号意义同式（10-3）。

七、思考题

10-2-1　为什么沉碴要在 900℃ 温度灼烧 10～30min？

实验 2-2　粉尘分散度的测定

一、实验目的

粉尘分散度是指粉尘中大小不同的固体颗粒的分布程度。用百分比组成表示。粉尘对人体的危害除与作业环境中粉尘浓度和游离二氧化硅含量有关外，还与粉尘分散度有着密切的关系。

关于粉尘粒子直径的分级，目前尚无统一标准，有关部委把分散度定为：<2μm、≥2～5μm、>5～10μm、>10μm 四级。

二、实验原理

分散度的测定过去多采用滤膜溶解法，现已研制出粉尘分级采样器，将采集的各级粉尘样品称重，即可求出其百分比组成。

采样后的滤膜溶于有机溶剂中，形成粉尘颗粒的混悬液。制成涂片后，在显微镜下用目镜测微尺测量粉尘粒径的大小（μm）。

三、实验设备及材料

实验设备：显微镜，目镜测微尺，物镜测微尺，载物玻璃片，滴管，计数器。
实验材料：醋酸丁酯或醋酸乙酯。

四、实验步骤

（一）标本的制备
（1）将采用粉尘的滤膜放在小试管中，加入 1～2mL 醋酸丁酯，用玻璃棒搅拌，使成均匀的混悬液。
（2）取混悬液 1 滴于载玻片上，制成涂片，1min 后，载物玻片上即可出现一层粉尘薄膜。注明编号及采样日期，置于玻璃平皿中，以防污染。
（二）显微镜目镜和物镜的选择
显微镜对微小物体的鉴别能力主要取决于物镜，油镜可以观察到的最小物体为 0.2～0.25μm，而高倍镜为 0.4～0.5μm。测定分散度时一般用高倍镜配合 10 倍目镜。
（三）目镜测微尺的校正
粉尘颗粒的大小是用放在目镜内的目镜测微尺来测量的。当物镜倍数改变时，被测物体在视线中的大小随之改变，而目镜测微尺在视线中的大小却不变。因此在测量前，目镜测微尺需用物镜微尺进行校正。
物镜测微尺为一标准尺度，该尺总长为 1mm，分为 100 等分刻度，每一分度值为 10μm（图 10-2）。

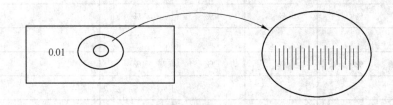

图 10-2　物镜测微尺

校正方法：先将物镜测微尺放在显微镜载物台上，目镜测微尺放在目镜头内，在低倍镜下找到物镜测微尺的刻度线，将其移到视野中，然后换成高倍镜，在视野中使物镜测微尺任一刻线与目镜测微尺任一刻线相重合，然后，向同一方向找出两尺再次机重合的刻度线，计算出现两次重合间目镜测微尺和物镜测微尺各有多少刻度，即可算出目镜测微尺每刻度的微米数。如图 10-3 所示，目镜测微尺 45 个小格相当物镜测微尺一小格，相当于：

$$\frac{10 \times 100}{45} = 2.2\mu m$$

（四）测量
取下物镜测微尺，换上制备好的粉尘标本，在高倍镜下用目镜测微尺测量粉尘粒径的大小

（图10-4）。每个样品至少测量200个尘粒。

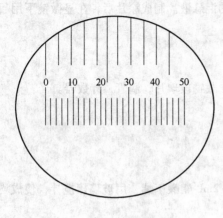

图10-3　目镜测微尺的校正

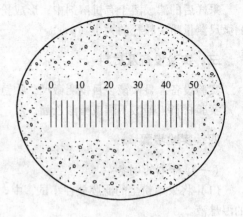

图10-4　粉尘分散度测定

五、实验结果及报告要求

提交实验报告，按表10-3分组记录。

实验报告2-2　粉尘粒径测定记录表

实验室名称：　　　　　　　　班级及姓名：＿＿＿＿班＿＿＿＿＿＿

天气温度及湿度：　　　　　　实验设备名称：

表10-3　粉尘粒径测定记录表

滤膜编号	<2μm	2~5μm	5~10μm	>10μm	备　　注
1					
	%	%	%	%	
2					
	%	%	%	%	
3					
	%	%	%	%	
4					
	%	%	%	%	
5					
	%	%	%	%	

实验时间：年　月　日

本实验提交上述实验分析表。

六、注意事项

（1）当粉尘浓度过大，粒子密集影响测量时，可将样品按一定比例稀释，重新制备标本。

（2）所用玻璃器皿应保持清洁，避免粉尘污染。

（3）测量每一尘粒大小时，不能转动测微尺测量其最长径或最短径。

（4）每批滤膜在使用前需做空白实验，测其污染状况。若滤膜仅含少量粉尘，对结果影响不大，否则应更换滤膜或扣除空白值。

七、思考题

10-2-1　目镜和物镜如何搭配？

10-2-2　为什么至少要测定 200 个颗粒？

实验 3　气体有毒有害成分测定实验

一、实验目的

掌握 PGM7840 数字式精密复合气体测试仪的工作原理、学会多功能气体检测仪器的使用方法，学会甲烷检测报警仪器的检定、校准方法。

二、实验原理

复合型多功能气体检测仪由气体电化学传感器、电信号处理系统、显示及报警系统组成，可以同时对大气中的 CO、H_2S、SO_2、NO_x、LEL 等进行检测，并以数字的形式显示。

甲烷检定报警仪的原理也是通过电化学传感器，将甲烷浓度参数转化为电信号，达到实时检测的目的。

三、实验设备及器材

实验设备：PGM7840 华瑞公司多功能复合气体检测仪器系统；JCB-5 瓦斯浓度检测仪器；瓦斯标准气体瓶（5%）；实验气罐；大容量注射器（带刻度）；贮气球。

四、实验步骤

（1）将 5% 浓度的标准瓦斯，通过注射器抽至实验气球中 200mL，将空气注射 600mL 进入气球。

（2）将华瑞公司 PGM7840 多功能复合气体检测仪器开机预热 5min。

（3）JCB-5 瓦斯浓度检测仪器开机预热 5min。如果测定初始值不为零，旋开仪器底部螺栓，即为调零电位器调节孔，用螺丝刀缓慢调转，可使仪器显示为零。

（4）将华瑞公司 PGM7840 多功能复合气体检测仪器采样头伸入实验气球，开始检测。

（5）读数并记录各组分气体的浓度值，读取 3 次测定值。

（6）将 JCB-5 瓦斯浓度检测仪采样头伸入实验气球，开始检测。

（7）读数并记录各组分气体的浓度值，读取 3 次测定值。

（8）测定实验气罐内各种组分的浓度值。

（9）关机，将气球放气。

五、实验结果及报告

实验报告 3　有毒有害气体检测报告

测定人：_____班级_____；实验时间：____年___月___日

实验内容：

实验结果：
测试 1：
测试 2：
测试 3：
测试 4：
测试 5：

六、思考题

10-3-1　电化学传感器的原理是什么？
10-3-2　开机预热时间多长为佳？

实验 4　大气压力、温度、湿度及风速测定实验

一、实验目的

（1）掌握测定大气压 p、空气湿度 ψ、风速 v 的测定原理、测定方法、测试仪表的结构、使用技巧及数据分析处理方法等。（2）计算湿空气密度 ρ。

二、实验原理及设备

（一）大气压测定

大气压测定仪表有两类，一类是水银气压计，一般用于室内测量，精度较高；另一类是空盒气压计，井下测定使用这种仪表。

1. 水银气压计

水银气压计有动槽式和定槽式两种。

动槽式水银气压计（图 10-5）的主要部件是一根倒置于可动水银槽内的玻璃管，管的上端水银面上是真空的，槽内液面则通向大气，根据托理拆利实验原理，可知玻璃管内水银柱高度就表示了大气压力（毫米汞柱或毫巴）。

测定时，转动底部调节螺丝 8，使槽内水银液面正好与象牙指针 6 触及，然后转动螺丝 10，使游标 1 的下切口与水银顶面相切，由刻度尺和游标 1 读出大气压的读值（$p_{读}$）。因为刻度尺是金属的，热胀冷缩，所以要进行读值的湿度校正，由温度计 9 读出测定的温度，$\Delta p_{温}$ 为温度校正值，实际大气压计算如下：

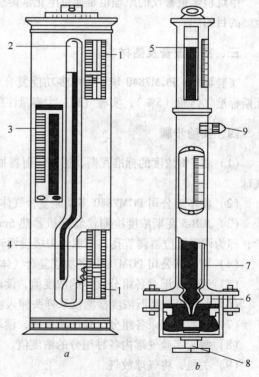

图 10-5　水银气压计
a—定槽式；b—动槽式
1—气压计标尺；2—玻璃罐封闭端；3—温度计；
4—玻璃罐开口端；5—水银表面；6—指针；
7—玻璃罐；8—螺钉；9—水银池

$$p_0 = p_{读} + \Delta P_{温} \tag{10-5}$$

定槽式水银气压计的下部水银槽是固定不动的，除不必调节槽内液面高低外，其余使用方法与动槽式相同。

黄铜刻度尺换算到8℃时温度校正值（$\Delta p_{温}$）。

当实测温度值与表中温度不符时，可用插值法求得温度校正值。

2. 空盒气压计

空盒气压计结构如图10-6所示，它是由一个波纹金属真空盒和杠杆转动机构组成。大气压变化时，盒面变形值随之发生变化。变形值经杠杆机构传动并放大，带动盒面指针转动指出大气压值。

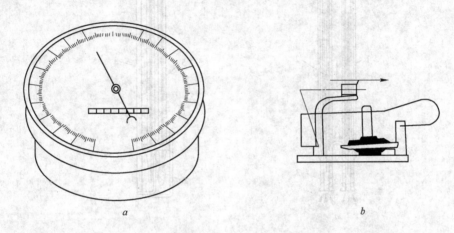

　　　　　　　a　　　　　　　　　　　　　　　　b

图 10-6　空盒气压计

空盒气压计使用前应当用水银气压计校正。校正时用小螺丝刀拧转盒背面（或侧面）的调节螺丝，使指针所示气压值与水银气压计一致。

测定时，将气压计水平放置，否则会产生误差，仪器完全垂直放置误差可达0.3mmHg（40Pa），读数前，还应用手指轻轻敲击盒面数下，以消除因摩擦引起的滞后现象，一般应等待数分钟之后读数，读数应根据仪器所附检定证进行刻度、温度和补充校正。例如某空盒气压计读数为770mmHg（102.7kPa），查得其刻度校正值为$\Delta p_{刻} = -0.1$mmHg（13.3Pa），温度校正为$p_{温} = -0.03$mmHg/℃（40Pa/℃）15℃ $= -0.45$mmHg（60Pa），则实际大气压p计算如下。

表 10-4　实际大气压力计算

温度/℃	气压计读值（$p_{读}$）				
	740	750	760	770	780
10	-1.21	-1.22	-1.24	-1.26	-1.27
15	-1.81	-1.83	-1.86	-1.89	-1.91
20	-2.41	-2.44	-2.48	-2.51	-2.54
20	-3.01	-3.05	-3.09	-3.13	-3.17
30	-3.61	-3.26	-3.71	-3.75	-3.80

注：$p = \Delta p_{读} + \Delta p_{刻} + \Delta p_{温} + \Delta p_{补} = 770 - 0.1 - 0.45 + 0.6 = 770.05$mmHg（102.7kPa）。

（二）空气相对湿度的测定

矿井下空气相对湿度常用手摇湿度计和风扇湿度计测定。它们都由两支水银温度计组成，其中一支为干温度计（又称为干球）另一支水银球上包着纱布，称作湿温度计（又称为湿球）（图 10-7a）。

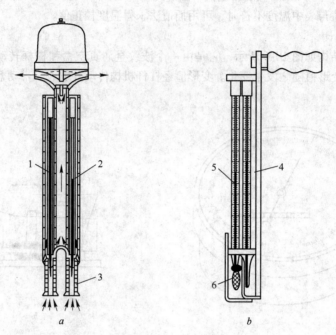

图 10-7　湿度计

a—风扇湿度计；b—手摇湿度计

1，4—干球温度玻璃罐；2，5—湿球温度玻璃罐；3—进气口；6—湿球

测定时，先将湿球上的纱布用清水蘸湿，用手摇温度计时，手摇摇把以 150r/min 的速度旋转 1～2min，立即读出两支温度计的读数（读数时注意勿受人体体温的影响），湿球因其水蒸气吸热，它的示数低于干球，湿度愈高，蒸发吸热愈多，干湿球温差也愈大，根据干（或湿）温度计（t,℃）及温差（Δt,℃）即可查出空气的相对湿度。

用风扇湿度计测定时，用仪器小风扇上的钥匙将发条上紧，风扇转动，使空气以一定速度（1.7～3.0m/s）流经干、湿温度计的水银球周围 1～2min 后，两支温度计示数稳定后即可读数。

（三）风速测定

转杯风速计的转页，在风力驱动下旋转，旋转体的电磁圈产生电力，其强度与旋转速度成正比。通过检测电磁圈产生的电力强度，就可以测定被测定的风速。本实验风杯式风速计分低风速（小于2s/m）、中风速（2～10m/s）和高风速（大于10m/s）三类，测试不同的风速，选用不同的风速表。

三、实验步骤

（1）分别用水银气压计和空盒气压计测大气压 p。

（2）分别用手摇湿度计和风扇湿度计测空气的相对湿度，计算绝对湿度。

（3）以水银气压计和风扇湿度计测定结果计算湿空气重率。

（4）用风速表测定风洞内风速值，分别测定风洞壁、风洞 1/4R 处、风洞中心各 2 次。

四、实验结果及报告要求

实验报告 4　大气压、空气湿度、空气密度及风速测定表

实验班级＿＿＿＿＿＿姓名＿＿＿＿＿＿实验时间＿＿＿＿＿年＿＿＿＿＿月＿＿＿＿＿日

实验数据记录

1. 大气压

　　水银气压计　　　　　　　　　　　　　　　空盒气压计

　　读数 $p_{读}$ =　　　　　　　　　　　　　　　读数 $p_{读}$ =

　　温度 t =　　　　　　　　　　　　　　　　Δp_t =

　　校正值 Δp_t =　　　　　　　　　　　　$\Delta p_{刻}$ =

　　真实大气压 $p_0 = p_{读} + \Delta p_t$　　　　　$\Delta p_{补}$ =

　　真实大气压 $p_0 = p_{读} + \Delta p_t + \Delta p_{刻} + \Delta p_{补}$

2. 空气密度计算：

　　按精密公式计算 ρ =

　　按近似公式计算 ρ =

　　风洞风速：V_1 =　　　；　　$V_{R/4}$ =　　　；　　$V_{R/2}$ =

　　　　　　　V_1 =　　　；　　$V_{R/4}$ =　　　；　　$V_{R/2}$ =

　　　　　　　V_1 =　　　；　　$V_{R/4}$ =　　　；　　$V_{R/2}$ =

五、思考题

10-4-1　湿度计测定相对湿度时，如干湿球温度差为零，此时相对湿度是多少？

10-4-2　湿空气和干空气相比，哪一个密度大？

10-4-3　分析空盒气压计测定大气压的误差来源。

10-4-4　为什么风洞壁的风速最低？

实验 5　扇风机特性测定

一、实验目的

掌握扇风机特性测定方法，通过测定加深理解扇风机风量和风压、功率和效率的本质关系。

二、实验设备及材料

实验设备：5.5kW 轴流式风机，风筒，调节阀门，皮托管，U 形测压计，单管气压计，电度表（或功率表、或电压表、电流表与功率因数表），秒表，空盒气压计，温度计，胶皮管，皮尺，转速计。

三、实验原理

在实验模型上，用调节阀门由全开到全闭调节风机工况点。调节每一工况时的风量、风机和电动机功率，经计算，绘制该风机的特性曲线。

四、实验步骤

（一）风量测定

在扇风机入风侧断面处 I 处用单管气压计测得相对静压 $h_{r静}$ 后，按下式计算风速：

$$V_{I均} = \sqrt{2/\rho}\ \sqrt{h_{r动}} = \sqrt{2/\rho}\ \sqrt{k_{集} h_{静}} \tag{10-6}$$

式中　$V_{I均}$——I 断面的平均风速，m/s；

　　　　ρ——测定时的 1m³ 空气质量，kg/m³；

　　　　$k_{集}$——集流器系数，$k_{集} = h_{r动}/h_{r静}$，经标定，本实验所用的集流器系数为 0.95；

　　　　$h_{r静}$——I 断面的相对静压，Pa；

　　　　$h_{r动}$——I 断面的平均动压，Pa。

（二）扇风机风压测定

因　　　　　　　　　$h_{扇全} = h_{扇静} + h_{扇动} = h_{阻} + h_{出动}$ 　　　　　　(10-7)

令　　　　　　　　　$h_{扇动} = h_{出动} = h_{II动} = h_{r动}$

所以　　　　　　　　$h_{扇静} = h_{阻}$

式中　　　　$h_{扇全}$——扇风机全压，Pa；

　　　　　　$h_{扇静}$——扇风机静全压，Pa；

　　　　　　$h_{扇动}$——扇风机出口动压，Pa；

　　　　　　$h_{阻}$——扇风机出口的阻力损失，Pa；

$h_{出动}$，$h_{r动}$，$h_{II动}$——扇风机出口，风筒 1 断面、2 断面的平均动压，kgf/m³；

　　　　$h_{I静}$，$h_{II静}$——1、2 断面的相对静压，kgf/m³。

又因 I—II 断面风筒很短，其阻力可以略去，故

$$h_{阻} = h_{II静} + h_{I静} \tag{10-8}$$

$$h_{扇全} = h_{II静} + h_{I静} \tag{10-9}$$

（三）电动机功率测定

本实验采用有功电度表（kW·h）测定电动机的输入功率。用秒表测出 t 时间内电度表所示消耗的功率（在 t 时间铝盘转动圈数），按下式计算：

$$N_{电} = K_{电} \times n_0 \times 3600/t \tag{10-10}$$

式中　$N_{电}$——电动机输入功率，kW；

　　　　$K_{电}$——有功电度表瓦-时常数，即铝盘转动-圈所消耗的瓦-时数，本实验用表为 1/90；

　　　　t——转动 n_0 圈所用的时间，s；

　　　　n_0——铝盘转动圈数，本实验取 $n_0 = 5$；

　　　　$N_{电}$——消耗的功率，kW。

（四）扇风机效率计算

扇风机全效率　　　　　$\eta_{全} = Qh_{扇全}/102_{N电} \times 100$ 　　　　　(10-11)

扇风机全效率　　　　　$\eta_{静} = Qh_{扇静}/102_{N电} \times 100$ 　　　　　(10-12)

（五）空气重率（r）测定

用空气盒气压计测大气压，用温度计测温度，计算空气重率，计算 1m³ 空气的质量。

（六）测点断面积测算

在测点处，测定风洞的直径，并计算该测点的断面积。

（七）绘制扇风机特性曲线

以风量为横坐标，扇风机的静压、功率和效率为纵坐标，分别绘制 $Q\text{-}h$ 曲线，$Q\text{-}N_{电}$，$Q\text{-}\eta_{静}$ 的关系曲线。

五、实验法及报告要求

实验报告 5　扇风机性能测定

实验班级_____姓名_____试验时间_____年___月___日

（一）扇风机性能测定

风机型号_____大气压 Pa = _____mmHg，空气温度 t = _____℃

电动机铭牌功率_____kW，扇风机转速_____r/min

空气重率 γ = _____kgf/m³，1m³ 空气的质量 ρ = _____kg/m³

S_1 = _____m²，S_2 = _____m²，$k_{集}$ = _____0.95

（二）扇风机性能曲线

表 10-5　扇风机性能曲线数据

测点序号	I 断面的相对静压 $h_{1静}$ /mmH₂O (Pa)	II 断面的相对静压 $h_{1静}$ /mmH₂O (Pa)	风量		扇风机静压 $H_{扇静}$ /mmH₂O (Pa)	扇风机静压轴功率 $N_{扇静}$ /kW	电动机实耗功率			扇风机静压效率 $\eta_{静}$/%	备注
			$v_{均}$ /m·s⁻¹	风量 Q /m³·s⁻¹			铝盘转数 n_0/r	时间 t/s	实耗功率 $N_{电}$/kW		
1											
2											
3											
4											
5											
6											
7											
8											
9											

六、思考题

10-5-1　测定风机性能的意义是什么？

实验6　通风阻力、风阻、阻力系数测定

一、实验目的

（1）掌握巷道通风阻力的测定方法；

（2）掌握风阻（R）、摩擦阻力系数（α）和局部阻力系数（ξ）的测定方法。加深理解能量方程；

（3）掌握测压仪表的使用方法。

二、实验的设备

实验设备：通风管网，单管压差计，皮托管，空盒气压计，干湿球温度计，胶皮管，小钢尺。

三、试验原理

（一）通风阻力测定

如图 10-7 所示通风管网中，巷道 1～2 段通风阻力按如下公式计算

$$hR_{1,2} = (p_1 - p_2) + (h_{v1} - h_{v2}) + Z_{1,2}\rho_{m1,2}g \tag{10-13}$$

式中　p_1，p_2——1、2 断面的风流静压，Pa；

h_{v1}，h_{v2}——1、2 断面动压，Pa；

$Z_{1,2}$——1、2 断面标高，m；

$\rho_{m1,2}$——1、2 断面风流平均密度，kg/m³；

g——重力加速度，m/s²。

由于风网模型水平放置，各断面之间高度差为零，故 $Z_{1,2}\rho_{m1,2}g$ 为零。故式（10-13）可改写为：

$$hR_{1,2} = p_1 - p_2 + (h_{v1} - h_{v2}) \tag{10-14}$$

实验时，用皮托管，压差计测 1、2 断面的静压差和 1、2 断面的动压。

（二）摩擦阻力（R_f）和摩擦阻力系数（α）测定

$$h_r = R_f Q^2 = \alpha_{测} LUQ^2/S^3 \tag{10-15}$$

式中　h_r——摩擦阻力，Pa；

R_f——摩擦风阻系数；

Q——通风风量，m³/s；

L——测点间的距离，m；

S——风道净断面积，m²；

U——风道的周长，m；

$\alpha_{测}$——摩擦阻力系数，kg/m³。

由此可知，只要测出一段风道的摩擦阻力（h_r）和风量就可以求出这段风道的摩擦阻力（R_f）。如果同时测量出这段风道的长度，净断面积和周长，就可以求出它的测定时的摩擦阻力系数（$\alpha_{测}$），再按下列公式换算为标准状态下（$\rho = 1.2 kg/m^3$）的摩擦阻力系数（α）：

$$\alpha = 1.2\alpha_{测}/\rho_{测} \tag{10-16}$$

式中　$\rho_{测}$——测定时的空气密度，kg/m³。

阻力测定方法如下：

在模型风道内选择 A、B 测段（图 10-8）。

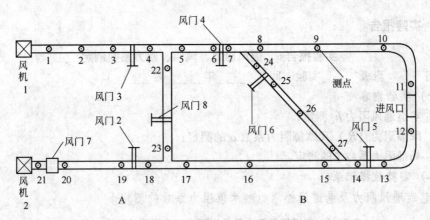

图 10-8　通风网络示意图

在 A、B 两段面分别设置毕托管，用胶皮管将两端面的阻压分别接到压差计，测 A、B 两端面的静压差，同时测出 A、B 两断面的平均风速。用皮尺和小钢尺测量出 A、B 间的距离和它们的断面和周长。

由能量方程：

$$h_{AB} = h_{测AB} + (h_{vA} - h_{vB}) \tag{10-17}$$

式中　h_{AB}——A、B 段风道的通风阻力，Pa；

　　　$h_{测AB}$——A、B 段风道的势能差，Pa；

　　h_{vA}，h_{vB}——A、B 两断面速压，Pa。

$$Q = S \cdot V_{均}$$

如果 A、B 段风道漏风较大，测风道中的 Q 对应前后截面 A、B 两断面的风量平均值，即

$$Q = (Q_A + Q_B)/2 \tag{10-18}$$

根据测定结果计算模型风道的 h_r 及 R_f 和 α

（三）局部阻力系数 ζ 的测定

在模型风道的直角转弯前后选择两测定断面 C 和 D，测 CD 段通风阻力 $h_{阻CD}$ 和平均风速。

$$h_{阻CD} = h_{摩CD} + h_{弯} \tag{10-19}$$

$$h_{弯} = h_{阻CD} - h_{摩CD} \tag{10-20}$$

$$h_{摩CD} = R_{摩}/L_{AB} \cdot L_{CD} \cdot Q^2 = \alpha_{测} L_{CD} \cdot U \cdot Q^2/S^3 \tag{10-21}$$

式中　$R_{摩}$——测定的 AB 段模型风道风阻系数；

　　　L_{AB}——AB 段长度，m；

　　　L_{CD}——CD 段长度，m；

　　　$\alpha_{测}$——测定的模型风道摩擦系数，kg/m³。

$$\zeta_{弯} = 2g h_{弯}/f v_{均}$$

根据测定的结果计算 90°直角转弯的摩擦系数 R。

四、实验报告

实验报告6　通风阻力、风阻、阻力系数测定

姓名_____班级_____实验时间：_____年_____月_____日

（一）实验内容

（1）巷道通风阻力 h_r 测定；

（2）摩擦阻力（R_f）和摩擦阻力系数 α 的测定；

（3）局部阻力系数 ξ 的测定。

（二）实验数据记录

1. 巷道通风阻力及巷道摩擦阻力和摩擦阻力系数的测定

表 10-6　巷道通风阻力及巷道摩擦阻力和摩擦阻力系数测定

风道类别			
测定断面编号			
$H_测/Pa$	读　数		
	实　值		
$V_中/m \cdot s^{-1}$	H_v/Pa		
	$V_中/m \cdot s^{-1}$		
	$V_均/m \cdot s^{-1}$		
动压差			
H_f/Pa			
S/m^2			
$Q_f/m^3 \cdot s^{-1}$			
L/m			
U/m			
$R_f/kg \cdot m^{-3}$			
$\alpha_测/kg \cdot m^{-3}$			
$\alpha/kg \cdot m^{-3}$			
$P/mmHg$（Pa）			
$T/℃$			
$\rho/kg \cdot m^{-3}$			
备　注			

2. 90°直角转弯局部阻力系数测定

表 10-7　90°直角转弯局部阻力系数测定

断面编号			
$H_{测}$/Pa	读　数		
	实　值		
H_r/Pa			
$V_{均}$/m·s^{-1}	$H_{v中}$/Pa		
	$V_中$/m·s^{-1}		
	$V_{均}$/m·s^{-1}		
$H_{v均}$/Pa			
H_f/Pa	L/m		
	S/m^3		
	U/m		
	α/kg·m^{-3}		
	H_f/Pa		
$H_弯$/Pa			
ζ			
ρ/kg·m^{-3}			
备　注			

五、思考题

16-6-1　将实验测定的 α 和 $\zeta_弯$ 与教材的相应系数值进行比较，如果二者相差较大，试分析原因。

16-6-2　如果两测点标高不同，用皮托管和压差计测得的两测点的压差是否仍为势能，为什么？

第 11 章 应急救援实验

实验 1 矿山自救器设备的使用

一、实验目的

（1）了解自救器的构造及其工作原理；

（2）掌握 AZL-40 型过滤式自救器、AZG-40 型隔离式自救器、AYG-45 型压缩氧自救器的使用方法。

二、实验原理

（一）过滤式自救器

过滤式自救器是一种小型的供入井人员随身携带的防止 CO 中毒的呼吸器具。它适用于煤矿井下发生瓦斯煤尘爆炸或火灾时，周围空气中氧气的质量浓度大于 18%，CO 的质量浓度不超过 1.5% 的条件。当环境温度为 25℃，相对湿度为 95% 以上，呼吸量为 30L/min 时，使用时间为 40min。

图 11-1 为 AZL-40 型过滤式自救器的外形和结构示意图。

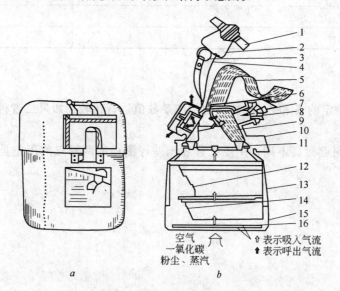

空气
一氧化碳　　　⇧ 表示吸入气流
粉尘、蒸汽　　　⬆ 表示呼出气流

a　　　　　　*b*

图 11-1　AZL-40 型过滤式自救器

a—外形图；*b*—结构图

1—鼻夹；2—鼻夹弹簧；3—提醒片；4—鼻夹绳；5—头带；6—呼气阀；7—牙垫；
8—口具；9—降温器；10—下腭托垫；11—吸气阀；12—触媒；
13—滤尘沙袋；14—干燥剂；15—滤尘层；16—底盖

过滤药罐装有触媒剂，在常温下将空气中 CO 过滤，并转变为无毒的 CO_2，使佩戴者不受毒害。

（二）化学氧隔离式自救器

化学氧隔离式自救器是一种用途较广的小型呼吸器具。它主要用于如下场所：

（1）在井下发生瓦斯、煤尘爆炸、火灾、煤与瓦斯突出时，佩戴后可以自救脱险；

（2）可以佩戴它进入距离较近的灾区进行短时间的救护工作；

（3）可作为救护队员备用呼吸器。当呼吸器发生故障时，可佩戴它撤离灾区。

AZG-40 型隔离式自救器结构如图11-2所示。化学隔离式自救器是利用化学药剂生氧与外界空气隔绝的呼吸器。当戴上这种自救器后，呼出气体中的 CO_2 和水汽与罐中的生氧剂发生化学反应，则产生大量氧气，这些清净的气体进入气囊，供佩戴者呼吸用。当气囊中充满气体时，借助气囊的张力拉开进气阀，排除多余废气，保证气囊在正常压力下工作。并且减少了 CO_2 和水汽进入生氧罐，从而可以调节氧气发生速度，延长使用时间。

为解决初期供氧不足，自救器装有快速启动装置，打开自救器时自动将装置里的硫酸瓶拉破，使流出的硫酸与启动药块作用，放出大量氧气，供佩戴者开始呼吸用。

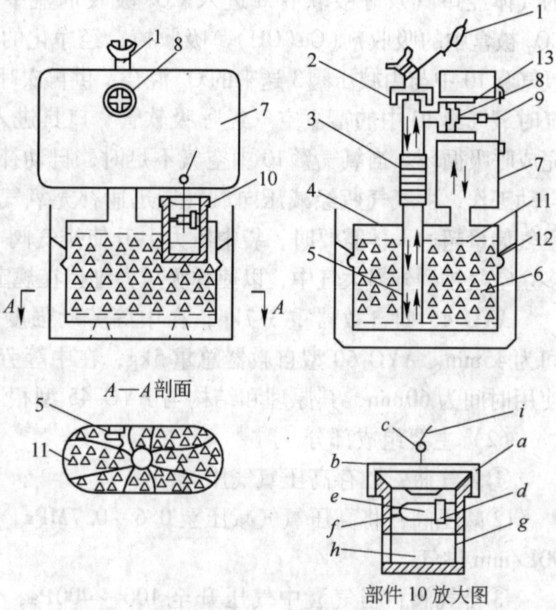

图 11-2　AZG-40 型隔离式自救器结构图

1—口具鼻夹；2—降温盒；3—呼吸软管；4—生氧药罐；
5—插入管；6—生氧药剂；7—气囊；8—排气阀；
9—硬壁与拉绳；10—启动装置；11—散热片；
12—卡片；13—伸缩接头；
a—启动装置盖帽；b—软橡胶垫；c—销子针；
d—葫芦形酸瓶；e—扭力弹簧；f—击锤；
g—带孔的筒体；h—启动药块；i—拉绳

（三）压缩氧自救器

压缩氧自救的用途与化学氧隔离式自救器相同。其主要技术参数见表 11-1。

表 11-1　压缩氧自救器主要技术参数

技 术 特 征	AYG-45 型	AYG-60 型	AZY-30 型	AZY-60 型
防护时间（中等劳动强度）	45	60	30	60
氧气瓶容积/L	0.4		0.28	
压力/Pa	20	20	20	20
定量供氧量/L·min^{-1}	1.2±0.1	1.5±0.1	1.4±0.2	
自动补给量/L·min^{-1}	>90	>90		
自动补给压力/Pa	-100~-400	-200~-400		
自动排气压力/Pa	100~400	200~400	200~400	
总质量/kg	≤3.5	5	≤3	4.5
外形尺寸/mm	235×105×270	297×212×130	230×180×100	297×212×130
储气量/L		>140		
吸气温度/℃			≤45	
手动补给量/L·min^{-1}			>60	
CO_2 吸收剂用量/g			≥350	
通气阻力/Pa			≤200	

（1）工作原理

AYG-45 型压缩氧自救器的原理及结构见图11-3。其工作原理为：当佩戴使用时，人体呼出

的气体经口具及呼吸软管 6 进入 CO_2 吸收剂盒中，呼气中的
CO_2 被盒中的吸收剂($Ca(OH)_2$)吸收掉，经净化的气体再进入
氧气囊 10 中与由减压阀 3 送来的 O_2 混合，供再次呼吸使用。吸
气时氧气囊 10 中的富氧空气经呼吸软管、口具进入人体肺部，
完成呼吸循环。当氧气囊 10 中空气不足时，自动补给端杆 9 会
自动工作，由氧气瓶经减压向氧气袋迅速补充氧气。当氧气袋
空气储量超过人体需要时，袋中压力上升使排气阀 11 开启，将
多余空气排到外界大气中，以使呼吸压力维持在规定范围内。

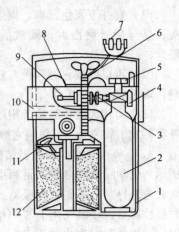

图 11-3　AYG-45 型压缩氧
自救器结构示意图
1—外壳；2—氧气瓶；3—减压阀；
4—压力计；5—氧气瓶开关；
6—口具与呼吸软管；7—鼻夹；
8—眼镜；9—自动补给端；
10—氧气囊；11—排气阀；
12—二氧化碳吸附剂

AYG-45 型自救器重 3.7kg，在中等劳动强度时的使用时
间为 45min。AYG-60 型自救器总重 5kg，在中等劳动强度时的
使用时间为 60min，其原理和结构与 AYG-45 型相同。

（2）主要组成部分

①氧气瓶：贮存高压氧气用。

②减压阀：将高压氧气减压至 0.6～0.7MPa，以流量大于
90L/min 供气。

③排气阀：当气囊中气压升至 100～400Pa，排气阀自动
开启，将多余气体排出。

④口具及呼吸软管：连为一体，其上带有口具塞和鼻夹。

⑤压力计：显示氧气瓶内高压氧气量。

⑥外壳：用高强度塑料制成，内充装 0.5kg CO_2 吸收剂，并密封。

三、实验设备及材料

AZL-40 型过滤式自救器、AZG-40 型隔离式自救器、AYG-45 型压缩氧自救器。

四、实验步骤

（一）过滤式自救器

（1）从腰带上取下自救器，用右手大拇指扳起开启扳手，撑开锁封带。

（2）右手推移开启扳手，拉开封口带。

（3）拉开上部外壳扔掉。

（4）从下部外壳拉出过滤器，将下部外壳扔掉。

（5）将口具咬口用牙咬住，把橡胶片含在牙唇之间。

（6）将鼻夹夹在鼻子上，把鼻孔夹住。

（7）摘下安全帽，把头带戴好。

（8）戴上安全帽，至此自救器佩戴完毕，开始撤离灾区。

（二）化学氧隔离式自救器

（1）取下自救器，用食指扣住开启环后，用力把封口带拉开扔掉。

（2）两手紧握自救器上下两端，用力在大腿上把外壳磕开，然后掰开自救器上下外壳。

（3）一只手握住下部外壳，另一只手把上部外壳拉脱，这时启动装置中硫酸瓶打碎，药品发生化学反应放出氧气，使气囊鼓起，即可供呼吸。如气囊未鼓起，可先向中吹几口气。

（4）将装有呼吸导管的一面贴身，把背带套在脖子上，再拔出口具塞，用牙咬住口具片，把橡片含在牙唇之间。

（5）轻轻拉开鼻夹弹簧，将鼻夹准确地夹住鼻子，用嘴进行呼吸。

（6）把腰带绑在腰上，防止自救器左右摆动。

（7）将口水降温盒两边的绑带顺面部绕过头结扎于后脑部，使口具不致脱离。

（三）压缩氧自救器

（1）观察压力计：通过外壳上窗口观察压力计（在使用中也应经常观察压力计，便于掌握氧气的消耗量），若指针指在测量上限白色刻度内，说明有足够的氧气，即可打开外壳上的扣鼻。

（2）拉出氧气囊：拉开上盖，拉出氧气囊呼吸软管及鼻夹等。

（3）旋松开关：左手拿住外壳下部，右手旋开氧气瓶开关，同时调整好背带长度，使之适于戴口具（平时应调好）。

（4）咬口具：拔掉口具塞，将口具咬入口中，口具片应放到唇和牙之间，牙齿紧咬住牙垫，闭紧嘴唇使之具有可靠的闭合。

（5）戴鼻夹：夹住鼻子，并用嘴呼吸。

（6）戴眼镜：取出眼镜戴好，不要松动。

五、实验注意事项

1. 使用过滤式自救器的注意事项

（1）在井下工作时，当发现火灾或瓦斯爆炸征兆时，必须立即佩戴自救器，不可看见烟雾时才佩戴，因 CO 可扩散在烟雾之前。

（2）戴上自救器后，当空气中 CO 质量分数达到 0.5% 以上时，吸气时会有干热的感觉，这是自救器正在有效地工作，切不可因干热而取下自救器，必须一直佩戴，到达安全地带方可取下自救器。

（3）佩戴自救器撤离火区的过程中，为保护呼吸均匀，要求匀速行走，禁止奔跑。

（4）如因外壳碰变形，药罐不能取出，可用手托住下部外壳使用。

2. 使用化学氧隔离式自救器的注意事项

（1）生氧反应的结果，使外壳逐渐变热，吸气温度逐渐增高，这表明自救器工作正常，所以不能因口腔干热而取下自救器。

（2）走路速度不宜太快，呼吸要均匀，以便和生氧速度相适应，如感到呼吸时阻力增大或吸气不足，可适当放慢脚步，一般步行速度为每小时 5.5km。自救器有效作用时间不少于 40min。

（3）没到达安全地点之前，绝对禁止取下鼻夹和口具，以免受有害气体毒害。

六、实验结果及报告要求

实验完成后，认真填写实验报告书。

实验名称：矿山自救器使用训练

同组学生姓名＿＿＿＿＿＿＿＿＿＿＿＿＿＿＿＿＿＿＿＿＿＿＿＿＿＿＿＿＿

实验类型：综合性；实验要求：必做；实验学时数：＿学时；实验时间＿月＿日＿节

（一）实验目的

＿＿＿＿＿＿＿＿＿＿＿＿＿＿＿＿＿＿＿＿＿＿＿＿＿＿＿＿＿＿＿＿＿＿＿＿＿

（二）实验装置及主要仪器设备

AZH-40 型化学氧自救器；AZL-40 型过滤式自救器；PB4 型正压氧气呼吸器。

（三）自救器的使用

1. 过滤式自救器的使用

（1）自救器的工作原理和适用条件＿＿＿＿＿＿＿＿＿＿＿＿＿＿＿＿＿

＿＿＿＿＿＿＿＿＿＿＿＿＿＿＿＿＿＿＿＿＿＿＿＿＿＿＿＿＿＿＿＿＿＿

（2）佩戴方法和步骤＿＿＿＿＿＿＿＿＿＿＿＿＿＿＿＿＿＿＿＿＿＿＿＿＿

＿＿＿＿＿＿＿＿＿＿＿＿＿＿＿＿＿＿＿＿＿＿＿＿＿＿＿＿＿＿＿＿＿＿

（3）使用过程中的注意事项＿＿＿＿＿＿＿＿＿＿＿＿＿＿＿＿＿＿＿＿＿

2. 化学氧自救器的使用

（1）自救器的工作原理和适用条件＿＿＿＿＿＿＿＿＿＿＿＿＿＿＿＿＿

＿＿＿＿＿＿＿＿＿＿＿＿＿＿＿＿＿＿＿＿＿＿＿＿＿＿＿＿＿＿＿＿＿＿

（2）佩戴方法和步骤＿＿＿＿＿＿＿＿＿＿＿＿＿＿＿＿＿＿＿＿＿＿＿＿＿

＿＿＿＿＿＿＿＿＿＿＿＿＿＿＿＿＿＿＿＿＿＿＿＿＿＿＿＿＿＿＿＿＿＿

（3）使用过程中的注意事项＿＿＿＿＿＿＿＿＿＿＿＿＿＿＿＿＿＿＿＿＿

＿＿＿＿＿＿＿＿＿＿＿＿＿＿＿＿＿＿＿＿＿＿＿＿＿＿＿＿＿＿＿＿＿＿

（四）心得体会及对本次实验的建议与设想（可另加附页）

七、思考题

11-1-1　简述各类自救器的组成及其工作原理?

11-1-2　使用自救器时有哪些注意事项?

实验 2　矿山氧气呼吸器的使用

一、实验目的

（1）了解氧气呼吸器的构造及其工作原理;

（2）掌握 AHG-4 型氧气呼吸器、AHY-6 型氧气呼吸器、PB4 正压氧气呼吸器的使用方法。

二、实验原理

氧气呼吸器是矿山救护队指战员在窒息性或有毒有害气体中进行事故预防或事故处理工作中佩用的个人防护装备。它可以自动调节供氧量并与外界空气隔绝，保障救护队员的人身安全。

1949 年我国组建矿山救护队以来，呼吸器的更新换代大致经历了三个历史阶段:

第一阶段：从 20 世纪 50 年代至今，AHG-4 型氧气呼吸器在处理煤矿各种事故过程中发挥了重要作用，但救护队所发生的多起自身伤亡事故，也确实与这种传统的老式负压呼吸器有关。

第二阶段：自 1987 年以来，抚顺和重庆安全仪器厂分别研制成功了 AHY-6 型和 AHG-4A 型氧气呼吸器，这两种呼吸器均可与面罩配合使用，避免了由于口具、鼻夹脱落而造成的自身伤亡事故。

第三阶段：1995 年我国引进了美国 BioPak-240 型正压呼吸器。此后，重庆安全仪器厂与德国德尔格公司联合生产了 BG4 正压呼吸器；抚顺煤矿安全仪器厂开发研制了 HYZ4 正压呼吸器；抚顺煤矿安全救护装备开发中心研制成功了由 AHY-6 改装的 PB4 正压呼吸器。这些引进、研制开发的基本目标都是由正压呼吸器取代传统的负压呼吸器，彻底避免了由于呼吸器的气密问题而导致救护队自身伤亡事故。

（一）AHG-4 型氧气呼吸器

1. 主要技术数据

（1）氧气压力在 20MPa 时的氧气瓶氧气储藏 400L。

（2）定量供氧量：1.1～1.3L/min。

（3）自动排气压力：200～300Pa。

（4）自动补给压力：-150～-250Pa。

（5）自动补给流量：不低于 50～60L/min。

（6）手动补给流量：在 20MPa 时，不低于 90L/min。

（7）呼吸器有效使用时间：4h。

（8）呼吸器质量（不包括吸收剂和氧气）：10kg。

（9）呼吸器外形尺寸：415mm×385mm×195mm。

2. 结构及工作原理

AHG-4 型氧气呼吸器内部结构见图 11-4。图中箭头表示使用时氧气的流动方向。

（1）氧气瓶：它是贮存氧气的，容积为 2L，工作压力为 20MPa。

（2）唾液盒及呼吸软管：唾液盒是装唾液用的，盒内装脱脂棉。呼吸软管是两条波形胶管，一端与唾液盒连接，另一端分别与呼气阀和吸气阀连接。

（3）清净罐：里面可装 $Ca(OH)_2$ 吸收剂 1.8kg，以便吸收从人体呼出气体中 CO_2。

（4）水分吸收器：用于收集由气囊流出的水分，内装脱脂棉，用过一次后需更换。

（5）减压器：把高压氧气压力降至 0.25～0.3MPa，使氧气通过定量孔不断送到气囊中，在氧气瓶内氧气压力由 20MPa 降至 2MPa 时，供气量始终保持在 1.1～1.3L/min 的范围内。它的另一作用是：当定量孔供氧量不能满足使用时，从减压器腔室通过自动补给阀向气囊送气。

（6）分路器：可将氧气分别送到减压器和压力表，必要时，可使用手动补给器向气囊直接送气。

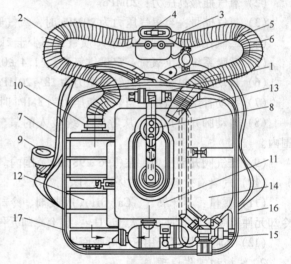

图 11-4　AHG-4 型 4h 呼吸器结构示意图
1—减压器；2—呼气软管；3—唾液盒；4—口具；
5—鼻夹；6—吸气软管；7—哨子；8—排气阀；
9—压力表；10—呼气阀；11—气囊；12—清净罐；
13—吸气阀；14—氧气瓶；15—水分吸收器；
16—分路器；17—外壳

（7）自动排气阀门：当减压器供给气囊的氧气超过使用人需用量时，可通过这个阀门自动排气。

（8）气囊：用于贮存一定体积的新鲜空气供使用人员呼吸。

（9）压力表：用于指示氧气瓶中的氧气压力。

AHG-4 型氧气呼吸器是利用压缩氧气的隔绝再生式呼吸器，工作人员从肺部呼出的气体经口具、唾液盒、呼气软管及呼气阀而进入清净罐，清净罐内装有 CO_2 吸收剂，吸收了呼出气体中的 CO_2，其他残留气体经水分吸收器进入气囊。氧气瓶中贮存的氧气经高压管、减压器也进入气囊，与从清净罐出来的残留气体相混合，组成含氧空气。当工作人员吸气时，含氧空气内气囊经吸气阀、吸气软管、口具而被吸入人的肺部，完成整个呼吸循环。在这一循环过程中，由于呼气阀和吸气阀均为单向开启的阀门，因此，整个气流始终沿着一个方向前进。这种呼吸器具有三种供氧方法：

（1）定量供氧：高压氧气通过减压器后压力保持在 0.25～0.3MPa 的范围内，然后经过定量孔以 1.1～1.3L/min 的流量进入气囊，以满足工作人员在普通劳动强度下呼吸。

（2）自动补给：当劳动强度增加时，其消耗的氧气也相应增加，从定量孔进入气囊的氧气将不够使用，这时，减压器的自动补给装置开始工作，让氧气以不低于 60L/min 的流量进入气囊，当气囊充满氧气时，阀门即自动关闭。

（3）手动补给：若在使用过程中气囊内废气积聚过多需要清除或者在减压器失灵时，可使用手动补给装置，用手按几下分路器的按钮，氧气就以不低于 90L/min 的流量进入气囊。

（二）AHY-6 型氧气呼吸器

1. 主要技术参数

（1）使用时间：在中等劳动强度工作时，防护作用时间不少于 4h。

（2）氧气瓶最高压力：20MPa。

（3）氧气储量：当氧气压力为 20MPa 时，氧气储量不少于 400L。

（4）二氧化碳吸收剂 $Ca(OH)_2$ 质量：不少于 2kg。

（5）呼吸系统的供氧量：定量供氧量：$(1.4±0.1)L/min$。

（6）自动肺供氧量：当氧气瓶压力为 18～20MPa 时，不少于 100L/min。

（7）手动补给供氧量：当氧气瓶压力为 3MPa 时，在 56～150L/min 范围内。

（8）自动肺开启压力：从呼吸系统吸入的氧气流量为 10L/min 时，在 $(196±98)Pa$ 范围内。

（9）排气阀开启压力：在 $(196±98)Pa$ 范围内。

（10）气囊有效容积：不少于 4.5L。

（11）质量：不计氧气、$Ca(OH)_2$ 吸收剂、冷却元件和冷却器盖时，不大于 8.5kg；未放冷却元件和冷却器盖时，不大于 11kg；装上冷却元件和冷却器盖时，不大于 11.8kg。

（12）本呼吸器可配用氧气呼吸面罩。

2. 结构和工作原理

AHY-6 型呼吸器结构如图 11-5 所示。

呼吸器的呼吸循环系统：由连接盒 1、排唾液泵 2、呼气软管 3、呼气阀 4、清净罐 5、排气阀 6、气囊 7、带冷却元件（水冰块）17 和橡胶密封盖 16 的冷却器 18、吸气阀 19 和吸气软管 20 组成。

氧气供给系统：由带开关 9 的氧气瓶 8，与氧气瓶开关相接的氧气分配器部件组成；氧气分配器是由压力表开关 10、压力表 15、手动补给阀 12、带安全阀 11 的减压器 13 和自动肺 14 组成。

呼吸器按如下工作方式进行工作：人体呼出的约含 4% CO_2 的空气，经颜面部分连接盒 1、呼气软管 3、呼气阀 4、清净罐 5、进入气囊 7，空气在流经装有 $Ca(OH)_2$ 吸收剂

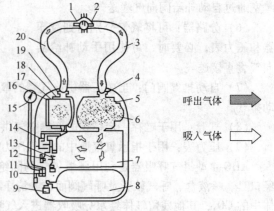

呼出气体 ➡

吸入气体 ⇨

图 11-5 AHY-6 型氧气呼吸器结构示意图

的清净罐时，CO_2 被吸收。吸气时，空气从气囊出来，经过冷却器 18、吸气阀 19、吸气软管 20、连接盒 1 进入人的肺部。呼吸时，借助呼吸阀使空气始终沿着闭合回路向同一方向流动。呼气时，呼气阀 4 打开。吸气时，吸气阀 19 打开，呼吸器中气体流动方向如图中箭头所示。

在常温条件下（26℃以下）工作时，冷却器 18 中不放冷却元件 17。冷却器不需要密封盖 16，冷却元件保存在保温箱内。由气囊吸入的空气经冷却器和吸气软管时，通过这些部件的壁面向大气中散热而使吸入空气冷却。

在外界温度高的条件下作业时（高于 26℃），要往冷却器内放冷却元件，以保证吸入空气更充分地冷却。氧气由氧气瓶 8 出来，经过开关、氧气分配器装置、减压器 13、自动肺 14、手动补给阀 12 进入冷却器 18 和气囊 7。

为了在完成不同劳动强度工作时能自动地保证人体呼吸时所需的氧气量，防止呼吸器系统积存氮气，采取了联合供氧，即 1.3 ~ 1.5L/min 的定量供氧（通过减压器 13 和定量孔供氧）。定量供氧足够完成中等劳动强度的人员呼吸用，而在从事更为繁重的工作时，在吸气末期，通过自动肺向呼吸系统补充氧气。此外，在呼吸器中还有第三条供氧渠道，按手动补给阀按钮 12 进行供氧，这种供氧方式，在减压器、自动肺失灵或需要用氧气来吹洗呼吸器系统中氮气时使用。

在使用中，当供氧量大于人体需要时，排气阀 6 的阀门自动开启，将多余的气体排入大气。排唾液泵 2 供排出连接盒中积存的由口具流下来的唾液、冷凝水和从面具流下来的汗水之用。用手指按半球形胶球可使唾液泵动作。氧气瓶内的氧气压力由压力表 15 指示，连接压力表与氧气分配器的毛细管若有损坏或密封不好时，可利用开关 10 使压力表与氧气分配器隔断，以防止氧气外漏。工作时，呼吸器佩戴在人体的背部。呼吸器的循环系统和供氧系统的主要部件均放在固定的外壳内。

3. 工具和器具

（1）专用扳手，用于拧动氧气瓶开关的螺母和氧气分配器螺母。

（2）具有 M16×1 外螺纹的旋塞，用于旋入气囊的带肩螺帽和寻找呼吸循环系统中漏泄部位。

（3）具有 M18×1 内螺纹的旋塞，供在检查呼吸器时旋到排气阀的接管上。

（4）化学吸收剂压实器，用于往药罐中装化学吸收剂。

（5）保温箱，用于存放冷却元件——人造冰块。

（6）装填清净罐的用具，包括装化学吸收剂用的漏斗和可移动隔板的牵拉机构。

（7）具有 M16×1 丝扣的异径管，用于将氧气分配器接于检验仪器上。

（8）套筒扳手，用于旋动减压阀、手动补给阀和自动肺的螺母。

（9）盖冰模盒胶盖，在冻冰块时使用。

（10）其他标准工具，如专用螺丝刀等。

（三）PB4 正压氧气呼吸器

1. 技术参数

（1）防护时间：4h；

（2）自动补给量：>160L/min；

（3）手动补给量：>80L/min；

（4）呼吸阻力：0 ~ +700Pa；

（5）排气压力：< +800Pa；

（6）定量供氧：1.3 ~ 1.5L/min；

（7）氧气瓶压力：20MPa；

（8）呼吸器出厂质量：9.4kg；

（9）外形尺寸：510mm×375mm×175mm。

2. 结构及工作原理

PB4 正压呼吸器整个工作系统主要由三部分组成，即：低压呼吸循环再生部分、正压自动调节部分和高中压联合供氧部分。其结构及工作原理如图11-6 所示。

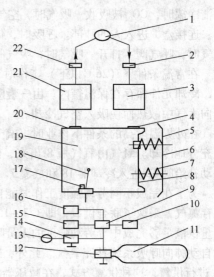

图11-6　PB4 正压呼吸器工作系统图

1—呼吸标准接口；2—呼气阀；3—CO_2 吸收罐；4，20—接口；5—排气阀；6—支承板；7—弹簧；8—承板；9—减压阀腔室；10—手动补给按钮；11—氧气瓶；12—氧气瓶开关；13—压力表；14—压力表开关；15—中压调节；16—安全阀；17—定量孔；18—自动补给阀；19—呼吸袋；21—冷却器；22—吸气阀门

低压呼吸循环再生系统工作时，佩用呼吸器人员的呼吸气流方向如下：呼气时，呼气口 1 呼气单向阀 2—CO_2 吸收罐 3—呼吸袋 19；吸气时，呼吸袋 19—冷却器 21—吸气单向阀 22—CO_2 吸收口 1。

正压自动调节部分由呼吸袋 19、支承板 6、调节弹簧 7、承板 8、排气阀 5、自动补给阀（摇杆供气阀）18 组成。

高中压联合供氧部分由高压氧气瓶 11、高压开关 12、压力表 13、压力表开关 14、高压手动补给按钮 10、减压阀腔室 9、中压调节 15、安全阀 16、定量孔 17、自动补给阀（摇杆阀）18 组成。

当氧气瓶处于关闭状态时，整个供氧源被关断，此时，弹簧的压力作用将承压板下压造成呼吸袋被压扁，摇杆阀（自动补给阀）已被承压板下压的力量打开。当工作人员佩用呼吸器时，打开氧气瓶开关，呼吸袋内瞬间充氧，弹簧被压缩，在呼吸袋内形成350Pa 左右的压力，使摇杆阀自动关闭。在打开氧气瓶开关的同时，定量孔以 1.4L/min 的流量向呼吸袋供氧，当工作人员劳动强度小，耗氧量小于 1.4L/min 时，呼吸袋承板上移压缩弹簧。当压力达到 800Pa 时，排气阀开始排气。当工作人员劳动强度大，氧耗量大于 1.4L/min 时，承压板自动下降，降至 350Pa 左右的压力时，摇杆阀又自动供氧。因此，保证呼吸压力始终大于大气压力，这就形成了正压呼吸系统。

三、实验设备及器材

AHG-4 型氧气呼吸器、AHY-6 型氧气呼吸器、PB4 正压氧气呼吸器。

四、实验步骤

（一）AHG-4 型氧气呼吸器

1. 检验

氧气呼吸器每隔 2~3d 或每次使用后，应用氧气呼吸器检验仪对各部分的作用是否正常进行检查。检验项目如下：

（1）正压和负压情况下的气密程度；

（2）自动排气阀和自动补给器的启闭情况；

（3）减压器和自动补给器的给气量；

（4）呼吸两阀动作的灵活性及气密程度；

（5）检验清净罐的气密程度与阻力。

除上述检验外，对整台氧气呼吸器还必须作一般性的全面检查，如软管、包布的完整性，眼镜、鼻夹、口具是否符合使用者的面部器官，氧气瓶的开闭及氧气表的动作是否灵活，上盖的锁是否能把上盖紧紧锁上，肩带、腰带及头带的长短是否合适，哨子声音是否响亮等。

2. 使用方法

（1）当氧气呼吸器佩戴好后，首先打开氧气瓶观察压力表指示的压力值。

（2）按手动补给按钮，将气囊内原来积存的气体排出。

（3）将口具咬好，带上鼻夹，然后进行几次深呼吸，检查吸气阀的动作、排气阀的开启、自动补给器的开启、减压器流量、口具及呼吸软管接头是否漏气等，当确认各部件良好，呼吸器工作正常时，方可进入灾区工作。

（4）更换氧气瓶的方法。当工作时间长、瓶内贮气量不足、需要更换氧气瓶时，应按下述操作顺序进行：

1）解开氧气呼吸器腰带，双手将呼吸器从头顶脱下，放在地面上（口具不能脱落），打开呼吸器盖，将氧气瓶卡子松开；

2）备用氧气瓶准备好，然后按手动补给阀将气囊充满氧气。立即关闭氧气瓶开关，迅速将其卸下；

3）安装氧气瓶前，先打开开关，将瓶口内灰尘吹净，然后迅速装上，再打开开关，按动手动补给按钮，观察压力表所指示的压力值；

4）扣好盖子，背好呼吸器，系好腰带，再开始工作。

（5）使用后处理。救护队在返回驻地后，必须及时对呼吸器进行清洗、检查，使其恢复到战斗准备状态。

（二）AHY-6 型氧气呼吸器

1. 呼吸器检查

在下井或配用呼吸器前，应对呼吸器进行检查，以确定主要部件的工作效能，检查项目如下：

（1）呼吸器的气密性；

（2）自动肺的完好性；

（3）手动补给阀门的完好性；

（4）排气阀的完好性；

（5）氧气贮罐；

（6）信号哨的完好性。

2. 呼吸器佩戴顺序

（1）摘下矿工帽，夹在两腿之间，解开头带戴在头上，把口片放在唇齿之间，咬住牙垫；

（2）用右手打开氧气瓶开关到最大限度，再将开关手轮反转半圈，从呼吸器系统吸气若干次，经鼻子排出空气，直到自动肺动作为止；

（3）戴上鼻夹、拉紧头带，戴上矿工帽；

（4）在处理烟雾弥漫的火灾事故时，要戴防烟眼镜。

3. 呼吸器准备工作

每次使用呼吸器后，都要进行呼吸器准备工作。

（1）拆卸呼吸器；

（2）对呼吸器零部件进行清洗和消毒；

（3）向清净罐充填化学吸收剂；

（4）向氧气瓶充氧；

（5）冻制冷却元件；

（6）组装呼吸器；

（7）用检查仪检查呼吸器。

（三）PB4 正压氧气呼吸器

1. 呼吸器检查

PB4 正压呼吸器检查包括以下内容：定量孔流量，安全阀泄压，自动肺摇杆阀门，压力表，呼吸阀，手动补给，排气阀，吸收罐，整机气密性，排气压力，自动肺。

2. 呼吸器佩戴顺序

（1）呼吸器经过全面检查后即可进入待命使用状态。

（2）使用时，必须首先佩戴好面具，然后打开氧气瓶开关此时能听到自动肺开启供氧的声音，当与人体肺部压力平衡时，开始进入正常呼吸。

（3）快速点动手动补给，应能听到供气声音。

（4）快速进行一次深吸气，应能听到自动肺供气声音。

（5）观察氧气压力表，必须保证有充足的氧气。

（6）检查附件，包括哨子是否正常。

3. 呼吸器保养

呼吸器使用后，必须对面具（口具）、软管、气囊进行清洗在通风的阴凉处晾干，然后在组装检查备用。

五、实验结果及报告要求

实验完成后，认真填写实验报告书。

实验名称：矿山呼吸器使用训练

同组学生姓名_____

实验类型：综合性；实验要求：必做；实验学时数：__学时；实验时间__月__日___节

（一）实验目的

_____

（二）实验装置及主要仪器设备

AHG-4 型氧气呼吸器、AHY-6 型氧气呼吸器、PB4 正压氧气呼吸器

（三）呼吸器的使用

1. 负压呼吸器的使用

（1）呼吸器的工作原理和作用_____

_____

（2）佩戴方法和步骤_____

_____

（3）使用过程中的注意事项_____

_____

2. 正压呼吸器的使用

（1）呼吸器的工作原理和作用＿＿＿＿＿＿＿＿＿＿＿＿＿＿＿＿＿＿＿＿＿＿＿＿＿＿＿
＿＿

（2）佩戴方法和步骤＿＿＿＿＿＿＿＿＿＿＿＿＿＿＿＿＿＿＿＿＿＿＿＿＿＿＿＿＿＿＿＿＿
＿＿

（3）使用过程中的注意事项＿＿＿＿＿＿＿＿＿＿＿＿＿＿＿＿＿＿＿＿＿＿＿＿＿＿＿＿＿
＿＿

（四）心得体会及对本次实验的建议与设想（可另加附页）

六、实验注意事项

（1）对使用过的清净罐要更换吸收剂，但不要清洗清净罐以免加快腐蚀；

（2）氧气瓶要重新充氧；

（3）对气囊、唾液盒、口具、呼吸软管、水分吸收器要进行清洗消毒；

（4）对外壳的泥污、灰尘要清洗干净，并检查有无损坏痕迹，清洗时严防水分浸入减压器内部，造成生锈失灵；

（5）对使用中存在的问题要进行仔细检查和修理，在清洗和修理时，各部件应严防碰撞；

（6）在安装时，要检查各部件接头处垫圈的损坏情况，发现损坏，立即更换。

七、思考题

11-2-1　简述氧气呼吸器的结构及其工作原理？

11-2-2　如何正确使用氧气呼吸器？

实验 3　矿山苏生器的使用

一、实验目的

（1）了解苏生器的构造及其工作原理。

（2）熟悉 ASZ-30 型自动苏生器的使用方法。

二、实验原理

自动苏生器是一种自动进行负压人工呼吸的急救装置，能连续把新鲜空气自动地输入伤员的肺内，并将肺内的 CO_2 自动抽出，还可供呼吸机能并未麻痹的伤员吸氧，并能清除伤员呼吸道内的分泌物或异物，用来抢救呼吸麻痹或呼吸抑制的伤员。

（一）主要技术特征

ASZ-30 型自动苏生器主要技术特征见表 11-2。

表 11-2　ASZ-30 型自动苏生器的主要技术参数

自带氧气瓶：		耗氧 6L/min 时最小换气量/L·min^{-1}	>15
工作压力/MPa	20	质量/g	<250
气瓶容积/L	1	自动呼吸供氧量/L·min^{-1}	>15
自动肺：		吸痰最大负压值/kPa	>60
换气量调整范围/L·min^{-1}	12~25	仪器总质量/kg	<6.5
充气正压/kPa	2.0~2.5	仪器体积/mm×mm×mm	335×245×140
抽气负压/kPa	-1.5~-2.0		

（二）结构及工作原理

ASZ-30 型自动苏生器的结构和工作原理如图 11-7 所示。氧气瓶 1 的高压氧气经氧气管 2，压力表 3，再经减压器 4 将压力减至 0.5MPa 以下，进入配气阀 5。在配气阀 5 上有 3 个气路开关，即 12、13 和 14。开关 12 通过引射器 6 和导管相连，其功能是在苏生前，借引射器造成的高气流，先将伤员口中的泥、黏液、水等污物抽到吸气瓶 7 内。开关 13 利用导气管和自动肺 8 连接，自动肺通过其中的引射器喷出氧气时吸入外界一定量的空气，二者混合后经面罩 9 压入受伤者肺部。然后，引射器又自动操纵阀门，将肺部气体抽出，呈现人工呼吸的动作。当伤员恢复自主呼吸能力后，可停止自动人工呼吸而改为自主呼吸下的供氧，即将面罩 9 通过呼吸阀 11 与储气囊 10 相接，储气囊通过导管和开关 14 连接。储气囊 10 中的氧气经呼吸阀供伤员呼吸用，呼出的气体由呼吸阀排出。

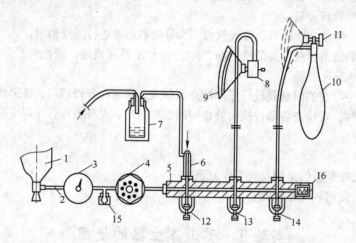

图 11-7　自动苏生器工作原理示意图

为保证苏生抢救工作不致中断，应在氧气瓶内的氧气力接近 3MPa 时，改用备用氧气瓶或工业用大氧气瓶供氧，备用氧气瓶使用两端带有螺旋的导管接到逆止阀 15 上。此外，上还备有安全阀 16，它能在减压后氧气压力超过规定数值时排出一部分氧气，以降低压力，以使苏生工作可靠地进行。

三、实验设备及器材

ASZ-30 型自动苏生器。

四、实验步骤

（一）伤员的处置

采用人工呼吸，使伤员呼吸道畅通。

（1）安置伤员：首先将伤员放在新鲜空气处，解开紧身上衣或脱掉湿衣服，将肩部垫高 100~150mm，使头尽量后仰，面部转向任一侧，并适当覆盖，保持体温。如是溺水者，应先将伤员俯卧，轻压背部，将水从气管和胃部倾出。

（2）口腔清理：先将开口器从伤员嘴角处插入白齿间，将口启开。用拉舌器将舌头拉出。然后用药布裹住手指，将口腔中的异物清除掉。

（3）清理喉腔：从鼻腔插入吸引管，打开气路，将吸引管往复移动，污物、黏液及水被吸到吸引瓶。如瓶内积污过多，可拨开连接管，半堵引射器，积污即可排掉。

（4）插入口咽导气管：根据伤员的情况不同插入大小适宜的口咽导气管，以防舌头后坠，使呼吸梗阻，插好后将舌头送回，以防伤员痉挛咬伤舌头。

（二）进行人工呼吸

将自动肺与导气管、面罩连接，打开气路，即听到"飒…"的气流声音，将面罩紧压在伤员面部，自动肺便自动地交替进行充气与抽气，自动肺上的杠杆即有节律地上下跳动，与此同时用手指轻压伤员喉头中部的环状软骨，借以闭塞食道，防止气体充入胃内。如人工呼吸进行正常，则伤员胸部有明显起伏动作，可停止压喉，然后用头带将面罩固定。

此时应注意：当自动肺不自动工作时，就是由于面罩不严密，漏气所致。当自动肺动作过快，并发出急促的"喋喋"声，是呼吸道不畅通引起的，此时若已插入口咽导气管，可试将伤员下颌骨托起，使下牙床移至上牙床前，以利呼吸道畅通。如仍无效，应马上重新清理呼吸道，切勿耽误时间。

（三）调整呼吸频率

调整减压器和配气阀旋钮，使呼吸频率成人达到 12～16 次/min。当苏生奏效后，伤员出现自主呼吸时，自动肺会出现瞬时紊乱动作，这时可将呼吸频率稍调慢点，随着上述现象重复出现，呼吸频率可再次减慢，直至 8 次/min 以下。当自动肺仍频繁出现无节律动作，则说明伤员自主呼吸已基本恢复，便可改用氧吸入。

（四）氧吸入

氧吸入时应取出口咽导气管，调整气量，使储气囊不经常膨胀，也不经常空瘪。氧含量调节环一般应调在 80%，CO 中毒的伤员则应调在 100%。吸氧不要过早终止，以免伤员站起来后导致昏厥。

当人工呼吸正常进行后，必须将备用氧气瓶及时接在自动苏生器上，氧气即可直接送入。

五、实验结果及报告要求

实验完成后，认真填写实验报告书。

实验名称：矿山自动苏生器使用训练

同组学生姓名_____

实验类型：综合性；实验要求：必做；实验学时数：__学时；实验时间__月__日___节

（一）实验目的

_____

（二）实验装置及主要仪器设备

ASZ-30 型自动苏生器

（三）呼吸器的使用

（1）自动苏生器的工作原理和作用_____

（2）苏生抢救方法和步骤_____

（3）苏生抢救过程中的注意事项_____

（四）心得体会及对本次实验的建议与设想（可另加附页）

六、实验注意事项

（1）搞好伤员的安置，清理伤员的口腔和喉腔，达到呼吸道畅通。选择适当的咽喉导管送入伤员口内，防止舌头后坠，使呼吸梗阻，放好后要将舌头送回，防止伤员痉挛时咬伤舌头。

（2）进行人工呼吸操作时，要同时用手指轻压伤员喉头中部的环状软骨，借以闭塞食道，防止气体充入胃部，导致人工呼吸失败。

（3）自动肺过慢时，是面罩与面部接触不严密或接头漏气；自动肺动作过快，表明呼吸道不畅通，应再次清理呼吸道或摆动伤员头部。

（4）对腐蚀性气体中毒的伤员，不能进行人工呼吸，只能用氧吸入，对 CO 中毒的伤员吸氧不要过早终止，以免伤员起来后导致昏厥。

（5）当人工呼吸正常进行时，必须接好备用氧气瓶。

（6）用自动苏生器为儿童苏生时，不需要调整自动肺呼吸频率。由于自动肺向儿童肺部充气和抽气所需时间皆缩短，自动肺动作次数将自行增加到某一定值。儿童的肺容量越小，增加的次数越多。这种变化是自动的，故不需要调整减压器。

七、思考题

11-3-1　简述自动苏生器的结构及其工作原理？

11-3-2　使用苏生器救护伤员的操作要求有哪些？

实验 4　现场急救

一、实验目的

（1）掌握矿井下现场急救人工呼吸方法；

（2）掌握矿井下现场急救心脏按压方法。

二、实验设备及器材

模拟人，把实验人员当伤员。

三、实验步骤

（一）口对口人工呼吸法（又叫吹气呼吸法）

这种方法大多用于抢救触电者。具体操作方法如下：

（1）把伤员抬到新鲜风流中支架完好的安全地点后。要以最快的速度和极短的时间检查一下伤员瞳孔有无对光反射。摸摸有无脉搏跳动，听听有无心跳。用棉絮放在受伤者的鼻孔处观察有无呼吸，按一下指甲有无血液循环。同时还要检查有无外伤和骨折。

（2）让伤员仰面平卧，头部尽量后仰，鼻朝天，解开腰带、领扣和衣服（必要时可用剪刀剪开。不可强撕强扯）。并立即用保温毯盖好。

（3）撬开伤员的嘴，清除口腔内的脏东西。如果舌头后缩，应拉出舌头。以防堵塞喉咙。妨碍呼吸。

（4）救护的人跪在伤员一侧，一手捏紧他的鼻子，一手掰开他的嘴。如图 11-8 所示。

（5）救护者深吸一口气，然后紧贴伤员的嘴，大口吹气。并仔细观察伤员的胸部是否扩张。以确定吹气是否有效和适当。如图 11-9a 所示。

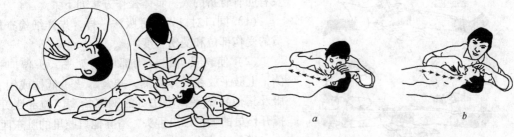

图 11-8　撬嘴示意图　　　　　　　　　　图 11-9　吹气呼吸法
a—紧贴吹气；b—放松呼吸

（6）吹气完毕，立即离开伤员的嘴，并松开他的口鼻，让他自己呼气，如图 11-9 所示。

（7）照这样依此反复操作，并保持一定节奏。每分钟均匀地做 14～16 次（约 5s 一次）直到伤员复苏，能够自己呼吸为止。

（8）归纳本法的反复操作：捏鼻张嘴，贴紧吹气，反复进行，直到复苏。

（二）俯卧压背人工呼吸法

这种方法多用于抢救溺水者。具体操作方法如下：

（1）先将伤员放到安全通风地点，进行详细检查。如有肋骨骨折，不能采用此法。

（2）使伤员背部朝上，俯卧躺平，头偏向一侧，即不使他的鼻子和嘴贴在地上，又便于口鼻内的黏液流出。在他的腹部放一个枕垫，伤员两臂向前伸赢。用衣服把他的头稍稍抬起（或者一臂前伸，另一臂弯曲，使伤员的头枕在自己的臂上），拉出他的舌头，清除口腔里的脏东西，防止阻塞喉咙，妨碍呼吸。

（3）操作者骑跨在伤员身上，双膝跪在他人的腿两旁，两手放在下背两边，拇指指向脊椎柱，其余四指指向背上方伸开，如图 11-10a 所示。

（4）操作者两手握住伤员的肋骨，身体向前倾，慢慢压迫其背部，以自身的重量压迫伤员的胸廓，使胸腔缩小，将肺部空气呼出，如图 11-10b 所示。

（5）操作者身体抬起，两手松开，回到原来姿势，使伤员的胸廓自然扩张，肺部松开，吸入空气，如图 11-10c 所示。

（6）这样反复进行，每分钟大约 14～16 次（约 5s 一次）。直到伤员复苏，能够自己呼吸为止。

操作时应注意：两手不能压得太重。以免压断伤员的肋骨，动作要均匀而有规律。最好用自己的深呼吸做标准，呼气时压下去，吸气时松手抬身。

图 11-10　俯卧压背人工呼吸法
a—准备压背；b—压背排气；c—松手放气

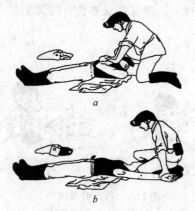

图 11-11　仰卧举臂压胸人工呼吸法

a—屈背压胸；b—举背吸气

（三）仰卧举臂压胸人工呼吸法

这种方法多用于有害气体中毒或窒息的人，以及有肋骨骨折的人。具体操作方法如下：

（1）同口对口人工呼吸法一样，先详细检查伤员的受伤部位和受伤程度。

（2）使伤员仰卧，胸部向上躺平，头偏向一侧，上肢平放在身体两侧，腰背部垫一低枕或用衣服及其他物垫平，使伤员的胸部抬高，肺部张开。撬开伤员的嘴，拉出舌头，清除他口腔里的脏东西。

（3）操作者跪在伤员头部的两边，面向他的头部，两手握住小臂。把伤员的手臂上举放平，2s后，再曲其两臂，用他自己的肘部在胸部压迫两肋约2s，使伤员的胸廓压后，把肺部的空气呼出来。如图 11-11a 所示。

（4）把伤员的两臂向上拉直，使他的肺部张开，吸进空气，如图 11-11b 所示。

（5）这样反复地均匀而有节律地进行，每分钟大约 14～16 次（约5s每次）。也可用操作者自己的深呼吸做标准，呼气时压胸，吸气时举臂，直到伤员复苏，能够自己呼吸为止。

由于接受这种人工呼吸法的伤员大多是肋骨有损伤的，所以压胸时压力不可太重，动作不可过猛。

（四）心脏按压法

心脏按压法，这是一种抢救心跳已经停止的伤员的有效方法。在井下，如果发现伤员已经停止呼吸，同时心跳也不规则或已停止，就要立即进行心脏按压。绝对不能为了反复寻找原因或惊慌失措而耽误时间。具体操作方法如下：

（1）让伤员仰卧在板床上或地面上，把他的衣服和裤带全部解开。急救者站立住或跪在伤员腰的两旁，一手中指对准凹膛，手掌贴胸平放，掌根放在伤员左乳头胸骨下端，剑突之上，如图 11-12a。

（2）操作者两手相叠，借助自己的体重用力垂直向下，按压伤员的胸廓，压陷深度 3～4cm，如图 11-12b 所示。

（3）按压后，突然放松，让胸廓自行弹起，这时掌根不可离开胸壁，以免再按压时呈拍击状而分散按压力量和损伤胸骨。

（4）反复地有节律地进行按压和放松，每分钟约 60～80 次，而且必须同时做人工呼吸（每压胸5次，吹气一次），直到伤员复苏为止。

操作时要特别注意掌根的定位必须准确，才能达到抢救目的。如果定位不准，就会达不到预期效果。按压时，用力不宜太大，以防肋骨骨折或引起内脏损伤。

经过按压，如能摸到颈部总动脉和股动脉等大动脉搏动，而且血压上升，瞳孔逐渐恢复正常，口唇

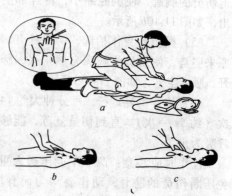

图 11-12　心脏按压法

a—正确定位；b—向下按压；c—迅速放松

变红等，说明按压已有成效。

急救必须坚持到最后，除非断定伤员确已真死，切不可中断抢救。同时，要立即给矿调度室打电话，请求派医生前来配合抢救。

四、实验结果及报告要求

实验完成后，认真填写实验报告书。

现场急救实验报告

姓名：_____班级：_____日期：_____年_____月_____日

　　　　　　　　　　　　　　　　　　指导教师：

（一）实验目的

_____

（二）实验装置及主要仪器设备

模拟人

（三）实验内容

1. _____
2. _____
3. _____
4. _____

（四）实验结果

1. _____
2. _____
3. _____
4. _____

（五）心得体会及对本次实验的建议与设想（可另加附页）

五、思考题

11-4-1　试述各类人工呼吸法的适用范围。

11-4-2　什么时候需要进行心脏按压法急救，如何进行心脏按压法急救。

第12章　安全检测实验

实验1　煤的甲烷吸附量测定方法（高压容量法）

一、实验目的

掌握煤中甲烷含量随压力的变化规律，通过瓦斯压力计算煤中甲烷的原始含量。

二、实验原理

煤中大量的微孔内表面具有表面能，当气体与内表面接触时，分子的作用力使甲烷或其他多种气体分子在表面上发生浓集，称为吸附。气体分子浓集的数量渐趋增多，为吸附过程；气体分子复返自由状态的气相中，表面上气体分子数量渐趋减少，为脱附过程。表面上气体分子维持一定数量，吸附速率和脱附速率相等时，为吸附平衡。

煤对甲烷的吸附为物理吸附。

当吸附剂和吸附质特定时，吸附量与压力和温度呈函数关系，即

$$X = f(T,p) \tag{12-1}$$

当温度恒定时：

$$X = f(p)T \tag{12-2}$$

式（12-2）称为吸附等温线，在高压状态下符合郎格缪（Langmuir）方程：

$$X = \frac{abp}{1 + bp} \tag{12-3}$$

式（12-3）变换后得一直线方程：

$$\frac{p}{X} = \frac{p}{a} + \frac{1}{ab} \tag{12-4}$$

式中　T——温度，℃；

　　　p——压力，MPa；

　　　X——p 压力下吸附量，cm^3/g；

　　a，b——吸附常数，MPa^{-1}。当 $p\rightarrow\infty$ 时，$X = a$，即为饱和吸附量，单位为 cm^3/g。

高压容量法测定煤的甲烷吸附量的方法是：将处理好的干燥煤样，装入吸附罐，真空脱气，测定吸附罐的剩余体积，向吸附罐中充入或放出一定体积甲烷，使吸附罐内压力达到平衡，部分气体被吸附，部分气体仍以游离状态处于剩余体积之中，已知充入（放出）的甲烷体积，扣除剩余体积的游离体积，即为吸附体积。重复这样的测定，得到各压力段平衡压力与吸附体积量，连接起来即为吸附等温线。当压力由低向高采取充入甲烷气体方式测试时，得到吸附等温线；反之，压力由高向低采取放出甲烷气体方式测试时，得到解吸等温线。吸附和解吸等温线在高压状态下是可逆的，测定二者之一，在应用上是等效的。

三、实验设备及材料

（一）实验设备

实验设备结构如图12-1所示。主要部件和规格如下：

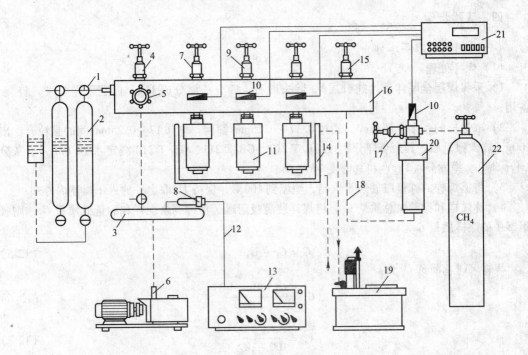

图 12-1 实验装置示意图

1—玻璃活塞；2—饱和食盐水量管；3—真空管系；4—放气阀；5—真空抽气控制阀；6—旋片式真空泵；
7—高压截止阀；8—真空规管；9—吸附罐控制阀；10—固态压力传感器；11—吸附罐；12—电线；
13—复合真空计；14—水浴；15—高压空气阀；16—充气罐控制阀；17—铜管或软胶管；
18—超级恒温器；19—充气罐；20—多路信号调理器；21—高压气源；22—标气

(1) 吸附罐：容积 $50cm^3$，工作压力 8MPa，耐压 16MPa；

(2) 高压截止阀：工作压力 16MPa，耐压 25MPa。密封处要求耐低压 4MPa；

(3) 固态压力传感器：测量范围为 0 ~ 8MPa，精度为 0.2%；

(4) 饱和食盐水量管：容积 $500cm^3$，分度 $5cm^3$，带水准瓶；

(5) 充气罐：容积为吸附罐的 1.4 倍，耐压 16MPa；

(6) 水浴锅；

(7) 真空系统：$\phi20 ~ 40mm$ 玻璃管，带玻璃活塞及真空硅管；

(8) 高纯甲烷气：压力 15MPa，甲烷的质量分数不低于 99%。

(二) 实验辅助设备

(1) 复合真空计；

(2) 恒温器：恒温和控温 0 ~ 100℃ ±1℃；

(3) 多路信号调理器：压力传感器二次仪表；

(4) 动槽式气压计；

(5) 标准量管：容积 $200cm^3$，分度 $0.5cm^3$；

(6) 球磨机；

(7) 干燥箱；

(8) 标准筛；

(9) 精密天平，感量 0.0001g。

四、实验步骤

（一）测定前准备工作

（1）煤样处理。

1）采集煤层全厚样品（或分层），除去矸石，四分法缩分成 1kg，标准采样要素，装袋，备用；

2）取送样的一半全部粉碎，通过 0.17~0.25mm 筛网，取 0.17~0.25mm 间的颗粒，称出 100g，放入称量皿。其余煤样分别按 GB/T 217、GB/T 211、GB/T 212 测定水分（M_{ad}）、灰分（A_d，A_{ad}）、挥发分（V_{daf}）和真密度 TRD_{20} 等；

3）将盛煤样的称量皿放入干燥箱，恒温到 100℃，保持 1h 取出；放入干燥器内冷却；

4）称煤样和称量皿总质量 G_1，将煤样装满吸附罐，再称剩余煤样和称量皿质量 G_2，则吸附罐中的煤样质量 G 为：

$$G = G_1 - G_2 \tag{12-5}$$

煤样可燃物质量 G_r 为：

$$G_r = \frac{G(100 - A_d)}{100} \tag{12-6}$$

$$A_d = \frac{A_{ad}}{100 - M_{ad}} \tag{12-7}$$

式中　A_d——干燥基灰分，%；

　　　A_{ad}——分析基灰分，%；

　　　M_{ad}——分析基水分，%。

（2）吸附罐体积测定。吸附罐体积（V_s）包括吸附罐体积和压力表、接头、阀门、连通管的通径体积之和。

校正方法是先将吸附罐连通真空系统，抽成压力为 10Pa，关闭阀门，再接通标准量管。读取量管初始液面高度值，打开阀门，空气进入吸附罐，量管液面上升，液面上升体积值即为吸附罐容积。如此重复 3 次，取其平均值。

（3）充气罐体积测定。方法同吸附罐体积测定。

（4）吸附罐剩余体积测定。剩余体积（V_d）指吸附罐中除纯煤体积外包括煤颗粒内孔隙、颗粒间空隙、吸附罐残余空间和通径体积的总和。剩余体积可通过真空充氦方法标定，在没有氦气的情况下，按式（12-8）进行计算：

$$V_d = V_s - V_c \tag{12-8}$$

$$V_c = G/TRD_{20} \tag{12-9}$$

式中　V_s——空罐体积，cm^3；

　　　V_c——纯煤体积，cm^3；

　　　TRD_{20}——样品相对真密度，g/cm^3。

（二）吸附等温线测定

（1）打开罐阀和真空抽气阀，关闭高压充气阀和放气阀。设定水浴温度为 60℃±1℃，开启真空泵，进行长时间脱气，直到真空计显示压力为 4Pa 时，关闭真空抽气阀和各罐阀。

（2）设定水浴温度为试验温度（30℃±1℃）。

（3）打开高压充气阀和充气罐控制阀，使高压钢瓶甲烷气进入充气罐及连通管，关闭充气罐控制阀，读出充气罐压力值 p_{1i}。

（4）读出 p_{1i} 后，缓慢打开罐阀门，使充气罐中甲烷气进入吸附罐，待罐内压力达到设定压力时（一般在 0~6MPa 试验压力范围内设定，测 $n=7$ 个压力间隔点数，每点约为最高压力的 $1/n$），立即关闭罐阀门，读出充气罐压力 p_{2i}、室温 t_1。按式（12-10）计算充入吸附罐内的甲烷量 Q_{ci}。

$$Q_{ci} = \left(\frac{p_{1i}}{Z_{1i}} - \frac{p_{2i}}{Z_{2i}} \right) \frac{273.2 \times V_0}{(273.2 + t_1) \times 0.101325} \qquad (12-10)$$

当使用压缩度 K 时式（12-10）为：

$$Q_{ci} = \left(\frac{p_{1i}}{K_{1i}} - \frac{p_{2i}}{K_{2i}} \right) V_0 / 0.101325 \qquad (12-11)$$

式中　　　Q_{ci}——充入吸附罐的甲烷标准体积，cm^3；

　　p_{1i}，p_{2i}——分别为充气前后充气罐内绝对压力，MPa；

$Z_{1i}, Z_{2i}, K_{1i}, K_{2i}$——分别为 p_1、p_2 压力下及 t_1 时甲烷的压缩系数及压缩度，1/MPa，见 MT/T 752—1997标准的附录 A、附录 B；

　　t_1——室内温度，℃；

　　V_0——充气罐及连通管标准体积，cm^3。

（5）保持7h，使煤样充分吸附，压力达到平衡，读出平衡压力 p_i，并计算出吸附罐内剩余体积的游离甲烷量 Q_{di}，煤样吸附甲烷量 ΔQ 以及每克煤可燃物吸附甲烷量 X_i。

$$Q_{di} = \frac{273.2 \times V_d \times p_i}{Z_i \times (273.2 + t_3) \times 0.101325} \qquad (12-12)$$

当使用压缩度 K 时则式（12-12）改为：

$$Q_{di} = \frac{V_d \cdot p_i}{K_i \times 0.101325} \qquad (12-13)$$

充入吸附罐的甲烷量扣除吸附罐内剩余体积放出的游离甲烷量即为压力段内煤样吸附甲烷量 ΔQ_i：

$$\Delta Q_i = Q_{ci} - Q_{di} \qquad (12-14)$$

每克煤压力段内的吸附量为：

$$X_i = \frac{\Delta Q_i}{G_r} \qquad (12-15)$$

式中　V_d——吸附罐内除煤实体外的全部剩余体积，cm^3；

　　t_3——试验温度，℃；

　　G_r——煤样品可燃物质量，g。

（6）依次重复（3）、（4）、（5）步骤，逐次增高试验压力，可测得，2 个 Q_{ci}、Q_{di}、ΔQ_i 及 X_i 值。由于充气罐向吸附罐充气为逐次充入的单值量，而充入吸附罐的总气量是各单值量的累计量，故逐次按式（12-14）计算时，充入吸附罐的总气量 Q_{ci} 应是：

$$Q_{ci} = \sum_{i=1}^{n} Q_{ci} \qquad (12-16)$$

同时，随试验压力的增高达 0.5MPa 以上后，吸附平衡时间应改为4h。

（7）按逐次测得的 p_i 及 X_i 作图，即为郎格缪吸附等温线，并代入式（12-4）用最小二乘

法求得直线的斜率 S $(1/a)$ 和截距 I $(1/ab)$，则吸附常数为：

$$a = 1/S \tag{12-17}$$

$$b = S/I \tag{12-18}$$

（三）解吸等温线测定

（1）测定按"（二）吸附等温线测定、步骤（6）"的最大平衡压力 p_{1i} 开始，打开放气阀，关闭高压充气阀，使连通管形成常压。

用水准瓶将饱和食盐水量管充满食盐水，徐徐打开吸附罐阀门，放出一部分甲烷气进入量管（放出气量仍按最高压力的 $1/n$ 来控制），关闭罐阀，读出室内大气压 p_c，室温 t_1 及量管中甲烷气体积，按式（12-19）计算放出甲烷气的标准体积。

$$Q_{ci} = \frac{273.2 V_L}{101.33(273.2 + t_1)}(p_0 - 0.002t_1 - W_p) \tag{12-19}$$

式中　　Q_{ci}——放出甲烷气的标准体积，cm^3；

　　　　　V_L——计量管读出的气体体积，cm^3；

　　　　　p_0——室内大气压力，kPa；

　　$0.002t_1$——动槽式压力计随室温 t_1 变化的汞膨胀性的压力校正值，kPa；

　　　　　W_p——食盐水的饱和蒸气压，kPa，见 MT/T 752—1997 标准的附录 C。

（2）吸附罐在水浴中保持 4h，使吸附罐内甲烷气达到吸附平衡，读出 p_{i2}，按式（12-20）计算出该压力段罐内剩余体积的游离甲烷量 Q_{di}。

$$Q_{di} = V_d\left(\frac{p_{1i}}{Z_{1i}} - \frac{p_{2i}}{Z_{2i}}\right)\frac{273.2}{(273.2 + t_3)} \times 0.101325 \tag{12-20}$$

当采用压缩度 K 进行校正时，则式（12-20）为

$$Q_{di} = V_d\left(\frac{p_{1i}}{K_{1i}} - \frac{p_{2i}}{K_{2i}}\right)\frac{1}{0.101325} \tag{12-21}$$

该压力段内，放出的甲烷量扣除剩余体积中甲烷压力减少的游离甲烷，得到对应压力段下的解吸量：

$$\Delta Q_i = Q_{ci} - Q_{di} \tag{12-22}$$

每克煤压力段内的解吸量为：

$$\Delta X_i = \frac{\Delta Q_i}{G_r} \tag{12-23}$$

（3）依次重复（1）、（2）步骤，逐次放出甲烷气和降低试验压力，可测得 $n-1$ 个 Q_{ci}、Q_{di}、ΔQ_i 及 X_i 值。

（4）当测至第 n 点时（最后一点），由于（二）（3）测定吸附等温线的第 1 个平衡压力 p_1 不能与测定解吸等温线的第 n 个点的平衡压力完全重合，且第 n 个点测定时吸附罐中的甲烷气不可能全部放出，直到达到 4Pa，故需采取插入法进行补偿，按吸附第 1 个平衡压力 p_1、吸附量 ΔQ_1 及解吸等温线第 n 个平衡压力 p_n 求出该压力下的吸附量 ΔQ_n，同时使 p_1 与 p_n 重合，即：

$$\Delta Q_n = \frac{p_n \Delta Q_i}{p_1} \tag{12-24}$$

$$X_n = \frac{p_n X_i}{p_1}$$ (12-25)

（5）由于"吸附等温线测定"测定中为逐次向吸附罐充入气体，已按式（12-16）进行累加，直接取得各平衡压力 p_i 下对应的累计吸附量 ΔQ_i 或 X_i，此为吸附等温线；而解吸等温线测定时是逐次放出气体，所取得的为各压力段的吸附量 ΔQ_i 或 X_i，故需按下式进行累加，才能取得各平衡压力下对应的累计吸附量，此为解吸等温线：

$$\Delta Q_i = \Sigma Q_i$$ (12-26)

$$X_i = \sum_{i=1}^{n} X_i$$ (12-27)

（6）按（二）（7）同样方法绘制解吸等温线和求出 a、b 吸附常数。

五、实验结果及报告要求

1. 精密度要求

（1）压力值取 2 位有效数字，吸附量及郎格缪常数取 4 位有效数字。

（2）测定吸附或解吸等温线方程相关性以大于 0.99 以上，实验与计算累计偏差以小于 1.5cm³/g 为合格。

2. 报告要求

报告中给出 p_i 及 X_i 数据、吸附或解吸等温线及吸附常数。报告格式按 MT/T 752—1997 标准的附录 D 写。

六、思考题

12-1-1　用高压容量法测定煤的甲烷吸附量的测定原理是什么？

12-1-2　本实验方法中如何保证高压甲烷吸附量测定结果的可比性和准确性？

12-1-3　实验样品如何准备，需要使用哪些设备来完成？

实验 2　光干涉甲烷检定器的检定

一、实验目的

掌握 JZG-1 型光干涉甲烷检定器检定装置的原理，学会检定方法。

二、实验原理（压力校准法）

压力校准法原理为：光干涉式甲烷测定器的气室组组件中有气样室和空气室两个气室，两个气室因压力差别而产生的折射率差别与两个气室间因气体种类不同而产生的折射率差别有一一对应的关系，依此原理，可通过施加压力的办法对光干涉式甲烷测定器进行校准。其理论计算公式为：

$$p = 1.7665(273 + t)X$$ (12-28)

式中　p——在校准环境温度 t 时，对应甲烷浓度（%）校准点的压力值，kPa；

　　　t——校准时的环境温度，℃；

　　　X——校准点甲烷的浓度，%。

三、实验设备及材料

实验设备：单管液体压力计、补偿微压计、压力调节器、五通、过滤器、截止阀、连接胶管。装置工作原理图如图 12-2 所示。

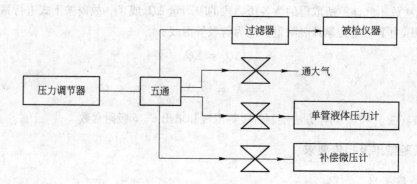

图 12-2 光干涉甲烷测定器检定装置工作原理图

调节压力调节器可以改变加到被检仪器上的压力大小，通过截止阀 K_2、K_3 的开关可选择相应压力计来测量所加压力的大小，通过截止阀 K_1 的开关，可以通大气泄压或者封闭装置气路。

装置的标准液体压力计由单管液体压力计、补偿微压计组成。单管液体压力计用于气密性能检查、7.0% 和 9.0% 两点基本误差检定，补偿微压计用于 1.0% 和 3.0% 两点基本误差检定。

（一）单管液体压力计

用于检定、校准光干涉甲烷检定器，适用于量程为 0～10% 和 0～100% 的光干涉甲烷检定器。

1. 主要技术指标

（1）测量范围 0～2500Pa；0～7355Pa

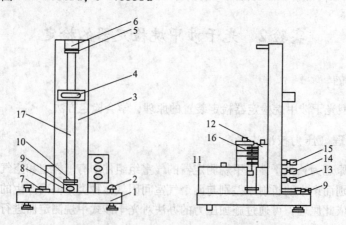

图 12-3 单管液体压力计结构示意图

1—底座；2—底座水平调节螺钉；3—立柱钢架；4—读数放大镜；5—压紧螺母；

6—上管座；7—水平；8—下管座；9—放水阀；10—压紧螺母；11—大容器；

12—五通；13—补偿微压计控制阀 K_3；14—单管液体压力计控制阀 K_2；

15—浊压控制阀 K_1；16—过滤器；17—内标式玻璃管

（2）测量误差　0～2500Pa　≤±5Pa

　　　　　　　　0～7355Pa　≤±30Pa

（3）气密性 7000Pa 压力下，3min 压力不下降。

（4）工作环境　温度：15～35℃

　　　　　　　相对湿度：<95%RH

　　　　　　　大气压力：86～106kPa

2．使用方法

（1）连接。用胶管将压力调节器连接到五通接嘴上，将补偿微压计动压接嘴连接到补偿微压计控制阀 K_3 上，具体连接参照图 12-4。

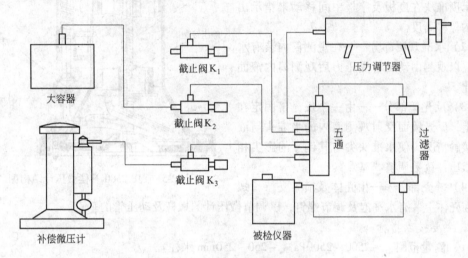

图 12-4　检定仪器连接示意图

（2）调零。将仪器置于平整且无振动影响的工作台上，调整补偿微压计和单管液体压力计底座水平调节螺钉，使水平泡指示水平。由大容器上部加上适量蒸馏水，然后调整零点，如加水过多，液面超过零点，可调节放水阀放水。开启控制阀 K_1、K_2、K_3，（逆时针方向转动手柄阀90°开启、顺时针方向转动手柄阀90°关闭），仔细调整好补偿微压计和单管液体压力计零位。

（3）基本误差检定：根据检定时的环境温度和当地重力加速度计算或查表得到1%、3%、7%、9%所对应的标准压力值。进行1%、3%点检定时，关闭阀 K_1、K_2，开启阀 K_3 选用补偿微压计来测量压力，顺时针转动压力调节器，加压至相应标准压力值，读取被检仪器读数。进行7%、9%点检定时，关闭阀 K_1、K_3，开启阀 K_2 选用单管液体压力计来测量压力，顺时针转动压力调节器，加压至相应标准压力值，读取被检仪器读数。

（4）气密性检查：关闭阀 K_1、K_3，开启阀 K_2 选用单管液体压力计来测量压力，顺时针转动压力调节器，加压至7000Pa，历时5min，观察单管液体压力计示值变化情况。

（二）YJB-2500 补偿微压计

用于测量非腐蚀性气体的微小压力、负压力及压力差，也可用来校准其他压力计。

补偿微压计由微调部分、水准观测部分、反光镜部分及外壳部分组成。它有大小两个容器，下部用橡胶皮管连通。容器可随读数盘的转动而上下移动，以调节两容器内的液面高差。当容器的液面和水准器处于同水平时，从反射镜中可以看到水准器正倒两个影像的尖端恰好相接。测压时，小容器受到较大的压力作用而液面下降，瞄准尖头高出液面，反射镜中的瞄准尖人正倒影像重叠。这时转动微调盘将大容器升高，直到瞄准尖头正倒影像又恰好相接，即小容器的液面又和瞄准尖头处于同一水平。大容器的垂直移动距离（从标尺和微调盘读出），就是两液面所受的压力差。

1. 仪器结构

仪器结构如图 12-5 所示。

（1）微调部分——由刻有 200 等分的微调盘，固定在长螺杆上，长螺杆带动水匣做上升或下降运动，在水匣静压接嘴上装有示度准块，示度准块在度板及字板中间移动来指示出水匣的位移高度。

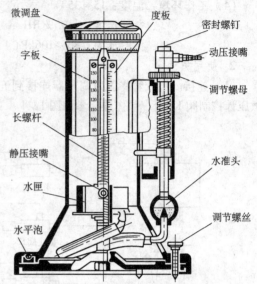

（2）水准观测部分——在观测筒内装有水准头，以观测由动压管受压力后观测筒内液面的变化。

（3）反光镜部分——由一个反光镜固定在镜壳上，反光镜面反射观测筒内的水准头与液面的接触情况，使水准头尖与其倒影的影尖相接为微压计读数调整"基点"。

（4）外壳部分——由壳体及横梁支持长螺杆，在壳体上装有水平泡及调节螺钉，以调节微压计的螺杆及动压管的垂直。

图 12-5　YJB-2500 补偿微压计结构图

2. 主要技术指标

（1）测量范围　　$-2500 \sim 2500 \text{Pa}$（$-250 \sim 250 \text{mm}$ 水柱）

（2）最小分度值　　$0.01 \text{mmH}_2\text{O}$（$0.1 \text{Pa}$）

（3）测量误差　　$-1500 \sim 1500 \text{Pa} \leqslant \pm 0.8 \text{Pa}$

　　　　　　　　$0 \sim -1500 \text{Pa}$ 或 $1500 \sim 2500 \text{Pa} \leqslant \pm 1.3 \text{Pa}$

（4）精密等级　　二等

（5）工作环境　　温度：(20 ± 5)℃

3. 使用方法

（1）调零。微压计要安放在平整的工作台上，使用前要调整调节螺钉，使仪器达到水平（观察水平泡的气泡在黑圆圈中间）。转动读数盘，将读数盘和位移指针都调到"0"点。打开螺栓注入蒸馏水，直到反射镜中观察到的瞄准尖头的正倒影像近似相接。盖紧螺盖，缓缓转动微调盘使大容器移动数次，以排除连接橡皮管内的空气泡。经上述过程后，再慢慢转动调节螺母，使瞄准尖头正倒影像的尖端恰好相接（经 $3 \sim 4 \text{min}$ 后能稳定不变）。如果不能恰好相接，两个影像重叠，表明水量不足，尖端分离，表明水量过多。

（2）测定。测压力值时，将较大的压力接嘴用胶皮管与微压计动压接嘴也即"十"接头相连。此时容器中的液面下降，反射镜中瞄准尖头的正倒影像消失或重叠。顺时针缓慢转动微调盘，直到两个影像尖端再次恰好相接。位移指针所指的整数值与微调盘所指的小数值之和，即为所测压力值。转动微调盘使大容器上下移动时，小容器内液面的变化总是滞后的。微调盘转动过快，瞄准尖头影像很难恰好准确相接。特别是当两个影像尖端快要接近时，应该慢转微调盘，并稍等一会。观察尖头是否将要相接。如果尖头重叠应顺时针转动微调盘，尖头分离则应逆时针转动微调盘。

被测压力值由式（12-29）确定：

$$p = hg\rho\left(1 - \frac{\rho'}{\rho}\right) \times 10^{-3} \qquad (12\text{-}29)$$

式中　p——被测压力，Pa；

$\quad\quad h$——仪器示值读数，mm；

$\quad\quad \rho$——检定温度下水的密度，kg/m³；

$\quad\quad \rho'$——使用环境温度下空气密度，kg/m³；

$\quad\quad g$——使用地点重力加速度，m/s²。

（3）测负压力时，应将负压力接嘴与微压计静压接嘴也即"－"接头用橡皮导管连接，按上项同样方法读取示值并计算，即为被测的负压力值。

（4）测压力差值时，应将被测的高、低压力接嘴分别与微压计"＋"、"－"接嘴用橡皮导管连接，按（2）项同样方法读取示值并进行计算，即得被测压力差值。

（三）压力调节器

压力调节器也称"波纹管加压器"、"手摇加压器"，用于增加或减少被检仪器的气室压力。

压力调节器包括手动摇、螺纹加压管，通过出气接嘴与五通相连接。使用时先将手摇加压器调整到原始位置后，把其出气嘴通过胶皮管与五通管的一端相连接即可。

四、实验步骤

对于量程为 0～10% CH₄/Air 的光干涉式甲烷测定器，其具体的校准点是 1.0% CH₄、3.0% CH₄、7.0% CH₄、9.0% CH₄ 四点。对于量程为 0～100% CH₄/Air 的光干涉式甲烷测定器，其具体的校准点是 10.0% CH₄、30.0% CH₄、70.0% CH₄、90.0% CH₄ 等四点。

依据前述公式 $p = 1.7665(273 + t)X$ 对光干涉式甲烷测定器进行校准的过程为：

（1）从温度计上读得室温；

（2）计算出每一校准点所对应的 p 值，摇动使压力计稳定地显示 p 值，观察并记录下在校的光干涉式甲烷测定器的显示值，如是反复进行三遍；

（3）取三遍观察记录值的平均值为仪器值，示值与标准之差即为基本误差，基本误差若超过表 12-1 的规定，即可判定该台仪器为不合格，必须进行重新修理、校准、检定后方可重新使用；

（4）校准完一台光干涉式甲烷测定器后，必须将手摇加压器缓慢地摇回到原始位置并使压力计归零后，再取下台仪器，换上另一台待检的光干涉式甲烷测定器。

（5）校准工作结束后，必须将压力计归回到原始位置，使压力计归零。

表 12-1　甲烷不同量程的基本误差值

仪器量程/%	0～10				0～100			
分段/%	$0 < x \leqslant 1$	$1 < x \leqslant 4$	$4 < x \leqslant 7$	$7 < x \leqslant 10$	$0 < x \leqslant 10$	$10 < x \leqslant 40$	$40 < x \leqslant 70$	$70 < x \leqslant 100$
基本误差/%	±0.05	±0.1	±0.2	±0.3	±0.5	±1.0	±2.0	±3.0

五、实验结果及报告要求

将所测结果填入表 12-2 内，判定是否合格，完成检定报告。

表 12-2　光干涉甲烷检定器的检定实验记录　　　　　年　月　日

仪器规格	检定点 1		检定点 2		检定点 3		检定点 4		备注
	标气浓度	测得数值	标气浓度	测得数值	标气浓度	测得数值	标气浓度	测得数值	

六、实验注意事项

（1）摇动时，一定注意勿将其摇到头，以防鼓破波纹管；每次使用完毕，一定将手摇加压器摇回到原始位置。

（2）校准光干涉式甲烷测定器时，一定要保证气路系统气密性完好，不得有漏气泄压的地方。

（3）需要逆时针转动压力调节器时，要特别注意观察因为其产生的负压把微压计中的蒸馏水吸入到胶管、阀门、调节器、过滤器等部件中，以免造成故障。

七、思考题

12-2-1　如果一台光干涉式甲烷测定器的误差超过了规定，继续在工作中使用可能会带来什么问题和后果？

12-2-2　检定后长期不用时，仪器里面的水必须放掉，为什么？

12-2-3　能否用光干涉式甲烷测定器来校准数字式甲烷报警仪，为什么？

实验 3　气相色谱气体成分分析

一、实验目的

（1）掌握气体成分检测方法；

（2）掌握气体采集方法；

（3）了解气相色谱仪结构和基本工作原理；

（4）掌握气相色谱仪的使用方法。

二、实验原理

（一）气相色谱仪气体分析原理

1. GC4008（B）型煤矿专用色谱仪基本结构

主机、氢火焰离子化检测器（FID）、热导检测器、转化炉、四根专用色谱柱、四气路、四套六通阀。

2. 检测原理

（1）氢火焰离子化检测器。FID 是对有机物敏感度很高的检测器，由于它具有响应的一致性，线性范围宽，简单，对温度不敏感等特点，所以应用于有机物的微量分析。

FID 在工作时需要载气（N_2、H_2）、燃气（H_2）和助燃气（Air）。当氢气在空气中燃烧时，火焰中的离子是很少的，但如果有碳氢化合物存在时，离子就大大增加了。

从柱后流出的载气和被测样品与氢气混合在空气中燃烧，有机化合物被电离成正负离子，正负离子在电场的作用下就产生了电流，这个电流经微电流放大器放大后，可用记录仪或数据处理记下来作为定量的依据（色谱图）。

（2）热导检测器（TCD）。TCD是目前气相色谱仪上应用最广泛的一种能用型检测器。它结构简单，稳定性好，灵敏度适宜，线性范围宽，对所有被分析物质均有响应，而且不破坏样品，多用于常量分析。

当载气（H_2）混有被测样品时，由于热导率不同，破坏了原有热平稳状态，使热丝温度发生变化，随之电阻也就改变，电阻值的变化可以通过惠斯登电桥测量出来，所得电信号的大小与在载气中浓度成正比，经放大后，记录下来作为定性定量的依据（色谱图）。

3. GC4008（B）型煤矿专用色谱仪气路系统（如图 12-6）

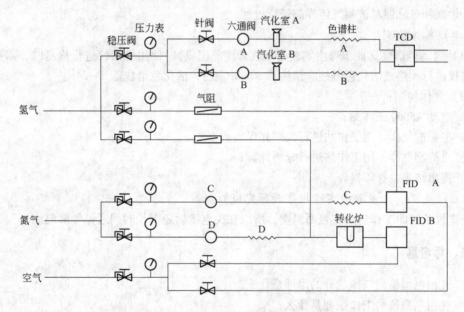

图 12-6　GC4008（B）型煤矿专用色谱仪气路系统图

色谱柱 A 主要用来检测 O_2、N_2、CH_4、CO 等气体；色谱柱 B 主要用来检测 CO_2；色谱柱 C 主要用来检测 CH_4、C_2H_4、C_2H_6、C_2H_2 等气体；色谱柱 D 主要用来检测 CO、CH_4、CO_2 等气体。因此，在检测气体成分时应根据检测目的将被检测气体通过相应的六通阀注入色谱仪进行检测。

（二）A5000 气相色谱工作站

将接收到的色谱仪检测器输出的电信号转化成数字信号并加以处理计算，得到真实可信的检测样品的浓度或含量值并打印出分析的结果报告，A5000 色谱数据处理工作站是通过数据采集卡（接口板）、信号线、计算机、打印机及相应的软件来实现的。软件的处理即操作者通过使用软件对采集到的信号识别、判定、选择公式计算等。

处理过程是对检测样品定性和定量的过程，在分析过程中通常是通过对已知浓度或含量的样品先分析来达到定性的目的：在工作站上表现为此标样（已知样品）的保留时间、峰面积/峰高等结果。定量过程则是在得到标样的保留时间、峰面积/峰高后选择相应的计算方法（内标、外标等）并据此求出相应的校正因子后对未知样品的求解过程，这一过程在工作站上已大为简化，只要求出标样的定性结果（即求出相应计算方法下的校正因子）后直接在色谱仪上进未知样品，采样结束后即可得到未知样品的含量或浓度报告。

三、实验设备及材料

实验设备：GC4008（B）型煤矿专用色谱仪、（东西电子）A5000 气相色谱工作站。

实验材料：高纯度（99.99%）氢气、空气、氮气，气体采集器，CO_2 标准气体、CH, 标准气体。

四、实验步骤：

（一）采集被测气体样品

用气体采集器采集被测气体样品，如被测气体湿度过大或含有大量粉尘时，需用无吸附作用的干燥剂和过滤器对被测气体样品进行过滤。

（二）气体检测

（1）启动色谱仪（此步骤由实验指导教师提前完成）。使用色谱仪进行检测时，需提前启动色谱仪进行预热或活化色谱柱。预热需 30min 左右，活化色谱柱需 8～24h。

（2）气体检测：

1）启动 A5000 工作站；

2）进标准气样，用工作站进行处理并保留数据；

3）进待测气样，用工作站进行分析计算；

4）得出结果，打印报告。

（三）关机（此步骤由实验指导教师完成）

色谱仪长时间工作后具有较高温度，所以在关电源后还需长时间通氮气降温。

五、思考题

12-3-1　气相色谱检测气体成分的原理是什么？

12-3-2　气相色谱仪的工作原理是什么？

实验4　煤尘爆炸性鉴定演示实验

一、实验目的

了解煤尘爆炸性鉴定仪的简单结构，工作原理操作方法等，加深理解煤尘爆炸三个条件之间的关系。

二、工作原理

衡量煤尘是否有爆炸性，主要是测定煤尘云骤然接触一定温度有无燃烧的火焰；而衡量煤尘爆炸的危险程度，主要是根据煤尘爆炸时的火焰长度与消除火焰所需的最低不燃物含量。

将试料盛入试料管内，由打气筒的压气将试料从试料管冲出，造成尘云，有爆炸性的尘云遇到入玻璃管内的加热器后就发生燃烧与爆炸。爆炸后的气体、粉尘由吸尘器经弯管吸入滤尘箱和吸尘器。

三、实验设备及材料

试验设备：煤尘爆炸性鉴定仪。

煤尘爆炸性鉴定仪主要结构如图 12-7 所示。

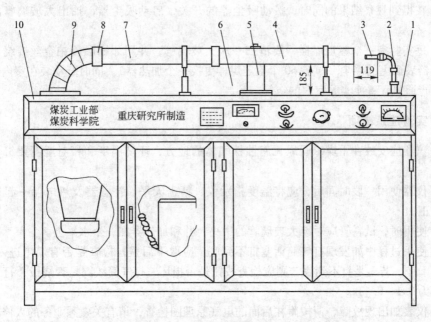

图 12-7　煤尘爆炸性鉴定仪

（一）装置组成

装置由造尘云部分、燃烧部分、通风排烟除尘部分、箱体部分等四部分组成。

（1）造尘云部分：由试料管 3，电磁打气管 1 及导管 2 组成。

（2）燃烧部分：由大玻璃管 4，加热器 5 及其温度控制系统 6 组成。

（3）通风排烟除尘部分：由导管 9，滤尘器 8 及吸尘器 7 组成。

（4）箱体部分见图 12-7 中 10。

（二）主要技术特征

（1）电源：AC 220V ± 10%，50Hz

（2）试料量：1g/次

（3）试料粒度：75μm

（4）工作环境：温度 0～50℃；

　　　　　　　相对湿度≤85%。

（5）加热器温度：1100℃ ±20℃

四、实验步骤

（1）拉出打气筒的活塞杆；

（2）用 0.1g 感量的架盘天平称取 1g 鉴定煤样（称准到 0.1g），装入试料管内，将煤样集在试料管的尾端，插入弯管；

（3）将调压变压器的输出电压调至 40～60V；

（4）拨动电源开关和加热器开关至开始位置，并调节变压器，使温度逐渐升至（1100 ± 20）℃；

（5）按动打气筒的电钮，将煤样喷进大玻璃管内，造成尘云；

（6）观察煤尘遇到加热器时是否产生火焰和火焰长度；

（7）在得到观察结果的同时，拨动吸尘器的开关，启动吸尘器，抽出大玻璃管内的浮尘和烟；

（8）每实验完一个鉴定煤样，要清扫一次大玻璃管，并用牙刷顺着铂金丝缠绕方向轻轻刷掉加热器表面上的浮尘（试验 60 个鉴定煤样更换一个加热器）。同时开动装在室内窗上的排风扇，进行通风，置换实验室内的空气。

五、实验注意事项

（1）仪器应安放在干燥，通风无腐蚀性气体的地方，环境温度和相对湿度要符合技术指标要求。

（2）仪器使用一段时间后，应将温度指示仪、精密天平、补偿器及热电偶一起送计量检定部门校正。

（3）使用时，试料管应对准大玻璃管的中央，并和加热器在一个水平上。

（4）使用过程中如发现打气筒活塞打不到底，应取下后盖，检查是否有煤尘进入，若有，则应擦拭干净。若还是打不到底，则应检查按钮是否损坏，打气筒线圈是否烧毁，打气筒的正常气压应为 0.1 ~ 0.13kg。

（5）仪表如出现故障，请按附在后面的电气原理图检查，请有关熟悉业务的人修理。

六、思考题

12-4-1　煤尘爆炸的机理是什么？

12-4-2　煤尘爆炸区别于瓦斯爆炸的标志是什么？

实验5　数字式气体检定仪表的使用

一、实验目的

掌握 JZC-1 型检定装置及实验中用到的数字式检定仪表的工作原理，学会对甲烷检测报警仪、CO 检测报警仪等仪表的检定、校准方法。

二、实验原理

（1）JYL6802 型甲烷检测报警仪由甲烷传感器、运算放大器、A/D 转换器、LED 显示器、电池组件及外壳六部分组成（仪器外形示意图见图 12-8）。

仪器的甲烷-电压信号转换是由载体催化元件、载体元件和电阻组成的惠斯登电桥来实现，当载体催化元件和载体元件置于有甲烷含量的环境中，载体催化元件表面产生无焰燃烧，其阻值增大，电桥失去平衡状态，有电压信号输出，电压信号的大小与甲烷含量成正比，此信号经放大器放大后输入 A/D 转换器，把模拟量变成数字量，最后驱动 LED 数码管来显示甲烷的质量分数。当甲烷含量超限时，仪器自动发出断续声、光报警。

（2）JC/DB-1 型沼气报警仪测量低浓度沼气采用热催化原理，测量高浓度沼气采用热导原理。热催化元件（或热导元件）和金属膜电阻及调节电位器 P1（或 P2）组成惠斯登电桥，当环境中的沼气以扩散的方式进入气室腔时，与敏感元件反应，电桥出现与沼气浓度相对应的电讯号输出，该讯号经 A/D 转换器转换后，直接送往单片机 89C52 进行数据处理，来完成仪器的显示、报警等功能。该报警仪以 89C5 为中央处理单元，由测量电桥、A/D 转换、数字显示、声光报警等单元电路组成。

三、实验设备及材料

（1）JZC-1 型检定装置由控制面板、减压器、开关阀、流量计、六通接头等组成，控制面板如图 12-9 所示：由能调节流量和图 12-8 JYL 6802 型甲烷检测报警仪关断气路的五条相对独立的气路紧密地组合而成，具体连接如图 12-10 所示。

（2）JYL6802 型甲烷检测报警仪。

（3）JC/DB-1 型全量程智能甲烷报警仪。

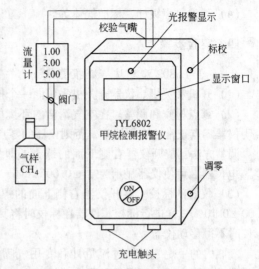

图 12-8　JYL 6802 型甲烷检测报警仪

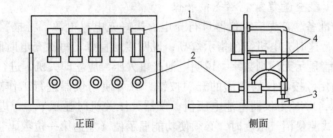

图 12-9　控制面板示意图

1—玻璃转子流量计；2—开关阀；3—六通；4—硅胶管

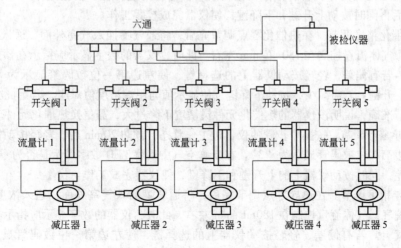

图 12-10　装置气路连接示意图

（4）秒表、声级计、标准气体等。

四、实验步骤

（一）JYL6802 型甲烷检测报警仪

（1）开机和关机。仪器开关机采用同一个按键，按两次键可实现开机或关机。

（2）零点检查和调整。在空气清洁的环境中，仪器开机预热 20min 后，示值若 ≤ |0.02|，说明仪器零点正常，无须调整，否则仪器的零点要重新调整。

调整方法：旋开仪器右侧下面的螺钉，即为调零电位器调节孔，用螺丝刀缓慢调整"调零"电位器，可使仪器显示为"±0.00"。

（3）仪器的标校。旋开仪器右侧上面的螺钉，即为标校电位器调节孔，仪器调零后，用 2.00 ± 0.10% 气样进行标校。仪器在标校时将其平放在桌面上，仪器的背面紧贴桌面，在通气标校时不得移动仪器。

气瓶内的甲烷气样经过流量计和专用气嘴以每分钟 160mL 的流量注入甲烷传感器气室，待仪器示值稳定后，用螺丝刀调整"标校"电位器，使仪器的显示值与甲烷气样相符，然后通入清洁空气使仪器回零，再通入甲烷气样进行标校，反复 2~3 次，仪器标校结束。

（4）测量。仪器经上述检查和调整，即可用于实际测量。仪器预热 20min 后置入被测点，经 30s 自然扩散，就可读出被测点的甲烷含量。也可悬挂或携带连续检测甲烷含量的变化。在检测甲烷含量变化时，若显示值超过 1%，仪器自动发出断续声、光报警。

（二）JC/DB-1 型全量程智能沼气报警仪

（1）使用前的准备。首先应对仪器进行充电。接好充电机电源，将报警仪底部充电卡从正面推入充电机内，这时充电机绿色指示灯亮，说明接触良好，每次充电时间大约 14h。如果仪器开机后，数码管显示无规则数字，说明电池严重欠压，应立即关机，进行充电。

（2）仪器的使用。按动仪器侧面的开关按键，方可使用仪器进行工作或对其进行调试。开机后显示 P.XXX，XXX 为仪器电池电压值，仪器欠压关机时显示 p.--，进行连续报警后自动关机。仪器在正式测量沼气浓度时，必须使功能显示位（左边第一位数码管）无数字显示。

（3）测量前的调零。仪器在用于测量沼气浓度前，应对其零点进行调节。

（4）热催化零点调节。按操作步骤使仪器进入工作状态，预热 20min 后，在新鲜空气中观察 LED 数字显示是否为零，若有偏差，轻轻按动仪器上的选择键，使左边第一位数码管显示为"1"，然后再同时按动上升键和下降键，使仪器完成校零工作。

（5）热催化精度调节。在热催化零点调节完后，将通气嘴插入气室外面，通入 1% 左右的标准甲烷气，气体流量控制在 180mL/min 左右。此时，仪器的数字显示应指示在预先配制的标准甲烷气上，若有偏差，轻轻按动仪器上的选择键，使左边第一位数码管显示为"2"，若需增加，按动上升键；若需减少，按动下降键，使显示值与甲烷浓度值对应。若用此方法无法将仪器精度调节准确，说明该仪器的热催化元件灵敏度下降过大，需更换热催化元件。

（6）热导零点调节。按操作步骤使仪器进工作状态，预热 20min 后，轻轻按动仪器上的选择键，使左边第一位数码管显示为"3"，在新鲜空气中观察 LED 数字显示是否为零。

若有偏差，同时按动仪器上的上升键和下降键，使仪器完成工作。

（7）热导精度调节。在热导零点调节完后，将通气嘴插入气室外面，通入浓度为 20% 左右的标准甲烷气，气体流量控制在 180mL/min 左右，此时，仪器的数字显示应指示在预先配制的标准甲烷气上。若有偏差，轻轻按动仪器上的选择键，使左边第一位数码管显示为"4"，若需增加，按动上升键；若需减少，按动下降键，便显示值与甲烷浓度值相对应。

（8）报警点调节。按动报警以上的选择键，使左边第一位数码管显示为"5"，然后分别按动上升键或下降键，可调节报警点，其变化范围为 $0.50 \sim 2.00CH_4$。

（9）显示电池电压。按动报警仪上的选择键，使左边第一位数码管显示为"6"，此时报警仪显示值为电池电压。

（10）自检功能。该功能用以检查仪器：工作是否正常。按动报警仪上的选择键，使左边第一位数码管显示"7"，此时仪器应显示 2.00，并具有声光报警。若仪器左边第三位数码管显示"A"（如 2.AO、2AB），说明仪器热催化电桥已偏离零点过大，应旋转机内零点电位器 P1 予以调节。具体调节方法为：同时按动报警仪上的三个按键数秒钟，然后立即按动选择键，使仪器左边第一位数码管显示为"1"，再用螺丝刀旋转机内零点电位器 P1，使仪器显示为零；若仪器左边第四位数码管显示"B"（如 2.OB、2AB），说明仪器热导电桥已偏离零点过大，应旋转机内零点电位器 P2 予以调节。具体调节方法为：同时按动报警仪上的三个按键数秒钟，然后立即按动选择键，使仪器左边第一位数码管显示为"3"，再用螺丝刀旋转机内零点电位器，使仪器显示为零。进行此操作后，必须用高低两种浓度的标准气重新校正报警仪后方可下井使用。一旦对仪器部分参数进行了调节，在关机之前，必须按动报警仪上的选择键，使小数码管显示数字循环至其消隐，否则调校后的参数未存入存储器内，导致此次调校无效。

（11）仪器调校时的注意事项：结构示意图左侧的两个按键开关从上到下分别为参数转换选择开关、电源开关。右侧的调校孔，从上到下分别为：甲烷零点、甲烷满度、氧气零点、氧气满度。当调校完一种参数时，按一下选择开关，即进入另一种参数的调校。使用者可通过参数指示灯，准确地了解到现在显示和调校的是哪一种参数。

本仪器的氧气零点是在无氧环境下调校的，在出厂前都已调校完毕。在一般情况下不要去调校氧气零点。正常情况下，每一季度调校一次，调校时通 99.99% 的氮气即可。

五、实验结果及报告要求

（1）按照测量仪器的技术指标，对甲烷检测报警仪、一氧化碳检测报警仪、甲烷氧气两参数检测报警仪、全量程甲烷检测报警仪分别进行基本误差和报警误差检定。每个点至少调校 $2 \sim 3$ 次。

（2）对实验数据认真记录，填写实验报告（表 12-3）。

表 12-3　数字式气体测定仪表的调校实验记录　　　　年　　月　　日

仪表类型及编号	基本误差标定			报警点标定			备注
	浓度 1	浓度 2	浓度 3	浓度 1	浓度 2	浓度 3	

六、实验注意事项

（1）实验过程中注意做好房间的通风。

（2）脸部不要距离气瓶或胶管的出口过近，避免有毒有害物质对人造成危害。

（3）仪器调校结束后，各气瓶要认真关好，防止漏气。

七、思考题

12-5-1　数字式气体检测仪表都有哪些优缺点？

12-5-2　随着科学的不断发展，能否在企业生产中全部使用数字式气体检测仪表对有毒有害物质进行检测，为什么？

附　录

附录1 声环境质量标准

Environmental quality standard for noise
GB 3096—2008
（节选）

声环境功能区分类

按区域的使用功能特点和环境质量要求，声环境功能区分为以下五种类型：

0 类声环境功能区：指康复疗养区等特别需要安静的区域。

1 类声环境功能区：指以居民住宅、医疗卫生、文化教育、科研设计、行政办公为主要功能，需要保持安静的区域。

2 类声环境功能区：指以商业金融、集市贸易为主要功能，或者居住、商业、工业混杂，需要维护住宅安静的区域。

3 类声环境功能区：指以工业生产、仓储物流为主要功能，需要防止工业噪声对周围环境产生严重影响的区域。

4 类声环境功能区：指交通干线两侧一定距离之内，需要防止交通噪声对周围环境产生严重影响的区域，包括4a类和4b类两种类型。4a类为高速公路、一级公路、二级公路、城市快速路、城市主干路、城市次干路、城市轨道交通（地面段）、内河航道两侧区域；4b类为铁路干线两侧区域。

环境噪声限值

各类声环境功能区适用表1规定的环境噪声等效声级限值。

环境噪声等效声级限值

单位：dB(A)

声环境功能区类别		时段 昼间	夜间	声环境功能区类别		时段 昼间	夜间
0 类		50	40	3 类		65	55
1 类		55	45	4 类	4a 类	70	55
2 类		60	50		4b 类	70	60

附录 2　环境电磁波卫生标准

批准日期 1988-10-01 实施日期 1989-01-01

中华人民共和国国家标准

Hygienic standard for environmental electromagnetic waves

UDC 614. 898. 5 GB 9175—88

（节选）

本标准为贯彻《中华人民共和国环境保护法（试行）》，控制电磁波对环境的污染、保护人民健康、促进电磁技术发展而制订。

本标准适用于一切人群经常居住和活动场所的环境电磁辐射，不包括职业辐射和射频、微波治疗需要的辐射。

1　名词术语

1.1　电磁波

本标准所称电磁波是指长波、中波、短波、超短波和微波。

1.1.1　长波

指频率为 100～300kHz，相应波长为 1～3km 范围内的电磁波。

1.1.2　中波

指频率为 300kHz～3MHz，相应波长为 1～100km 范围内的电磁波。

1.1.3　短波

指频率为 3～30MHz，相应波长为 100～10m 范围内的电磁波。

1.1.4　超短波

指频率为 30～300MHz，相应波长为 10～1m 范围内的电磁波。

1.1.5　微波

指频率为 300MHz～300GHz，相应波长为 1m～1mm 范围内的电磁波。

1.1.6　混合波段

指长、中、短波、超短波和微波中有两种或两种以上波段混合在一起的电磁波。

1.2　电磁辐射强度单位

1.2.1　电场强度单位

对长、中、短波和超短波电磁辐射，以伏/米（V/m）表示计量单位。

1.2.2　功率密度单位

对微波电磁辐射，以微瓦/平方厘米（μW/cm^2）或毫瓦/平方厘米（mW/cm^2）表示计量单位。

1.2.3　复合场强

指两个或两个以上频率的电磁波复合在一起的场强，其值为各单个频率场强平方和的根值，可以下式表示：

$$E = \sqrt{E_1^2 + E_2^2 + \cdots + E_n^2}$$

式中　　　E——复合场强，V/m；

$E_1, E_2, \cdots, E_n$——各单个频率所测得的场强，V/m。

1.3　分级标准

以电磁波辐射强度及其频段特性对人体可能引起潜在性不良影响的阈下值为界，将环境电磁波允许辐射强度标准分为两级。

1.3.1　一级标准

为安全区，指在该环境电磁波强度下长期居住、工作、生活的一切人群（包括婴儿、孕妇和老弱病残者），均在会受到任何有害影响的区域；新建、改建或扩建电台、电视台和雷达站等发射天线，在其居民覆盖区内，必须符合"一级标准"的要求。

1.3.2　二级标准

为中间区，指在该环境电磁波强度下长期居住、工作和生活的一切人群（包括婴儿、孕妇和老弱病残者）可能引起潜在性不良反应的区域；在此区内可建造工厂和机关，但在许建造居民住宅、学校、医院和疗养院等，已建造的必须采取适当的防护措施。

超过二级标准地区，对人体可带来有害影响；在此区内可作绿化或种植农作物，但禁止建造居民住宅及人群经常活动的一切公共设施，如机关、工厂、商店和影剧院等；如在此区内已有这些建筑，则应采取措施，或限制辐射时间。

2　卫生要求

环境电磁波允许辐射强度分级标准见下表：

波　长	单　位	允　许　场　强	
		一级（安全区）	二级（中间区）
长、中、短波	V/m	<10	<25
超短波	V/m	<5	<12
微　波	μW/cm²	<0	<40
混　合	V/m	按主要波段场强； 若各波段场分散，则按复合场强加权确定	

附录 3　地表水环境质量标准

Environmental quality standards for surface water

GB 3838—2002

（节选）

水域功能

依据地表水水域环境功能和保护目标，按功能高低依次划分为五类：

Ⅰ类　主要适用于源头水、国家自然保护区；

Ⅱ类　主要适用于集中式生活饮用水地表水源地一级保护区、珍稀水生生物栖息地、鱼虾类产卵场、仔稚幼鱼的索饵汤等；

Ⅲ类　主要适用于集中式生活饮用水地表水源地二级保护区、鱼虾类越冬场、洄游通道、水产养殖区等渔业水域及游泳区；

Ⅳ类　主要适用于一般工业用水区及人体非直接接触的娱乐用水区；

Ⅴ类　主要适用于农业用水区及一般景观要求水域。

对应地表水上述五类水域功能，将地表水环境质量标准基本项目标准值分为五类，不同功能类别分为执行相应类别的标准值。水域功能类别高的标准值严于水域功能类别低的标准值。同一水域兼有多类使用功能的，执行最高功能类别对应的标准值。实现水域功能与达功能类别标准为同一含义。

标准值

地表水环境质量标准基本项目标准限值见表 1。

表 1　地表水环境质量标准基本项目标准限值　　　　　单位：mg/L

序号	标准值　　分类　项目		Ⅰ类	Ⅱ类	Ⅲ类	Ⅳ类	Ⅴ类
1	水温/℃		人为造成的环境水温变化应限制在：周平均最大温升≤1　周平均最大温降≤2				
2	pH 值（无量纲）		6~9				
3	溶解氧	≥	饱和率90%（或7.5）	6	5	3	2
4	高锰酸盐指数	≤	2	4	6	10	15
5	化学需氧量（COD）	≤	15	15	20	30	40
6	五日生化需氧量（BOD_5）	≤	3	3	4	6	10
7	氨氮（NH_3-H）	≤	0.15	0.5	1.0	1.5	2.0
8	总磷（以 P 计）	≤	0.02（湖、库0.01）	0.1（湖、库0.025）	0.2（湖、库0.05）	0.3（湖、库0.1）	0.4（湖、库0.2）
9	总氮（湖、库，以 N 计）	≤	0.2	0.5	1.0	1.5	2.0

序 号	标准值　　　　分类 项目		I 类	II 类	III 类	IV类	V 类
10	铜	≤	0.01	1.0	1.0	1.0	1.0
11	锌	≤	0.05	1.0	1.0	2.0	2.0
12	氟化物（以 F⁻ 计）	≤	1.0	1.0	1.0	1.5	1.5
13	硒	≤	0.01	0.01	0.01	0.02	0.02
14	砷	≤	0.05	0.05	0.05	0.1	0.1
15	汞	≤	0.00005	0.00005	0.0001	0.001	0.001
16	镉	≤	0.001	0.005	0.005	0.005	0.01
17	铬（六价）	≤	0.01	0.05	0.05	0.05	0.1
18	铅	≤	0.01	0.01	0.05	0.05	0.1
19	氰化物	≤	0.005	0.05	0.2	0.2	0.2
20	挥发酚	≤	0.002	0.002	0.005	0.01	0.1
21	石油类	≤	0.05	0.05	0.05	0.5	1.0
22	阴离子表面活性剂	≤	0.2	0.2	0.2	0.3	0.3
23	硫化物	≤	0.05	0.1	0.2	0.5	1.0
24	粪大肠菌群（个/L）	≤	200	2000	10000	20000	40000

附录4　室内空气质量标准

（GB/T 18883—2002）
（节选）

本标准适用于住宅和办公建筑物，其他室内环境可参照本标准执行。

室内空气应无毒、无害、无异常嗅味。室内空气质量标准见表1。

表1　室内空气质量标准

序　号	参数类别	参　数	单　位	标准值	备　注
1	物理性	温　度	℃	22~28	夏季空调
				16~24	冬季采暖
2		相对湿度	%	40~80	夏季空调
				30~60	冬季采暖
3		空气流速	m/s	0.3	夏季空调
				0.2	冬季采暖
4		新风量	$m^3/(h \cdot 人)$	30[a]	
5	化学性	二氧化硫 SO_2	mg/m^3	0.50	1h均值
6		二氧化氮 NO_2	mg/m^3	0.24	1h均值
7		一氧化碳 CO	mg/m^3	10	1h均值
8		二氧化碳 CO_2	%	0.10	1h均值
9		氨 NH_3	mg/m^3	0.20	1h均值
10		臭氧 O_3	mg/m^3	0.16	1h均值
11		甲醛 HCHO	mg/m^3	0.10	1h均值
12		苯 C_6H_6	mg/m^3	0.11	1h均值
13		甲苯 C_7H_8	mg/m^3	0.20	1h均值
14		二甲苯 C_8H_{10}	mg/m^3	0.20	1h均值
15		苯并［a］芘 B（a）P	ng/m^3	1.0	1h均值
16		可吸入颗粒物 PM10	mg/m^3	0.15	1h均值
17		总发挥性有机物 TVOC	mg/m^3	0.60	8h均值
18	生物性	菌落总数	cfu/m^3	2500	依据仪器定[b]
19	放射性	氡[222]Rn	Bq/m^3	400	年平均值（行动水平[c]）

a 新风量要求不小于标准值，除温度、相对湿度外的其他参数要求不大于标准值。

b 见附录D。

c 行动水平即达到此水平建议采取干预行动以降低室内氡浓度

附录5 《生产性粉尘作业危害程度分级》国家标准

GB 5817—1996

本标准适用于区分工人接触生产性粉尘作业危害程度的大小，是劳动保护科学管理的依据。本标准不适于放射性粉尘及引起化学中毒危害性粉尘。

1 基本定义

1.1 生产性粉尘

在生产过程中产生的能较长时间浮游在空气中的固体微粒。

1.2 接触生产性粉尘的作业

工人在有生产性粉尘的工作地点，从事生产运动的作业。

1.3 工作地点

工人为观察、操作和管理生产过程而经常或定时停留的地方。

1.4 生产性粉尘中游离二氧化硅含量

生产性粉尘中含有结晶型游离二氧化硅的质量分数。

1.5 接尘时间

在一个工作日内实际接尘作业时间。

1.6 工人接尘时间肺总通气量

系指工人在一个工作日的接尘时间内吸入含有生产性粉尘的空气总体积。

1.7 生产性粉尘最高允许浓度

系指 TJ 36—1979《工业企业设计卫生标准》中表4 车间空气中有害物质的最高允许浓度值。

1.8 生产性粉尘浓度超标倍数

在工作地点测定空气中粉尘浓度超过该种生产性粉尘的最高允许浓度的倍数。

每个采样点的样品数不得少于5份，取其超标倍数的算术均值表示。

2 接触生产性粉尘作业危害程度分级

2.1 接触生产性粉尘作业危害程度共分为五级：

0 级

Ⅰ级危害

Ⅱ级危害

Ⅲ级危害

Ⅳ级危害 **2.2** 本标准将石棉尘属于具有人体致癌性粉尘，列入本标准中游离二氧化硅70%类。

2.3 根据生产性粉尘中游离二氧化硅含量、工人接尘时间肺总通气量以及生产性粉尘浓度超标倍数3项指标，按下表划分生产性粉尘作业危害程度分级。

生产性粉尘作业危害程度分级表（略）

附　录　A

生产性粉尘中游离二氧化硅含量的测定法（补充件）

A.1　测定生产性粉尘中游离二氧化硅含量的采样方法应采集工人经常工作地点呼吸带附近的浮游尘或沉积尘样品。工厂应收集连续 3 天的粉尘样品，混匀后进行测定。矿山应选择在开采中具有代表性的工作地点采样，同一种性质的粉尘样品不少于 3 份。

A.2　生产性粉尘中游离二氧化硅含量的分析法

A.2.1　分析步骤

准确称取 0.1~0.2g 生产性粉尘样品，放入锥形烧瓶中。如为炭素类或有机类粉尘样品，应在 800~900℃下完全灰化后进行分析。如为硫化矿物，应先加数毫克结晶硝酸铵于锥形瓶中，然后加入焦磷酸 15mL，迅速加热到 245~250℃，保持 15min 后冷却到 40~50℃，在冷却过程中，加 50~80℃蒸馏水稀释到 40~50mL。稀释时，一面加水，一面用力搅拌混匀，然后，加水稀释至 150~200mL。用无灰滤纸过滤，并用 0.1N 盐酸洗涤沉渣，再用热蒸馏水洗至无酸性反应为止。最后，将带有沉渣的滤纸，放入恒重的瓷坩埚中，在 80℃的烘箱中烘干，低温炭化后，再放入 800~900℃高温炉中灼烧 30min，然后，放入干燥器中冷却 1h，称至恒重。

A.2.2　生产性粉尘中游离二氧化硅含量的计算法

生产粉尘游离二氧化硅的含量按下式计算

$$w(SiO_2)_{(F)} = \frac{M_1 - M_2}{G} \times 100\%$$

式中　$w(SiO_2)_{(F)}$——游离二氧化硅质量分数,%；

　　　　M_1——坩埚质量，g；

　　　　M_2——坩埚加沉渣质量，g；

　　　　G——生产性粉尘样品质量，g。

A.2.3　粉尘中含有难溶杂质的处理。

A.2.3.1　当生产粉尘样品中有难以被焦磷酸溶解的杂质时（如碳化硅、绿柱石等），需将焦磷处理后的样品沉渣放入铂坩埚中，加入 1∶1 硫酸数滴，使沉渣湿润，然后加入 40% 氢氟酸 5~10mL，稍加热使沉渣中游离二氧化硅溶解，继续加热蒸发至不冒白烟为止。于 900℃高温下烧灼，称至恒重。

A.2.3.2　处理杂质后的游离二氧化硅含量的计算法

处理杂质后的游离二氧化硅含量按下式计算

$$w(SiO_2)_{(F)} = \frac{M_2 - M_3}{G} \times 100\%$$

式中　　M_2——铂坩埚加沉渣质量，g；

　　　　M_3——经氢氟酸处理后坩埚加残渣质量，g；

$w(SiO_2)_{(F)}$——游离二氧化硅质量分数,%。

A.3　本法为基本方法。如采用 X 线衍射测定法或红外光谱测定法等须与本法进行核对。

附 录 B

工人接尘时间肺总通气量的测定法（补充件）

B.1 工人接尘时间的确定

在生产任务正常情况下，每一接尘工种选择不少于2名有代表性的工人，按表B1的格式记录自上班开始至下班为止，整个工作日从事各种劳动与工中休息的时间，并分别注明接尘情况。每个测定对象应连续记录3天，取3天的平均值，分别表示该工种的工人在一个工作日内的总接尘累计时间、各种作业劳动的接尘累计时间及休息的接尘累计时间。

表B1 接尘工时记录（略）

B.2 接尘时间肺总通气量测定

根据表B1的记录，将各种接尘劳动时间与接尘休息时间加以归类（近似的活动归为一类），然后，分别采集工人在接尘休息时间和从事各种接尘劳动状态时的呼出气，测量该气体体积，求出接尘休息和各种接尘劳动时的呼气量值，并换算成标准状态下干燥气体体积值。然后按表B2，再换算成每分钟呼气量（标准状态呼气量，L/采气时间，min），最后将各种接尘劳动时及接尘休息时的每分钟呼气量分别乘以相应的各种接尘劳动的累计时间和接尘休息的累计时间，其总和即为一个工作日内工人接尘时间肺总通气量 L/（d·人）。

参 考 文 献

［1］ 武汉大学化学与分子科学学院实验中心编 . 无机化学试验 . 武汉：武汉大学出版社，2002.

［2］ 浙江大学普通化学教研组 . 普通化学试验（第三版）［M］. 北京：高等教育出版社，1996.

［3］ 南京大学 . 无机化学试验［M］. 南京：南京大学出版社，1988.

［4］ 南京大学 . 大学化学试验［M］. 北京：高等教育出版社，1999.

［5］ 北京大学 . 普通化学试验［M］. 北京：北京大学出版社，1991.

［6］ 北京师范大学等校无机化学试验（第二版）［M］. 北京：高等教育出版社，1991.

［7］ 孙家齐，陈新民 . 工程地质［M］. 武汉：武汉理工大学出版社，2008.

［8］ 陈洪江 . 土木工程地质［M］. 北京：中国建材工业出版社，2006.

［9］ 李元主编 . 环境科学实验教程［M］. 北京：中国环境科学出版社，2007.

［10］ 奚旦立等 . 环境监测［M］. 北京：高等教育出版社，2004.

［11］ 章非娟等 . 环境工程实验［M］. 北京：高等教育出版社，2006.

［12］ 王保国等 . 安全人机工程学［M］. 北京：机械工业出版社，2007.

［13］ 唐介 . 电工学［M］. 北京：高等教育出版社，2005.

［14］ 殷瑞祥等 . 电工电子技术——基本教程［M］. 北京：机械工业出版社，2007.

［15］ 国家环保总局，水和废水监测分析方法编委会 . 水和废水监测分析方法（第四版）［M］. 北京：中国环境科学出版社，2002.

［16］ 天津大学自编工程地质实验指导书 .

冶金工业出版社部分图书推荐

书　名	作　者	定价(元)
中国冶金百科全书·安全环保卷	编委会	120.00
采矿手册(第6卷)	编委会	109.00
系统安全评论与预测(本科教材)	陈宝智　编著	20.00
安全管理基本理论与技术	常占利　著	46.00
矿井通风及除尘(本科教材)	浑宝炬　等编	25.00
矿山通风与环保(技能培训教材)	陈国山　主编	28.00
矿山事故分析及系统安全管理	招金集团公司	28.00
矿山企业安全管理	刘志伟	25.00
煤矿安全技术与管理	郭国政	29.00
建筑施工企业安全评价操作实务	张　超	56.00
新世纪企业安全执法创新模式与支撑理论	赵千里　等著	55.00
现代矿山企业安全控制创新理论与支撑体系	赵千里　等著	75.00
重大危险源辨识与控制	吴宗之　等编	35.00
危险评价方法及其应用	吴宗之　等编	47.00
起重机司机安全操作技术	张应立　主编	70.00
环境保护及其法规(第2版)	任效乾　等编	45.00
矿山环境工程	韦冠俊　主编	22.00
工程爆破实用手册	刘殿中　等编	60.00
爆破安全技术知识问答	顾毅成	29.00
安全管理技术	袁昌明　编著	46.00
安全生产行政执法	姜　威　著	35.00
材料成型及控制工程综合实验指导书	赵　刚　胡衍生　主编	22.00
无机非金属材料实验教程	葛　山　尹玉成　编著	33.00
金属材料工程实践教学综合实验指导书	吴　润　刘　静　编著	20.00